河北省 天然林保护修复 体系研究

姚清亮 贡克奇 尚国亮 等著

中国林业出版社
China Forestry Publishing House

图书在版编目(CIP)数据

河北省天然林保护修复体系研究 / 姚清亮等著. —北京：中国林业出版社，2022.11
ISBN 978-7-5219-1922-6

Ⅰ.①河⋯ Ⅱ.①姚⋯ Ⅲ.①天然林-森林保护-生态系统-生态恢复-研究-河北 Ⅳ.①S718.54

中国版本图书馆CIP数据核字(2022)第190268号

策划编辑：肖静
责任编辑：肖静 邹爱
封面设计：时代澄宇

出版发行：中国林业出版社
　　　　　(100009，北京市西城区刘海胡同7号，电话83223120)
电子邮箱：cfphzbs@163.com
网　址：www.forestry.gov.cn/lycb.html
印　刷：河北京平诚乾印刷有限公司
版　次：2022年11月第1版
印　次：2022年11月第1次
开　本：787mm×1092mm　1/16
印　张：12.75　　彩页　42
印　数：1000
字　数：300千字
定　价：78.00元

编辑委员会

主要著者：

姚清亮　贡克奇　尚国亮　李华西　张志丹　宋熙龙
孙淑娟　陈玉新　翟建文

参写人员(按姓氏笔画排列)：

马玉树　马玉洁　马银祥　王　辉　王思宇　王淑敏
孔英剑　任雪君　刘　晖　刘　峰　刘晓平　张有军
张临春　张晓平　张晓峰　姚　迪　顾薇薇　曹　成

摄　　影：

姚清亮　尚国亮　陈玉新

前　言

　　森林是陆地上最大的生态系统，是人类生存和国土生态安全的重要生态屏障，在维持生态平衡和促进生态经济可持续发展中发挥着不可替代的作用。天然林是天然起源的森林，包括自然形成与人工促进天然更新或萌生所形成的森林。天然林是人类社会重要的资源库、基因库、贮水库、贮碳库和能源库，是结构最稳定、物种最丰富、生态防护功能最好的生态系统。

　　天然林是大自然的恩赐，它经过地史时期的冰火历练，穿越历史时期的风雨雷电，历尽磨难，优胜劣汰，具备了较强的生命力和适应性。它生发于自然，凝天地之灵气，聚日月之精华，是人类文明的发祥地。它携带着丰富的自然信息和厚重的历史文化，超越单纯的"木"的属性，悄然走向现代生态文明。它循道自然，普惠天下，护佑千秋江山稳固，萌泽万代民生传承，是人类的公共福祉和绿色财富。

　　随着人类文明的发展，人类对森林的不断砍伐和破坏，造成原生森林消失殆尽，天然林资源不断减少，生态防护功能不断下降，人类的生存环境逐步恶化。保护修复天然林的极端重要性已经成为国家和社会的共识，抓好天然林保护修复成为我国生态文明建设的当务之急。党的十八大以来，党中央将生态文明建设纳入中国特色社会主义事业"五位一体"总体布局，习近平生态文明思想已深入人心。习近平总书记"把所有天然林都保护起来"的指示，明确了天然林保护工作的方向。2019年，国家《天然林保护修复制度方案》(以下简称《制度方案》)的出台，对全国天然林保护修复进行了周密部署。《制度方案》指出："天然林是森林资源的主体和精华，是自然界中群落最稳定、生物多样性最丰富的陆地生态系统。全面保护天然林，对于建设生态文明和美丽中国、实现中华民族永续发展具有重大意义。"

　　河北地处京津周围，河北天然林在建设京津冀生态环境支撑区、拱卫京津冀生态安全和构建区域生态文明中担负着重要的历史使命。天然林占河北森林资源总面积的57.3%，是全省森林生态系统的主体构成。从分布情况看，河北现存的天然林资源大多都生长在高山远山，张家口、承德接坝山地，河流、库区、湿地上游集水山地及野生动植物集中分布的自然保护区，在区域国土保安、防风固沙、水土保持、水源涵养、生物多样性维护和森林碳汇等诸多方面，都发挥着重要作用。历史上，燕山、太行山区、坝上地区，乃至广袤的华北平原大地，都生长着茂密的森林，众多史料都记述着燕赵大地曾经的森林文明。但是，农耕文明的兴起和战争、朝代更迭、自然灾害等因素，造成人类对森林的肆意掠伐以及森林资源受损，导致森林资源锐减，华北地区的原始森林早已被破坏殆尽，形成了现在的天然次生林分布格局。由于历史上连续不断的重复采伐，河北省大部分天然林已经成为残次的萌生矮林，像栎类、桦树、山杨等主要地带性天然落叶阔叶林大多数已演变为退化森林、低质低效林，系统生产力水平低下，稳定性和抗逆性脆弱，许多林地遭到反复破坏后，已经逆向演替为疏林、灌丛、草地，甚至裸地、沙化土地，森林的固土涵水等生态功能骤降，由此引发洪涝灾害频仍、沙尘暴肆虐、生物多样性丧失等一系列生态灾难。有学者提出："当人类砍下第一片天然林的时候，人类文明就开始了；当最后一片天然林被砍倒的时候，人类文明也将随之倾覆。保护天然林资源就是保护人类的前途和命运。"

到 21 世纪初，河北仍有水土流失面积 6.3 万 km^2，占全省总面积的 1/3，每年流失的土壤达 2.37 亿 t。目前，天然次生林低效的生态服务功能，已不能满足现代生态文明建设要求，生态修复任务依然艰巨。

传统的天然次生林经营，一般以生产木材等林产品为主要目的，对于森林的生态机制研究较少。传统林业经营理念已难以满足现实人们对青山绿水等森林生态主体功能的要求，积极探索适合现代天然林生态系统多目标经营管理的新政策、理论、技术和方法非常必要。天然林保护修复是一项复杂的系统工程，由于河北天然林资源分布范围广，保护修复需要的生产周期长，起步晚、欠账多，资源恢复和质量提升非朝夕之功一蹴而就。保护修复工作影响因素多，涉及地方经济发展、乡村振兴和农民增收多方面利益，必须遵循森林生态系统演替的自然规律，顺应现阶段林区社会经济发展规律，全方位布局，整体性谋划，系统性治理，破解长期以来制约林业发展的观念、技术、体制、政策等障碍，正确处理保护与利用的关系，彻底摒弃林业掠夺式生产方式和粗放管理模式，改变重经济轻生态、重国有轻集体、重数量轻质量的做法。通过完善政策、合理补偿、积极转产等多种方式和途径，适时引导林区农民转变传统观念，明确哪些是要禁止发展的、哪些是要限制发展的、哪些是要大力发展的，进一步理顺责权利关系，科学经营，合理利用，做到既保护了森林又利用了森林，实现互惠互利，促进绿水青山与金山银山的科学对接，构建可持续经营的和谐林区，久久为功，逐步建立"全面保护、系统恢复、用途管控、责权明确"的天然林保护修复制度体系。

为全面落实《制度方案》，建立健全河北天然林保护修复体系，实施森林质量精准提升战略，指导全省天然林保护修复工作科学有序开展，结合近几年的工作实际，河北天然林保护中心组织人力，撰写了《河北省天然林保护修复体系研究》一书。

本书在深入分析河北天然林历史演变、资源状况的基础上，提出了河北天然林保护修复体系的总体构建思路，阐述了天然林管护体系、监测和评价体系、科技支撑体系、制度体系建设路径。在建立健全天然林宏观管理体系，重构各类生产要素和利益协调机制等方面进行了研究探讨，在河北集体天然林和集体公益林长效管理机制建立、天然林资源和生态监测体系建设、森林生态产业发展、森林生态产品价值实现形式等方面开展了具有前瞻性的理论和实践创新，是一本比较系统、适合当前天然林保护修复工作需要的专著，对于指导市、县级天然林保护修复规划和实施方案的编制，以及规范的天然林管理体系建立具有重要的意义。期望本书对各级林业主管部门建立健全符合林业发展规律的林业生态治理体系建设有所帮助。

为撰写本书，相关人员长期深入山区一线调查研究，付出了艰苦努力，相关单位和个人给予了大力支持，在此一并致谢！

受水平之囿和时间所限，书中难免存在疏误，敬请指正。

著　者

2022 年 6 月

目 录

前 言

绪 论 ·· 1

第一章 天然林演变过程及影响因素分析 ·· 6
第一节 远古时期的河北森林 ··· 6
第二节 天然林的历史演变 ·· 8
第三节 森林破坏对生态环境的影响 ··· 13
第四节 影响天然林保护的主要因素 ··· 16

第二章 天然林分布和主要类型 ·· 25
第一节 森林植物区系 ··· 26
第二节 天然林分布 ·· 28
第三节 主要天然林群落类型 ·· 32

第三章 天然林资源保护修复现状与问题 ··· 37
第一节 天然林资源现状 ·· 37
第二节 天然林保护修复成效 ·· 42
第三节 天然林保护修复存在的主要问题 ··· 45

第四章 天然林保护修复体系总体框架 ·· 51
第一节 天然林保护修复体系总体构想 ·· 51
第二节 天然林保护修复体系的总体目标设定 ··· 54
第三节 天然林保护修复体系的主要内容 ··· 60

第五章 天然林保护体系构建 ··· 68
第一节 天然林保护的主要内容 ··· 68
第二节 天然林保护机构队伍建设 ·· 72
第三节 护林员管理 ·· 75
第四节 天然林管护基础设施建设 ·· 81
第五节 天然林保护模式 ·· 87

第六章 天然林修复体系构建 ··· 92
第一节 天然林修复现状 ·· 92
第二节 天然林修复的内容、原则、依据和程序 ·· 96

第三节　天然林修复模式 …………………………………………………………… 101

第七章　天然林资源和生态功能监测评价体系构建 ………………………………… 109
　　第一节　天然林监测的现状 ………………………………………………………… 109
　　第二节　天然林监测体系构建 ……………………………………………………… 111
　　第三节　天然林监测的内容、指标和评价标准 …………………………………… 115
　　第四节　天然林监测方法、程序和制度 …………………………………………… 121

第八章　天然林生态产业体系构建 …………………………………………………… 127
　　第一节　天然林区产业结构分析 …………………………………………………… 128
　　第二节　天然林区产业结构调整 …………………………………………………… 131
　　第三节　森林生态产品的类型 ……………………………………………………… 139
　　第四节　森林生态产业体系的构建 ………………………………………………… 141

第九章　天然林保护修复科技支撑体系建设 ………………………………………… 145
　　第一节　天然林科技支撑作用和现状 ……………………………………………… 145
　　第二节　天然林科技支撑体系的建设原则、目标和内容 ………………………… 146
　　第三节　天然林保护修复面临的主要科研课题 …………………………………… 148
　　第四节　加强天然林科技创新的主要途径 ………………………………………… 151

第十章　天然林保护修复制度体系构建 ……………………………………………… 154
　　第一节　天然林保护修复制度建设现状 …………………………………………… 155
　　第二节　完善天然林保护修复制度的对策建议 …………………………………… 157
　　第三节　天然林保护修复制度的实施方案 ………………………………………… 160
　　第四节　天然林生态价值的实现形式 ……………………………………………… 163
　　第五节　深化集体天然林管理机制改革 …………………………………………… 168

第十一章　天然林保护修复考核评价体系 …………………………………………… 184

参考文献 ………………………………………………………………………………… 192

绪　论

　　天然林是自然生长形成的森林。根据人类的干预情况，天然林有原始林和次生林之分。原始林是未经开发利用和干扰，仍保持自然状态的森林。次生林是经人为采伐、破坏后，自然恢复形成的森林。天然林是陆地上结构最复杂、功能最完备、生物多样性最丰富、生态防护功能最好的生态系统。天然林为植物和微生物提供了生存繁衍的基地和营养来源，为动物提供了栖居场所和丰富的食物，为人类提供了丰富多样的林产品。成熟的天然林负氧离子含量比林外一般要高出几倍甚至几百倍，持续不断地从大气中吸收二氧化碳，减缓气候变暖。据统计，中国森林植被总储碳量91.86亿t，其中80%以上的贡献来自天然林。森林碳库的主体是土壤碳库，而天然林土壤碳库远远优于人工林。天然林不仅是国家重要的生态和经济资源，更是人类赖以生存的主要物质资源。它是人类社会发展的根基命脉，人类文明就诞生在天然林庇护下的山水林田湖草之间。

　　然而，随着人类社会从蛮荒一路发展到工业文明，人类对森林的利用和破坏也一刻未停。西周至秦时，黄河流域的森林覆盖率为53%，到了南北朝时期，森林覆盖就已降至40%，黄河文明也因生态环境的恶化逐渐走向衰落。历史上，战争、开垦、滥伐等破坏行为，成为森林资源锐减的人祸。东汉初年，汉朝在林木茂盛的陇山伐木修路，运输兵员辎重，这种毁林行为一直延续到北魏，陇山几近秃山；明朝为抵御鞑靼、瓦剌，把陕西榆林地区长城以外的广袤森林草场尽数烧毁。新中国成立初期，为支援国家经济建设，木材生产成为见效最快的支柱型产业。国内生产的木材绝大部分来自于天然林，每年从东北、西南、西北三大国有林区和华中、中南两大集体林区提供的木材约占全国木材总量的70%~80%，仅1997年全国商品材产量中天然林就占到61%，国有林区135个森工企业所提供的商品材中，高达98%的来自天然林。

　　天然林资源大幅减少，森林质量不断下降，不但造成了国有林区资源危机和经济危困，还最终导致了森林生态功能的逆循环——生物多样性锐减，自然栖息地消失逾半，水源涵养功能破坏严重，水资源危机日益逼近。1973—1981年，黄河下游断流7次，断流时间最长20天，1997年共断流226天，位于黄河源头的青海省1988—1997年注入黄河的径流量减少了40亿m^3，严重影响了下游地区近百座城市人民的生产和生活。长江和黄河是我国水土流失最严重的区域。20世纪90年代，这两大流域的水土流失面积已达75万km^2，流入河流上中游的泥沙总量多达20多亿t。其中，长江流域水土流失面积从20世纪50年代的36万km^2增加到90年代初的56万km^2，仅金沙江流域每年流入长江的泥沙就达2.6亿t。水土流失严重，泥沙含量增多，对葛洲坝、小浪底等大型水利枢纽造成威胁，"小雨量、高水位、大水灾"的现象同时发生。1998年夏天，因连续强降雨，长江、松花江、嫩江流域爆发了全流域的特大洪灾，造成直接经济损失1666亿元，间接损失更是难以计数。

　　春秋时期的政治家管仲曾说："一年之计，莫如树谷；十年之计，莫如树木。""欲知五谷，但视五木"——要想预料庄稼收成如何，先要看看森林长势如何，这是春秋时期晋国著名音乐家师旷授予人们的生活常识。连焚书坑儒的秦始皇，唯独下令不可烧种树之书。公元121年，我国最早的字典《说文解字》编制完成，全书共收录汉字9353个，其中，以"木、艹、竹"为部首的就有1060个。自古以来，中华民族爱树、种树、护树的情怀体现了先人们敬畏自然、尊重自然、顺应自然、保护自然的传统理念，这份融合了天、地、人的三才之道，也正是中华文明存续至今的根基和精髓。在人类历史上，凡是天然林葱郁的地方，必是一派水草丰美、农业丰产、经济文化繁荣的和谐盛景。

天然林保护在我国生态环境保护中发挥了重要作用。我国的天然林分布主要有四类：一是处于基本保护状态的天然林，主要包括各种类型的自然保护区、风景名胜区、森林公园、尚未开发的林区等；二是零星分布于全国各地的天然林；三是集中连片分布于长江上游、黄河上中游地区的天然林；四是分布于东北、内蒙古等重点国有林区的天然林。据《中国天然林资源保护工程》中记录，我国现有天然林约2亿hm^2，占全国林地面积的64%；蓄积量136.7亿m^3，占全国森林蓄积量的80%以上。全国森林植被总碳储量达到91.86亿t，80%的贡献都是来自天然林。四川省监测显示，2019年全省天然林资源保护工程区森林生态系统涵养水源833.2亿m^3，减少土壤侵蚀16853.6万t，保持土壤肥力2256.5万t，固碳7835.5万t，吸收有害气体6.2亿t，年生态服务价值1.1万亿元。据水利部长江水利委员会《长江流域水土保持公告（2018）》，2018年与2011年比，长江流域水土流失面积减少了3.8万km^2，天然林保护发挥了基础作用。天然林作为森林资源的主体，它的消长牵动着森林的兴衰，也预示着人类文明将何去何从。因此，我们说天然林是森林资源的主体和精华，保护森林首先要保护天然林。

联合国政府间气候变化专门委员会2021年8月9日发布了有关气候变暖的报告，2011—2020年全球地表温度比1850—1900年上升了1.09℃，10年一遇的极端天气越发频繁，共记录到高温2.8次，大雨1.3次，干旱1.7次。如果升温幅度超过《巴黎协定》规定的2℃，则高温、大雨和干旱次数将分别增至5.6次、1.7次和2.4次。即便控制在1.5℃，则高温、大雨和干旱次数会分别达到4.1次、1.5次和2次。可见控制碳排放，全面落实碳达峰、碳中和措施刻不容缓。为此，习近平总书记向世界做出了关于中国将于2030年前实现碳达峰、2060年前实现碳中和的庄严承诺。中国正式发布《中共中央 国务院关于完整准确全面贯彻新发展理念做好碳达峰碳中和工作的意见》和《2030年前碳达峰行动方案》，再次明确了2030年前实现碳达峰、2060年前实现碳中和的总体目标。这是为全球气候治理目标作出的重要努力，也是协力推动构建人类命运共同体的重要一环。党的十九届五中全会把碳达峰、碳中和作为"十四五"规划和2035年远景目标；"扎实做好碳达峰、碳中和各项工作"被写入2021年政府工作报告；2021年3月15日，中央财经委员会第九次会议进一步强调，把碳达峰、碳中和纳入生态文明建设整体布局……

多家机构认为，"十四五"将进入碳中和赛道"爆发式增长"时期。在碳达峰、碳中和成为国家重大战略决策、国家明确"3060"双碳目标和行动方案的背景下，我们的行动将对经济和社会发展产生巨大影响，低碳、脱碳行动不仅导致战略性行业产业链的重构，也会让绿色低碳、绿色生活成为未来社会生活的主旋律。

天然林作为碳储量最大的陆地生态系统，如何通过有效保护和科学修复提高天然林规模和质量，最大限度增加天然林的碳储量，为我国实现碳达峰、碳中和预期目标，为世界生态文明作出应有贡献，已经成为各级政府和林业部门的当务之急。

党的十八大以来，习近平总书记高度重视天然林保护，党中央、国务院多次开会研究天然林保护问题。2014年3月14日，习近平总书记在中央财经领导小组第五次会议上指出："上世纪90年代末，我们在长江上游、黄河上中游以及东北、内蒙古等地实行了天保工程，效果是显著的。要研究把天保工程范围扩大到全国，争取把所有天然林都保护起来。眼前会增加财政支出，也可能减少一点国内生产总值，但长远是件功德无量的事。"2015年4月1日起，内蒙古、吉林、长白山森工集团全面停止了木材商业性采伐。与此同时，河北省也被纳入了停止天然林商业性采伐试点范围。2016年，经国务院批准，"十三五"期间全面取消了天然林商业性采伐指标，标志着将所有的天然林都保护起来的目标已基本实现。为缓解停伐给地方经济造成的影响，帮助地方政府平稳渡过暂时的困难，党中央在2017年中央一号文件中对"完善全面停止天然林商业性采伐补助政策"作出了明确部署。中央财政对国有林按照每立方米补助1000元，对重点国有林区每个林业局安排社会运行支出补助1500万元，对集体和个人所有的天然商品林按照每亩每年15元奖励补助的政策，将全国天保工程之外的国有天然林全部纳入了停止商业性采伐补助范围，并启动湖南、江西等8个省（自治区、直辖市）集体和个人天然商品林停伐奖励补助试点，天然林保护政策覆盖全国。

天然林保护与其他的林业生态保护修复工程相比投资量是最大的。从1998—2019年，中央财政共投入天然林保护资金4200多亿元，相当于5个大兴机场的投入，占全国林业和草原建设总投入1/3以上。2018年国家林业和草原局中央财政总投入1144亿元，其中，天然林保护的投入是453.4亿元，占比近40%。将完善天然林保护制度写进党的十九大报告，充分体现了党中央、国务院的高度重视和大力支持。2019年1月23日中央全面深化改革委员会通过了《天然林保护修复制度方案》，7月23日，中共中央办公厅、国务院办公厅出台印发了《天然林保护修复制度方案》，12月28日，2019年国家主席令第39号公布的修订后的《中华人民共和国森林法》（以下简称《森林法》）第32条对天然林保护做出了明确规定："国家实行天然林全面保护制度"，应该说把天然林保护从法律上、政策上都进行了顶层设计。从2021年开始，天然林保护修复工作将进入一个快速发展的新阶段。

与其他地区的天然林相比，河北天然林保护具有特别重要的意义和作用，主要体现在：一是关系到京津冀生态安全、国土安全、政治安全。河北天然林多处于京津上游，是京津主要水源密云、潘家口和官厅水库的重要水源地，是护卫京津冀的重要生态屏障，是华北生态环境建设的重中之重。据国家公布的遥感调查数据，到2000年，河北省仍有水土流失面积6.3万km^2，占全省总面积的1/3，每年流失的土壤达2.37亿t，造成生态环境恶化，水、旱、风沙灾害频繁，直接影响京津冀地区稳定和发展。据统计，1950—1990年41年中全省洪涝灾面积共189.3万hm^2，年均洪涝灾面积4.6万hm^2。据水利部门统计，2021年河北省水土流失面积仍达40315km^2。二是河北天然林区地处北方，干旱少雨，人口密度大，且经过长期破坏，立地条件差、土壤瘠薄，生态环境脆弱，干旱洪涝等自然灾害频发，直接威胁首都的安全。省气候中心阮新等人对河北省近40年干旱变化特征分析结果表明，1961—1972年的12年中发生一次大范围干旱，1973—1996年的24年间，大范围干旱仅有 3 次，平均 8 年发生 1 次大范围干旱。1997—1999 年 3 年间就发生 2 次严重大规模干旱。河北省夏季干旱影响范围呈扩大趋势，速度为每十年增加 3.2%。三是太行山区是千年大计雄安新区所在白洋淀流域的上游，太行山天然林保护修复的成效关系到雄安新区的生态安危。因此，抓好河北省天然林保护修复不仅关系到河北的生态安全，也关系到京津冀协同发展战略的成败，是摆在我们面前亟须研究谋划解决的重要政治任务。

多年的毁林开垦、无序开发和采伐造成河北省森林资源幼龄林多、成熟林少，矮林和灌木林多、乔木林少，乔木林中小径木多、大径木少，树种单一、森林生态功能不断退化，森林生态系统趋于恶性循环，生态环境遭到严重破坏，多数河流常年干枯，旱涝等自然灾害不断发生。在今后相当长的一个时期内，河北省天然林处于休养生息的保护修复阶段。目前，应以全面保护和自然恢复为主，通过森林生态效益补偿政策，调动林区广大群众保护天然林的积极性。在经营管理方面，不宜分散到户经营管理，应改革集体天然林管理机制，探索有效的经营方式，实行集中连片规模化保护和修复。

1998 年国家启动实施天然林资源保护工程以后，在天然林采伐上有了明确限制，规定了凡是划为公益林的天然林不得随意采伐。2001 年国家实行天然林禁伐，河北基本停止了天然林商业性经营活动，同年国家林业局启动了森林生态产品资金补偿试点工作。2002 年河北省纳入国家重点公益林补偿试点范围。2004 年国家林业局全面启动森林生态产品补偿基金制度，在全国开展重点公益林划定工作，标志国家开始全面实施森林生态效益补偿制度，将国家重点天然公益林纳入了国家生态补偿范围。到 2015 年国家实行停止天然林商业性采伐，将实行森林分类经营时人为划定商品林的天然林纳入停伐范围，基本实现了全面停伐保护天然林的目标要求。根据 2018 年河北省森林二类清查结果，全省共有 345 万 hm^2 天然林，其中，有 140 万 hm^2 天然林被纳入国家重点公益林范围，落实了森林生态效益补偿政策；有 87.8 万 hm^2 天然商品林被纳入了国家停止天然林商业性采伐项目，落实了与公益林补偿标准相同的天然林保护补助政策。由于河北省财力的限制，全省仍有 70 多万 hm^2 天然林未被纳入国家生态效益补偿范围。为了落实这些天然林地的保护责任，需要进一步争取国家生态补偿政策，以确保这部分天然林能得到切实保护，其生态功能得到及时有效的经营修复。

天然林资源保护工程实施以来，不少专家学者从不同角度和层面针对实行天然林保护后的林区经济社会发展、管理体制机制和技术问题开展了深入细致的研究。如北京林业大学刘俊昌教授带领的研究团队，针对天然林资源保护工程对国有林区林业企业和国有林场发展的影响以及对集体天然林区经济社会发展和林权所有者经济收益的影响，进行了深入调查和研究，对天然林资源保护工程的管理、政策、发展机制、发展模式提出了对策建议。目前，就河北省内而言，针对森林经营技术研究的较多，而从系统、整体角度研究构建森林经营管理体系的研究不多。本研究以习近平生态文明思想为指导，根据《制度方案》要求，立足河北天然林保护发展的实际，在查阅有关河北林业史料的基础上，从河北天然林发展演变过程出发，结合近年来深入天然林区对乡村、林场、护林员等调查研究成果，深入分析天然林保护的主要问题和影响因素，从宏观角度，提出了河北天然林保护修复体系建设的总体构想，框架结构。充分吸取塞罕坝林场建设的成功经验，针对如何建立立足长远、创新稳定、专业高效的天然林、公益林管理体制机制，提高集体林经营组织化管理水平，建立稳定的天然林管理机构提出了一些新观点，对建立适合河北省的天然林保护修复体系，包括天然林管护体系、修复体系、生态产业体系、监测体系、科技支撑体系，政策制度体系、考核体系进行了深入研究，对于推动天然林保护修复逐步走向科学化、规范化管理具有重要的指导作用。

第一章　天然林演变过程及影响因素分析

地史时期森林的形成和演变过程由地质变迁和气候变化所决定。远古时期，森林的发展演变过程与地球板块运动造成的地形地貌升降，大气环流变化造成的气候演变密切相关。河北森林的演变过程受到地貌升降变化的影响，发生过多次演变更迭。进入历史时期后，随着人口数量的增长、人类文明的进步和生产力的发展，人类活动对森林的变化产生了重大影响，对森林的干扰破坏不断增强，逐渐形成了现在的河北省天然林格局。

第一节　远古时期的河北森林

在古生代初期，华北地区还是汪洋大海，随着陆地板块不断地升降运动，到奥陶纪末期，华北由海洋变成了陆地。在中生代晚期，华北发生了强烈的造山运动——燕山运动，形成了燕山。同时，由于"燕山运动"导致太行山区发生了褶皱和断裂，从而在地貌上形成了呈东北—西南方向延伸的一条山脉，奠定了太行山的基本轮廓。到新生代第三纪中期，地球上又发生了强烈的"喜马拉雅运动"。在这次造山运动里，太行山又一次被抬升，与相邻的华北平原断裂，逐渐形成了河北省如今的地貌。

一、第三纪时期（距今6500万年—300万年）

随着欧亚大陆板块北移和地貌变化，河北气候有了很大改变，森林群落也发生了演替。这种变化大体上可分成老第三纪（古新世、始新世和渐新世）和第三纪（中新世和上新世）两个时期。

在老第三纪时期，河北省地貌受燕山运动的影响不大，地形仍较平坦，大气环流没有改变。这时期，在当今河北省范围内的土地上生长的森林是海洋性的亚热带森林。森林类型属东北-华北暖温带-北亚热带常绿落叶阔叶针叶林区。其树种主要有山区的油松和雪松林，丘陵平原区域以桦树、榆树、鹅耳枥、柳树为主要树种组成的落叶阔叶林，其中混有常绿的黄杨、黄杞、杨梅，以及山核桃、枫香等。林下有榛、山茱萸等灌木。到始新世，山区又增加了水杉、柳杉、铁杉和油杉等树种。丘陵平原地区增加了水青冈、核桃、栎、连香树、昆栏树、朴、榉、臭椿、白蜡、栾树、黄檗、泡花树、枣树等，此外还混杂一些常绿的樟、钓樟、五味子、金合欢以及金缕梅科、桃金娘科、棕榈科、山龙眼科和仙人掌科的一些树木。灌木层增添了鼠李、八仙花、马甲子等。到渐新世，又出现了适应寒冷气候的云杉、冷杉、落叶松和日本金松，低山仍有铁杉、银杏、山核桃、枫香、栎、榆等树木。这段时期的特点是常绿乔灌木逐渐消亡，天然林植被群落逐渐向落叶阔叶林方向发展。

到新第三纪时期，受喜马拉雅运动影响，大气环流发生了较大变化，河北气候逐步变凉并且越来越干燥，大陆性气候特征开始显现。河北大地上古老的蕨类和裸子植物及原始的被子植物相对减少，松柏类森林面积有所增加，落叶阔叶林大量繁衍，草原开始出现。河北的森林类型为东北华北温带-暖温带落叶阔叶林。植被类型继承老第三纪柔荑花序的落叶阔叶林特征，含有大量的桦、榆、朴、鹅耳枥、栎、核桃，但松科、杨梅科的植物大幅减少。中新世晚期，河北省受海洋温湿气流影响，森林较为茂密，主要森林树种有桦、椴、槭、朴、梓、榆、核桃、水青冈、栗、杨、柳等，并混生有山核桃、枫香、木兰、山麻树、榕树、爬山藤、木姜子、山胡椒、樟、糙叶树、野桐、刺楸、吴茱萸等常绿或喜热树种。山区还有油杉、松及杉科树种生长。在干旱地区有蒿属、石竹科和百合科的植物组成类似草原的旱生天然植被。到了上新世早期，山地的上部有云杉、冷杉林；山地的中部是郁闭度较小的松林；低山是针阔叶混交林，有松、柳杉、银杏、桦、柳、桤木、栎、榆、朴、白蜡等乔木。林下有盐肤木、木樨等。随着华北平原气候进一步干燥，草原进一步发展，森林树种以松、栎为主，并伴有桦、白蜡、椴、榆、杨等树种，形成了森林草原景观。

二、第四纪时期（距今300万年—2500年前）

第四纪以来，全球气温普遍下降，年平均气温至少降低10℃以上，气候发生了冷暖交替的巨大变化。在更新世的二三百万年中，地球发生了五次大冰期，国际上分别称为多瑙、滚兹、民德、里斯、玉木冰期，国内称为龙川、鄱阳、大姑、庐山和大理冰期。在冰期里，由于气温下降，原来分布在河北省境内的喜温树种向南迁移，高山树种也向低山甚至平原迁移。暗针叶林(云杉、冷杉)的分布区域扩大，草原发展。在间冰期(两个冰期之间相对温暖的时期)里，由于气温渐次回升，部分树种再回流。但是，由于各冰期和间冰期的条件并不相同，所以，森林演替和迁移的情况也不一样。如在民德冰期，河北省几乎为草原覆盖，乔木消失。在玉木冰期，河北平均气温比现今低7℃左右，分布于高山的云杉林降至400m以下或平原生长。在间冰期初期，由于气候比较寒冷，河北省山区上生长着以冷杉属和梓属为主的森林，并有松、柳、朴、桤、榆等属的树木，森林和草原相间分布，伴随气温渐次回升，森林的树种也渐渐演替为松属和栎属、朴属的混交林，草原的面积大大缩小。在间冰期的最盛期，河北省山地上，海拔1500m以上生长着冷杉、云杉组成的针叶林，部分石灰岩山地上，分布着油松和侧柏组成的疏林，在海拔1000m以下的山坡上，生长着茂密的阔叶森林。上部是桦属和栎属的某些树种，并混有白蜡、椴、鹅耳枥属的树木，下部到山沟，生长着柳、栎、栗、朴、榆、椴、桤、白蜡、白檀等属组成的混交林。到了间冰期的末期，气候又变寒冷，山地森林又复为针阔混交林，但缺少冷杉属，增加了千金榆、柳属和椴属。梓树林木的数量有了增加。

在距今10800～11500年，地球上结束了晚冰期，进入后冰期，开始了全新世阶段。在距今8000～10000年的2000年间，气温比现在低5～6℃，河北省以桦属林木占绝对优势，生长着茂密的桦树林；之后，平均温度逐渐上升，气温波动较小，逐步形成以针阔叶混交林为主的森林景观，树种构成以栎树为主，混杂一些松树，还有榆树、椴树、桦树、槭树、柿、鹅耳枥、朴树、核桃和榛等乔灌木，奠定了有人类历史以来的天然林基础。

第二节 天然林的历史演变

一、河北平原地区天然林

古时候，河北平原并非像今天这样一望无际，古黄河（禹河）途经河北省，在河北平原分成众多的河道，经常漫溢改道，形成许多洼淀沼泽。据考证，在新石器时期，河北平原大致以今京广铁路为限；商周至春秋阶段，平原界限向东推移到现今的雄县、广宗、曲周一线，平原以东是荒无人烟的沼泽洼淀地区。当时在河北平原密布着以栎树为主的森林，其间混生有松、榆、椴、桦、槭、柿、鹅耳枥、朴、核桃、柳、榛等乔灌木，低湿洼地上零散地生长着榆、杨、栗等。随着农耕文明的出现和朝代更迭、战争、自然灾害的因素导致河北平原的天然林逐渐消失。

大约在七八千年以前，河北南部地区的人类，逐渐结束了以采摘、狩猎为主的生活，开始了原始农业生产。根据殷墟甲骨文记载，农业在商代社会开始兴起，此时，河北平原森林占据着大多数土地，农业还处于幼稚状态。茂密的原始森林成为当时发展农牧业的障碍，毁林开荒和放牧成为普遍现象。但是由于人口少，工具落后，对森林毁坏是有限的。

《孟子》记载："夏后氏五十而贡，殷人七十而助，周人百亩而彻"，可见当时农业发展已经具备一定规模了。从《荀子·王制》记载："草木荣华滋硕之时，则斧斤不入山林"，可知当时人们已经知道节约利用森林资源了。据《后汉书·郡国志》记载，春秋早期，我国人口总数仅为1160多万人，对森林的影响较小。封建社会代替了奴隶社会以后，社会制度的改变大大促进了农业生产力的发展。战国时期，随着赵、燕等国实行"奖励耕战"的政策，鼓励开垦荒地，修渠灌田，大大提高了经济实力，这时农田已遍及河北平原。同时，战国时期是个战乱纷繁的年代，河北平原是彼此厮杀的古代战场，仅以史书上不完全统计，就发生过燕齐与秦赵等多次战争。如《战国策·赵策》载："赵攻中山取扶柳，五年已擅滹沱"；每次战争交战双方为了赢得战争胜利，都要砍木埋井、焚烧森林。从《邯郸县志》的记载看，在公元前498—前197年的301年间，发生在邯郸境内较大的战争就有12次，平均间隔25年就有一次，可以想见，当时战争的频繁程度。农田的扩大，陶瓷、冶炼工业的发展，以及战争的摧残，加速了河北平原森林的消亡。到秦始皇统一中国时，河北平原已无原始森林了。

二、河北太行山区天然林

河北太行山区的南段位于华北暖温带林的南端，古代森林茂密。据记载，这里生长的树种有：槲、栗、楸、椴、油桐、槐、银杏、松、柏、桧等，天然林生长十分旺盛。在太行山麓的许多县志中，有"翳然松柏阴""疏翠千林柏""重重烟锁翠""松润作涛声"的描述。《井陉县志料》中记载："苍岩山（县城东南七十里①）古木环绕山腰，浓翠欲滴，白檀满涧，根部异常；陉山（县北五十里）古柏参天阴翳不见日；雪花山（县西南三里）满山竹

---

① 1里=500m。以下同。

木丛生；白华山(县西十里)林壑深邃；柏山岩(东南十五里)环山之上部，柏树成林，青翠可爱；相公岩(县西北三十五里)古柏古槐枝叶茂密……"《邢台县志》载："桃花山(西南一百五十里)遍山皆野桃无异种。"这些史料都是当年山峦被森林覆盖的真实写照。由于这里是古代汉族的重要活动中心之一，农业生产发展甚早，因土地垦殖而破坏森林的情况很早就已经存在，《商君书》中曾记载："土狭而民众""人之复阴阳泽水者过半"。其中，"复阴阳"就是指种坡地、毁林开荒。而且古代的许多都城，如赵国的邯郸、魏晋南北朝的邺城(今临漳县邺城镇三台村一带)，昔日规模宏大，工程浩繁，所建城池富丽堂皇。仅邺城就可窥见一斑。邺分南北两座城。北城由齐桓公所建，曹丕立都。经后赵加工修建，已成为"楼阁晕飞光彩焕若仙居"之地。据记载："仅皇城就有十四座官门。皇宫又分外朝、内朝和后宫三部分。外朝由十个建筑群组成；内朝由八座建筑群组成；后宫有二十一处规模宏大的建筑群。皇城外还有达官显赫的府第，楼台亭阁、花卉园林、琳琅满目。到了北魏时代，又以北城窄隘为由，重新修筑了南城。其豪华程度更甚于北城。营建这些都城所消耗的木料数量巨大，主要取材于太行山。"《列子·黄帝》书中还记载："赵襄子率徒十万，狩于中山，藉茷燔林，扇赫百里"，足见封建统治者在玩乐之中，毁掉了太行山上的大片森林。

陶瓷、冶炼也是加速太行山森林消亡的主要原因。金属冶炼和陶瓷生产是人类进步的象征，但由于当时以木材为主要燃料来源，砍伐消耗了大量森林。春秋战国时期(公元前770—前221年)，邯郸周围成为冶炼中心，很多人以冶铁为生。《汉书·地理志》记载，武安有"铁官"；《汉书·贡禹传》记载了冶炼对森林的破坏后果："铁官皆置吏卒徒，攻山取铜铁，一岁功十万人已上……凿地数百丈，销阴气之精，地藏空虚，不能含气出云。斩伐林木亡有时禁，水旱之灾未必不由此出也。"太行山有很多陶瓷窑，在磁县界段营一处，就发现有古磁州窑四处。武安午汲古城发掘20多座东汉以前的陶窑。陶瓷窑生产主要以砍伐森林作燃料，到南北朝时期，太行山南段的森林，已经非常稀疏了。在宋代，冶铁业已相当发达，邢州的綦村铁矿、磁州的固镇铁矿是宋代重要冶铁区，冶铁消耗了大量森林资源。北宋沈括在《梦溪笔谈》中写道："今齐鲁间松林尽矣，渐至太行、京山、江南，松山大半皆童矣"，说明在北宋末年，太行山南段的松柏，已经全部消失了。这些史实都说明了太行山南段的森林被破坏得较早，也最为严重。

太行山北段，也曾为天然林所覆盖。晋朝《晋书·石勒载记》记载："大兴二年(公元319年)大雨雾中山，常山尤甚，滹沱泛滥，陷山谷，巨松僵拔，浮于滹沱……"，说明滹沱河上游的太行山上有巨松生长，遇到山洪，被冲下漂浮于滹沱河上。北魏《水经·滱水注》中，也记载："公元343年唐水汛涨，高岸崩颓，安喜县(今定州市)城角之下，有大积木交横如梁柱焉……盖地当初，山水潇荡，漂沦巨淤，早积于斯……"在《宋会要辑稿》中，也描述过"河朔沿西山一带林木茂密"。许多州、县志都对境内山地森林做过描述。如《平山县志料集》载："光禄山(在平山县南十里)古时林木繁茂，相传修建正定县之大佛寺，即所伐此山之木料。"《灵寿县志》载："鲁柏山(灵寿县西北六十里)山多产柏；楸山(灵寿县西北七十里)山多产楸。"《太平寰宇记》中说："满城西北有松山(在今易县钟家店、巩庄一带)，因松山遍布而得名""柏山与恒山相连，多柏故名。"直到明朝前期《西迁注》中，还写道："西山……磅礴数千里，林麓苍黝，溪涧镂错，其中物产甚饶。"《直隶易州志》中也记载着："紫荆岭（易州西九十里）此岭多荆树；棋盘嵎（易州西南九十五里）松竹满地；檀山（涞水县西北二十里）山秀丽多檀故名；香山（涞水县南十里）松柏葱郁花木繁荫……"唐县境内的大茂山，古代也有许多描述。《恒山记》中称它："横松强柏，状如飞龙怒丸虬，叶皆四衍"。唐太宗描绘它"凝烟含翠""松萝挂云"。直到元朝还有人描述大茂山上"山木荫森"。据《古今图书集成》统计，太行山北段"木则有松、柏、桧、栝、杆、桦、榆、柳之属。"可见，天然林还很茂密和繁杂。

河北太行山北段森林遭受大规模破坏，起始于辽道宗时期，他下令"弛朔州山林之禁"。元代又将破坏推向了新的高峰。明朝中叶以后，太行山北段的森林，由时砍时封，发展到有组织的大规模皆伐。《明史》载："采造之事，累朝侈俭不同。大约靡于英宗，继以宪、武，至世宗、神宗而极。其事目繁琐，征索纷纭。最巨且难者，曰采木。"明朝统治者专门设置木材的收购机构和伐木纳税机关。据《明会典》载："嘉靖三十六年，营建朝门午楼、议准材木……又令川、贵、湖、广四省采木，山西、真定采松木……"可见，到了公元1557年太行山北段已经荒山累累，但仍有枣树、栗树、榛、楛等杂木林。乾隆以后，我国的人口进入了大发展时期。伴随人口的增加，毁林现象愈演愈烈。至道光以后，太行山的木产已不见载于史册。同时，也出现"天险关高愁涧壑""荒边无树鸟无窝"的诗句，说明太行山北段的原始森林已经采毁殆尽了。

三、河北西北山地天然林

这一区域有很多以树命名的地名，如张家口的千松顶、万全的桃山、宣化的柳河川，等等。通过名字我们就可推测这一区域过去有很多的天然林。《万全县志》记载，古代万全曾出产松、柏、槐、楸、榆、柳、杨、榛、梨、桃、李、杏、枣、葡萄、沙果、酸枣、软枣、石榴等树木。北魏时期《水经·余水注》上就记载这里"林鄣邃险，路才容轨，晓禽暮兽，寒鸣相和"。元朝周伯琦写《扈从北行前记》中也描述过从张家口以东的车房到沙岭之间"皆森林复谷"。由于这里森林广布，《蔚州志》里有"地幽人迹少""树密鸟声多""绿树绿翠壁""松林越晨风"的描述。《宣化府志》上，对境内的山川有过记载，如"鹤山（赤城县西北马营堡东二里，俗称东山）柏桧森然""滴水崖（雕鹗堡东四十里）山半千松岭，松阴茂密"（图1-1）、"大松山（张家口市内）有古松盘曲""椴树山（大白杨堡南四里）有古椴树""浩门岭（雕鹗堡北二十五里）岭北多松，苍秀如画""螺山（怀来县北十五里）果木丛蔚""松龄山（延庆州南四十里）上多柏木"。这些记载反映出这里的森林虽然经过修筑长城的破坏，但仍非常茂密。

从辽代到金代，这里的森林被砍伐规模不断增大。《蔚州志》载："天会三年（公元1125年），兴燕云两路夫四十万人之蔚州交牙山，采木为筏，由唐河及开创河道，直运至雄州之北虎州造战船，欲由海道入侵江南。"可见当地天然林破坏之严重。元朝在大都（北京）建都以后，对冀西北天然林更为大规模采伐，珍藏至今的元代名画《卢沟运筏图》就是描绘当时卢沟桥以上，大量运送木材的情景。明朝时期乱砍滥伐更为严重，成化年间，封疆大吏马文升曾给宪宗皇帝写了《为禁伐边山林木以资保障事疏》的奏章，他写道："复自偏关、顺门、紫荆、历居庸、潮河川、喜峰口，直至山海关一带，延袤数千余里，山势高险，林木茂密，人马不通。"可见，在15世纪中叶，这里仍有大片森林存在。由于历代大

图 1-1 赤城县滴水涯天然林现状

量砍伐森林,如今,经历了千百年变迁的冀西北森林,仅小五台山幸得保存,成为河北珍贵的天然林资源。从中可窥见冀西北山地森林的原始概貌。山的上部生长着冷松、云杉组成的针叶林,下部生长着茂密的阔叶林。山坡上的阔叶林树种有桦、栎,并混生白蜡、栗树、朴树、榆树、椴树、楷树、白檀等杂木林。在人类强烈干预下,其他地区原有的茂密天然林,几经演替,如今已多为荒山秃岭。目前,仅在赤城、崇礼、蔚县的边远山区,尚有山杨、桦木的天然次生残林呈零星片状分布。

四、河北燕山山地天然林

燕山曾是农牧地区的分界线。古人称颂这里是"丛以林麓、缭以涟漪"。可见,燕山巍峨耸立,景色宜人。元代(1271—1368 年)对河北省山区森林的破坏是毁灭性的。成吉思汗于金宣宗贞祐三年(1215 年)攻占金中都,将中都宫殿焚毁,恢复燕京。中统二年(1261 年)元世祖忽必烈驻燕京近地,宣布"弛诸路山泽之禁",实行鼓励垦林开荒政策,到元立国(1271 年)"弛禁"达十年之久,河北省山区大面积森林被开垦为半耕地,元立国后,继续破坏森林,一是砍伐木材解决军饷,在各地屯兵垦林屯田,仅在燕山地区屯田 16.7 万 hm^2。至元二十四年(1287 年)8 月,在滦州立屯设官署,以 3200 户专门为京城采伐木材,开田 77400hm^2。二是从元四年到十三年(1267—1276 年)修建元大都,历时 9 年,所需木材主要采伐河北燕山、恒山、太行山的森林。至元十三年(1276 年)仍在雾灵山设伐木官掌管森林采伐、运输事宜,使雾灵山的原始森林惨遭破坏,大都建完后,从各地迁入人口达 10 万户,仅大都内人口烧饭、取暖等生活用燃料,每年就消耗木材 50 万 m^3。宋代《王曾行程录》中记载:"自过古北口,即蕃境,山中长松郁然。"《永平府志》记载:"辽、金、元时代，口外(指迁安县冷口以外)有千里松林。"《迁安县志》对境内的山川有过确切地描述，如"龙泉山(距城十五里)山屏耸秀、苍松林立""松汀山(距城三十五里)巉岩峭壁，松柏丛翠""城山(距城五十里)层峦耸翠郁然周林多花果""宁山(距城七十里)林木幽静""葫芦峪(距城五十里)高峰挺秀、苍松翠柏""柏山(距城百里)多柏树""大黑山(距城七十里)苍松古柏""梁家山(距城六十里)林木丛聚，熊虎为穴""榆木岭(距城百里)山皆榆树""都山(距迁安县百七十里)山上多柴木"。《承德府志》上的记载尤其更多，如"滴水崖松柏丛郁""浑石山古松皆大十余围""和尔博勒津山多长松一望郁然""凤凰岭上山桃极盛"，等等。燕山曾经是浩瀚的松涛林海，生长过以松树为主的森林，在浅山丘陵区还有枣树、栗树、榛等经济林木。《战国策·燕策》《史记·货殖列传》《汉书·地理志下》都描述过这里有"鱼、盐、枣、栗之饶"。《齐民要术》也记载："燕山饶榛子"。至今，燕山地区还保留着许多以树定名的地方，如蒙语称栗树为"虎什哈"，现今滦平县就有虎什哈的地名。公元207年，曹操发兵讨伐乌丸(辽宁省朝阳县南一个奴隶制部族)，曹操从无终(蓟县)出发，经卢龙塞(喜峰口至冷口间)，跋涉了一千多里的密林山路，出奇制胜，平定了乌丸。在返回邺城(临漳县邺镇三台村一带)途经昌黎碣石山，曹操作了《观沧海》一诗，诗中写道："树木丛生，百草丰茂，秋风萧瑟，洪波涌起。"不论史实还是诗句，都反映出燕山有富饶的森林资源。公元1124年，北宋《许亢宗入金记》中写道："登山同望，沃野千里……山之南侧，则五谷百果，美木良村，无所不有"，说明直到公元12世纪初，燕山依然森林繁茂。《热河志》上记载境内有："松、枫、桧、榆、桑、柘、椴、桦、杉、柏、梓、栎、栗、枣、榛、核桃、柿、桃、杏、樱桃、梨、山里红、葡萄、六道木"等林木。战国时期各诸侯国修筑城墙以及秦始皇统一中国后修长城，使燕山的原始森林第一次受到较大规模的人为破坏，公元1019年辽圣宗颁布"弛大摆山猿岭采木之禁"的命令，燕山的森林又一次受到大规模采伐。据《承德府志》记载："乾山在惠州西南二百五十里，辽、金采伐林木，运入京畿修盖宫殿。"《永平府志》也记载："元代滦人薪巨松"。公元1541年(明嘉靖二十年)，在明朝大臣给皇帝的奏章中，虽然仍描述燕山为"重岗复岭，蹊径狭小，林木茂密"，实际上，燕山的天然林早已成为片状分布了。燕山的天然林在明朝时第三次遭到较大规模的破坏。《承德府志》载："大宁路、富庶县、龙山县、惠州皆土产松。明嘉靖时，胡守中斩伐辽、元以来，古树略尽。"《永平府志》也记载："今为胡守中所伐，又有隆庆来蓟北修边台桥馆万役，今千里古松尽矣。"清初，由于采取了一些保护林木的措施，燕山的局部天然林得以保护和恢复，有些地方森林还比较茂密。但是，封建统治者为了享受，自己却一直没有间断对燕山森林的破坏。据记载：公元1768—1774年，清朝政府为了修建北京宫殿和承德"离宫"，内务府仅从围场县的英冈囤、莫多围、后围三处，就砍树36.5万株。尤其清末，国势日渐衰败，燕山森林再次被"开禁"，促使原始天然林逐渐消亡，天然次生林代之而起。恒山地区森林被过量采伐造成了严重的水土流失，河水泥沙大量增加。辽代卢沟河名叫"清泉河"水清见底，元代因河水变浑，改名"浑河"，又名"小黄河"，到元代末期，河北省山区近山、浅山都被开发和开垦，裸露的光山秃岭随处可见。

五、河北坝上地区天然林

河北北部高原位于内蒙古地区的南缘，是河北境内一特殊的地貌类型。它早在燕山运动时期，已经隆起，在喜马拉雅造山运动中再次抬升，逐渐形成了高原形态。由于地貌的变化，气候也发生了相应的改变，可分东西两部分。

东部坝上属大兴安岭的余脉，由于受东南暖湿气流的影响，自然条件比西部优越属森林草原自然景观。古代，这里一直被作为猎场而受到保护。清初，蒙古王公将此猎场献给清朝皇帝。从此，这里又成为清朝的皇家猎场。对于这里的森林分布，《热河志》上多有记载，如"松，塞外诸山多有""榆，塞山多有之""杨，塞外多有之"，等等。至今，塞罕坝林场还有一个地名叫"千层板"，就是从当年"千松柏"演化而来的。明代著作《译语》曾记载公元1545年守边大臣的亲眼所见，书中写道：大沙窝（内蒙古多伦县境内）之南一些地方"重峦叠峰""苍松古柏环绕于外者不知几十百里。"乾隆曾描写塞罕坝的景色："猎场深益佳，兴安真兴安，林有落叶松，兽多大角獐，鹿鸣哨可至，雁飞俯以看。"直到1949年，察北、绥东森林调查团还发现了古代油松和云杉的残根遗迹，可以想见当时坝上苍翠秀丽的风光景色。公元1862年（清同治元年）因国库空虚，清朝统治者宣布开围放垦，谋取相赋，又设立了木植局，售卖木料，结果使仅有的原始天然林几乎都被砍光了。历史上有"五台及兴安口外，高寒地带，有树名落叶松，枝干与杉无异，而针亦青松如盖，惟尽霜后则叶尽脱"的记载，丰宁县坝上有"巨松如云"之称，古称"豪松坝"。早在秦始皇统一中国时，西部坝上的绝大部分地域，就已成为秦国疆域了。到了汉代，边界北移，于是就全部划入了汉朝版图。这里长期是蒙古族游牧和汉族农垦的混杂地区，以游牧为主。它的森林群落早在喜马拉雅造山运动中一部分被火山喷发的玄武岩浆所吞没，一部分伴随气候趋向干燥寒冷而消亡，剩下的一部分在坝头沿线、湖淖周围和局部丘陵，成团簇状分布。坝头沿线由于雨量偏多，曾有落叶松林分布，康保县满德堂北山上有耐干旱瘠薄的杜松林生长，广大的滩地上生长着零散的榆树、杨树、柳树等树木。

第三节　森林破坏对生态环境的影响

纵观河北在地质时期森林的演变过程以及历史时期人类文明对森林的干扰破坏，可以看出，古代河北大部分地区生长着茂密的原始森林，到夏商周时期（公元前16世纪至公元前771年）河北森林覆盖率在68%以上。由于当时地广人稀，人们主要局限于沿河两岸活动，没有改变森林的原貌。历史上随着农耕文明的发展，受毁林开垦、战争、大兴土木等人类活动的影响，河北森林主要经历过三次大的破坏。

一、河北森林的三次大规模破坏

第一次大规模破坏是战国时期到秦始皇统一中国。周秦时期，由于西周推行井田制，农业生产规模不断扩大，开荒、放牧，平原地区的天然林日益减少，山区森林尚保存完好。战国时期，赵燕等国实行"奖励耕战"政策，开展了大规模毁林开垦活动，使河北平原地区的原始森林遭到严重破坏。由于大规模开垦、战争、修建长城，使河北天然森林受到大面积破坏。到秦统一全国时，河北平原已没有原生天然林。平原地区集中连片的原始森林已全部被天然次生林、农田和果桑经济林取代。汉代河北天然林继续遭到破坏。

第二次大规模破坏天然林是在辽金元时期，由于战争、大兴土木等活动，使河北天然林又一次受到大规模破坏。汉代以后，河北南部日趋繁荣，魏晋南北朝时期的许多国都建于此，加速了对山地森林的采伐利用，用于冶炼陶瓷工业的发展。以木为薪，使太行山南部的原始森林遭到严重破坏。北部到公元7世纪，原始森林依然存在。元朝是破坏河北天然林最严重的时期。元朝统治中国97年，曾19次下令"弛山禁"，修建元大都，加剧了冀西北森林的砍伐。北魏时永定河名为"清泉河"，元代变为浑河。明朝迁都北京，建造宫殿、陵寝所用巨木皆从川、广调运，反映出河北山地原始森林绝大部分已经演变为天然次生林。

第三次天然林大规模破坏是进入清朝后，由于清朝大兴土木以及到近代日本侵略造成的森林破坏，全省原生天然林损失殆尽。清朝初期，北部天然林还保存较好，据统计，康乾盛世，河北省的森林覆盖率平均为22.7%，局部仍有成片原始天然林。如围场县，清康熙二十年（1681年），兴建木兰围场时，生长良好的寒温带针阔叶混交林面积约为54万 hm^2，森林覆盖率大约70%以上。到清朝末年（1911年），河北森林覆盖率下降到8%；近代，抗日战争暴发后，河北大部分沦陷为敌占区，日寇采用"三光"政策，焚烧山林，保存了千百年的雾灵山原始森林被付之一炬，天然林遭到严重破坏。

到1949年新中国成立时，原始天然林所剩无几，以天然次生林为主，只残存天然次生林63.8万 hm^2，森林覆盖率仅为2.8%。新中国成立后，由于国家经济重建，特别是由于基本建设的需要，包括战争损毁房屋重建、作为主要建筑材料和家具生产原料，天然林又遭受了大面积的采伐。到1980年左右，全省天然林基本上都是经过采伐的天然幼龄次生林，森林质量和生态功能严重下降。为了尽快恢复森林植被，全国号召大力开展造林绿化，使河北森林面积逐步走向恢复之路，1964年有林地110.7万 hm^2，森林覆盖率5.9%；1990年，有林地面积236.84万 hm^2，森林覆盖率12.62%。

二、森林减少对河北生态环境的影响

森林的减少对河北省生态环境的影响主要体现在以下几方面。

1. 旱涝灾害次数增多，危害范围不断扩大

山区森林的急剧减少，造成了洪水灾害增多。唐朝至五代十国289年间，河北省共发生6次大的水灾。辽代之前，由于太行山植被良好，有天然林生态屏障，泛决等自然灾害少载于史册。森林的减少造成自然灾害不断增加。据记载，从辽代开始破坏太行山森林前，河北南部平均94年泛决一次，到了金代就平均22年一次了。从公元10世纪开始，旱灾次数也显著增加。据统计，公元10世纪发生旱灾6次，11世纪14次，13世纪就23次了。两宋辽金时期，自宋太祖建隆元年（公元960年）到南宋临安失陷（1279年）的319年间，发生水灾的有43年，发生旱灾的有35年，可见，天然林减少造成的生态破坏带来的影响十分明显。森林的减少与自然灾害发生次数呈逆向增长。据河北省太行山区的历史记载，在公元6世纪之前，太行山区的森林覆盖率还在50%以上，受到森林保护，太行山区的自然灾害很少发生，有记载的旱涝灾害每百年不足1次。到北宋（公元10世纪）该地区的森林覆盖率降到30%左右，自然灾害开始明显增加，达到水灾5次，旱灾6次。到元朝（公元14世纪）后，随着太行山森林的大幅减少，太行山区森林覆盖率降低到15%左右时，自然灾害增加到34次，其中，水灾18次，旱灾16次。到19世纪太行山森林覆盖率

降到10%左右，由于缺少了森林的保护，造成自然灾害频发，灾害次数增加到99次，生活在太行山区及下游的河北人民每年都会受到旱涝灾害的危害，生存环境越来越差(图1-2和表1-1)。

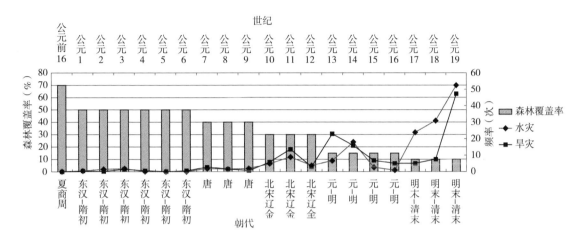

图1-2 河北省太行山区森林历史演变和旱涝灾害频率变化示意图

表1-1 河北省太行山区历代森林变化与水旱灾对照表

世纪	森林覆盖率(%)	水灾(次)	旱灾(次)
公元前16	70	0	0
公元1	50	0	0
公元2	50	2	0
公元3	50	2	2
公元4	50	0	1
公元5	50	0	0
公元6	50	0	1
公元7	40	2	3
公元8	40	2	2
公元9	40	2	1
公元10	30	5	6
公元11	30	9	14
公元12	30	4	3
公元13	15	7	23
公元14	15	18	16
公元15	15	3	7
公元16	15	1	5
公元17	10	24	5
公元18	10	31	8
公元19	10	52	47

注：有关数据来自河北省林业史料。

就全省而言，森林减少对全省发生旱涝灾害的影响同样严重。据统计，由东汉至元代，河北省共发生旱灾71次，涝灾53次。明代共发生旱灾69次，涝灾81次。清前期1634—1839年发生旱灾54次，涝灾98次。按受灾2~25县为小灾，26~60县为大灾，60县以上为特大灾的等级划分标准，1840—1948年河北共发生小旱灾60次，大旱灾12次，特大旱灾3次，共75次。小涝灾70次，大涝灾29次，特大涝灾6次，共105次。

1949—2000年，河北省旱灾累计成灾面积3778万hm^2，成灾面积在66.7万hm^{2}以上的有18年；80年代以来成灾面积在100万hm^{2}以上的有12年，其中，1989年、1992年、1997年、1999年、2000年旱灾灾情异常严重，成灾面积分别为211.79万hm^2、235.86万hm^2、268.49万hm^2、266.98万hm^2、221.05万hm^2，旱灾有加剧发展趋势。

2. 森林生态防护功能下降，水土流失严重

由于天然林不断减少，山地失去了森林植被的保护，造成林地的水源涵养能力不断下降，水土流失面积不断增大。据全国第二次土壤侵蚀遥感调查结果，河北省水土流失总面积为62957km^2，占河北省土地总面积的33.3%，其中，水蚀面积为54662km^2，占86.8%，风蚀面积8295km^2（主要分布在坝上地区）占13.2%，每年流失的土壤达2.37亿t，严重的水土流失使有限的耕地资源遭到破坏，土壤肥力下降，农作物减产。全省河流除在雨季短期有水外，几乎常年断流，严重影响了下游地区地下水补充。随着人口的增加和上游太行山森林减少，雄安新区所在的白洋淀多次干枯，从20世纪60年代开始先后6次出现干淀。1966年1~8月，白洋淀首次干淀，随后的10年里，白洋淀的干淀时间少则1个月，多则9个月。1983年7月至1988年8月，白洋淀出现连续5年干淀。

3. 土地沙漠化的面积不断扩大，沙尘暴频繁发生

土地沙漠化面积不断扩大，到2000年，河北省土地沙漠化面积达272万hm^2，比1995年增加了29.3万hm^2，已占河北省土地总面积的14.5%，其中，流动沙丘9万hm^2。沙化土地主要集中在张家口市和承德市的坝上高原。坝上地区1986年沙化土地面积为60.5万hm^2，到2000年增至112.5万hm^2，占坝上高原土地总面积的68%，比1952年增加了3倍。风蚀模数达3000t/(km^2·a)，平均每年刮蚀表土5cm，风口处多达15cm，沙尘暴平均每年发生8~12次。2000年春季，河北省先后发生了10次较大范围的扬沙、沙尘暴天气。造成生态危害的根本原因是人类长期以来对森林的采伐、开垦破坏，使大地缺少了庇护。近几年虽然经过绿化治理沙尘暴有所减少，但由于森林覆盖率低，森林质量差，生态防护功能仍未恢复，当前仍需要加强天然林保护，加快其生态功能修复，以确保京津冀地区生态安全。

第四节 影响天然林保护的主要因素

进入历史时期后，人类活动成为影响天然林资源保护的主要因素。随着人口的不断增加，开垦、战争、冶炼、宫殿建设、木材生产等人类的各种生产活动日益频繁，对森林的破坏和影响也日趋严重。进入20世纪以来，通过河北天然林资源变化数据和资料的搜集、整理和分析，可以看出，影响河北天然林保护，造成天然林资源减少、质量下降的主要原因涉及以下几个方面。

一、毁林开垦

据历史记载,战国时期(公元前475—公元前221年),河北南部人口增长较快,已出现"土狭而民众""复阴阳泽水者过半"的情况,主要原因就是因为平原水面大、耕地少,不少人不得已到山上垦林开荒,种植坡耕地。唐代立国后分封"永业田",加速了对山区森林的开垦,太行山南段出现了大面积的"童山",水土流失逐年加重。元朝中统二年(公元1261年)实行的"弛诸路山泽之禁"垦林开荒政策,导致燕山地区数十万原始森林遭到破坏。近代,1961年7月平泉县陡坡开荒、毁林开荒3333hm^2。这些林地原生植被应为天然林地,都是经过多年的开垦形成的。近年来,有些山区县通过土地整理,将天然林地开垦为耕地,出现新的毁林开垦现象,对天然林保护造成新的不利影响。另外,随着板栗价格的上涨,燕山、太行山天然林区林农为了追求经济利益,随意改变林地用途,通过清除地表植被,将天然林或生态公益林树种改造为板栗、核桃、大枣等经济林,严重破坏了林地的水土保持和水源涵养等生态防护功能,给当地的天然林保护造成不利影响。

二、木炭生产

木炭是古代金属冶炼和宫廷取暖的主要能源来源。据历史记载,在春秋战国时期(公元前770—公元前221年),在河北境内已有用木炭冶炼铜铁,隋唐五代时期,幽州既有碳行,自辽金至元明清,北京建都900多年,宫廷冬季取暖所用木炭全部取自太行山和燕山地区的森林。南北朝时期东魏武定元年(543年),在河北境内傍海煮盐,设煮盐灶2116个(沧州1484个、瀛洲452个、幽州180个),每年收盐166690斛,一个灶年烧柴7200筒(一筒长1.2尺①、0.8尺粗的木头)和木炭3400kg,消耗了河北平原地区大量的森林资源。民国时期,兴隆县有碳窑100多个,民国31年平山县有碳窑52座,每天每个窑烧2500斤②木材,每年烧3个月,烧木材达到596万kg,折合采伐木材11700m^3,对森林破坏十分严重。据调查,目前在河北秦皇岛抚宁、青龙等地仍存在烧制木炭的现象。

三、建设宫殿陵寝

据史料记载,太行山区临漳、邢台、定州、易县等地,都做过一些朝代的都城,历史上这些都城多以木构建筑为主,封建统治者搭建宫殿陵寝、寺庙道观、楼堂亭榭、官邸别墅等木制建筑,耗费大量木材。满城出土西汉燕王刘旦的一个地下墓室,有五层棺椁,竟用了粗大优质柏木、楠木料3.5万多根。《荀子·礼论》记载"天子棺椁七重、诸侯五重、大夫三重、士再重。"魏晋南北朝时期的邺城(今邯郸临漳)建设工程浩大、富丽堂皇的殿堂楼阁所用大量木材都取自太行山。隋朝开皇六年(公元586年)在正定县大兴土木,修建隆兴寺;"大业三年(公元607年)五月,发河北千余郡丁男,凿太行山,达于并州以通驰道"等,都大量消耗了太行山森林。

---

① 1尺=1/3m。以下同。
② 1斤=500g。以下同。

四、战争破坏

太行山区历代多为战火纷飞的战场,敌我双方交战时常用的滚石擂木、伐木阻道,焚林驱兵等手段所毁森林事件,历史上都有记载。项羽巨鹿之战、韩信井陉背水一战、黄巾起义军与汉的战争,都发生在太行山区,对太行山森林造成了严重破坏。金代开始,北京被定为京都。由于当时水运便利,使太行山森林遭到掠夺性采伐。"金太宗天会十三年(公元1135年)兴燕、云两路夫四万人于蔚州交牙山,采木为阀,由唐河开创河道,直运雄州之北虎州造战船。"由于连年战争,涞源及毗邻地区的森林几乎被砍伐殆尽。如金朝(公元1115—1234年)统治北方后,太行山"八字军"和易县的刘里忙等在山区团结抗金。统治者怕人民"哨聚山林",将山区森林"尽数烧毁",这又是太行山森林的一次大浩劫。

五、木材生产

采伐森林生产木材是河北天然林破坏的主要原因。由于人口的不断增加,人们生产生活对木材不断增长的需求,造成河北森林大量采伐利用,造成天然林的不断减少。据统计,全省新中国成立历年木材产量统计表(1949—1990)显示(表1-2),在森林总量不高的情况下,1949年以来全省木材产量达1364.7万 m^3,特别是1978年改革开放以来,随着经济建设的不断加快,森林的采伐量大幅增长(图1-3)。以承德市隆化县茅荆坝国有林场为例,新中国成立以来,到2016年木材产量达31.2m^3,统计显示(表1-3),木材生产有3个高峰,分别出现在1979—1980年、1995—2000年及2007—2011年(图1-4),年均木材生产超过了1万 m^3,采伐的主要是天然次生林,造成天然林资源的减少。

表1-2 1949—1990年河北木材生产量统计表　　　　　　　　单位:m^3

年度(年)	合计	国有林	民营林	年度(年)	合计	国有林	民营林
1949	26928	100	26828	1970	205101	49674	155427
1950	32051	100	31951	1971	222136	60634	161502
1951	36277	900	35377	1972	255990	75011	180979
1952	49936	1150	48786	1973	277545	60969	216576
1953	24665	1500	23165	1974	277111	60043	217068
1954	63211	1701	61510	1975	344222	77474	266748
1955	111054	26910	84144	1976	379322	96164	283158
1956	94768	2579	92189	1977	436091		
1957	116341	4763	111578	1978	488628		
1958	243272	52481	190791	1979	621355.7	151685.4	469670.3
1959	286743	46146	240597	1980	692742.8	113369.6	579373.2
1960	296714	57372	239342	1981	707089.6	102696.3	604393.3
1961	113362	29458	83904	1982	555244.6	109403.8	445840.8
1962	183967	18326	165641	1983	457033	103146	353887

（续）

年度(年)	合计	国有林	民营林	年度(年)	合计	国有林	民营林
1963	109846	19465	90381	1984	710375.3	96108	614267.3
1964	104131	18946	85185	1985	772219	147359	624860
1965	135099	30316	104783	1986	703009	97751	605258
1966	154661	49650	105011	1987	704349	109491	594858
1967	149742	48319	101423	1988	685624	208958	476666
1968	154820	43002	111818	1989	797989	254994	542995
1969	161714	38412	123302	1990	704866	135383	569483
	总计：13647345				国有林：2601910.1		民营林：10120715.9

注：表内统计的木材产量未包括民营与国有合作部分。

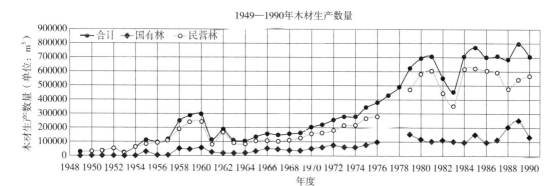

图 1-3 河北省木材产量变化曲线图

表 1-3 茅荆坝林场历年生产木材统计表（1957—2016） 单位：m³

年度(年)	木材	薪材	年度(年)	木材	薪材	年度(年)	木材	薪材
1957 前	1051		1978	7128		1999	4952	5657
1958	3300		1979	13627	1315	2000	5821	6769
1959	3664		1980	9263	758	2001	3906	
1960	2310		1981	4907	684	2002	5790	
1961			1982	3909		2003	5923	
1962	1224		1983	3851		2004	5290	
1963	1606		1984	7499		2005	5531	
1964	809		1985	5198	1444	2006	6377	
1965	2417		1986	4851	1118	2007	13221	
1966	4082		1987	3416	349	2008	9672	
1967	6927		1988	2895	1330	2009	12618	
1968	5809		1989	2540	1978	2010	9946	

(续)

年度(年)	木材	薪材	年度(年)	木材	薪材	年度(年)	木材	薪材
1969	1818		1990	2382	2264	2011	12654	
1970	4027		1991	3743	2574	2012	7767	
1971	2500	1123	1992	3680	3088	2013	6447	
1972	3221		1993	3875	4056	2014	6877	
1973	3886		1994	5298	4012	2015	3784	
1974	4600	1470	1995	5467	4043	2016	3278	
1975	2916	984	1996	4954	6247			
1976	6874	378	1997	7389	6681			
1977	7102		1998	6320	6604	合计	312189	64926

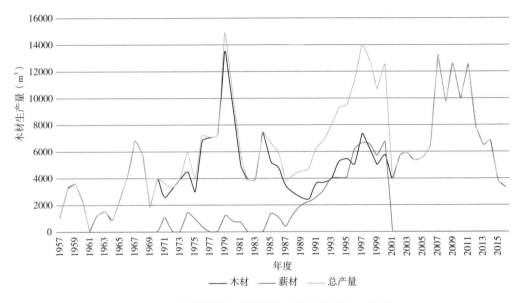

图1-4 茅荆坝国有林场历年木材生产变化曲线图

六、森林火灾

根据河北林业志记载，金代统治者游猎成风，时有采取"下观野燎而猎"的方法，将森林点燃，让烈火把野兽驱赶出来，再行猎取，"林火经月不熄"，造成了大量原始森林被烧毁。1950年10月12日围场火泡子林区发生森林火灾，烧毁森林2300hm²，损失木材10500m³。1956年上半年，包括丰宁、青龙、抚宁、涿鹿、赞皇、内丘等24地发生森林火灾77起，烧毁山林和草原66133hm²，烧毁林木334万株。1957年10月23~25日，围场小元山子东发生山林火灾，过火面积60666hm²，烧毁森林面积2133hm²，损失木材3300m³，幼树335万株。1961年春季，承德发生山林火灾230起，烧毁有林地4333hm²，损失木材13700m³。其中，围场县3月28日、4月11日两场大火烧山29333hm²，烧毁森林 280hm²。据不完全统计,1950—2005 年因森林火灾毁林 205466hm²,其中,1950 年、1951 年、1956 年、1961 年森林火灾面积都超过 1 万 hm²(表 1-4)。

表 1-4　1949 年以来全省历年森林火灾统计表　　　　　单位:hm²

年代(年)	火灾起数	过火面积(不完全统计)	地点
清代光绪年间	1	20000	赤城山神庙、黑龙山
1948	3		涞水、三河
1950	129	33279(森林)	河北、热河
1951	326	36000(森林 686)	河北(缺张家口、承德专区)
1952	256	600(森林)	河北(缺张家口、承德专区)
1953	223	471(森林)	河北(缺承德专区)
1954	257	333(森林)	河北省
1955	206	276(森林)	河北
1956	82	60703(森林 6020)	河北
1957	156	2708.6(森林)	河北
1958	168	582(森林)	河北
1959	26	346.7(森林)	河北
1960	26	347(森林)	河北
1961	287	烧山 40000、毁林 5488	河北
1962	158	1534(森林)	河北
1963	114	1726.5(森林)	河北
1964	17	133.4(森林)	河北
1965	29	20(森林)	河北
1966	11	40.3(森林)	河北
1967	15	603(森林)	河北
1968	10	10(森林)	河北
1969	11	2201(森林)	河北
1970	33	5.3(森林)	河北
1971	23	37.3(森林)	河北
1972	34	131(森林)	河北
1973	17	18(森林)	河北
1974	19	55(森林)	河北
1975	36	86(森林)	河北
1976	10	33.3(森林)	承德地区
1980	45	森林 433、荒山 1733	河北
1981	177	5547.3(森林)	河北
1982	329	森林 1170 荒山 3496	全省
1983	95	森林 1277 荒山 4000	河北

(续)

年代(年)	火灾起数	过火面积(不完全统计)	地点
1984	41	森林321 荒山2597	全省
1985	88	森林487	全省(井陉苍岩山)
1986	225	森林1537	
1987	1	633.3(森林)	全省(获鹿封龙山)
1990	16	92	河北
1991	31	72.89(森林)	河北
1992	104	573.2(森林)	河北
1993	39	76.78(森林)	河北
1994	42	138.21(森林)	河北
1995	43	378.23(有林地)	河北
1996	5	24.96(森林)、559.26(过火面积)	河北
1997	19	111.5(森林)、442.3(过火面积)	河北
1998	8	90.8(森林)	河北
1999	17	102.5(森林)	河北
2001	18	75.2(森林)	河北
2002	7	24.5(森林)	河北
2003	19	2.6(森林)	河北
2004	149	345(森林)	河北
2005	249	220(森林)、2257(过火面积)	河北

七、滥伐盗伐

据统计，从1958—1961年，由于乱砍滥伐，河北省天然次生林减少了7.2万hm^2。1966—1976年"文化大革命"期间，青龙、丰宁、兴隆、围场、迁西、崇礼、阜平7地毁林开荒69300hm^2，赤城、蔚县、涿鹿、怀来等地集体林被砍伐1/3~1/2，其中，有的地砍伐殆尽。1982年8月7日人民日报《情况汇编》第460期刊载了《承德地区乱砍滥伐林木之风越刮越烈》，该文反映1981年承德地区由于乱砍滥伐林木毁林14万亩，使当地森林资源遭到严重破坏。1980—1982年，全区由于乱砍滥伐有20万亩森林受到不同程度破坏。全区这几年先后办起了社队小型木材加工厂600多个，年加工能力3万多m^3，其中一半以上的加工厂缺乏木材来源，靠乱收乱购维持，成为乱砍滥伐的根源所在。

八、放牧

在林区放牧是天然林保护的天敌，由于受到传统观念的影响，养殖牛羊是山区农民的主要收入来源。由于散养放牧成本低，在集体林区放牧一般不需要缴纳任何费用，省去了购买或采集饲料的环节，使山区放牧经久不衰，对森林保护，特别是对林下更新、迹地更新的天然幼林和天然灌木林为主的林地，危害极大。这也是在太行山及燕山地区长期造林不见林，封而不禁，难以实现有效森林管护的主要原因。据调查，隆化茅吉口130户，总面积1100hm²，有林地800hm²，1965年封山育林期间羊稳定在500只左右；隆化大两间房，1982年有羊1534只、牛261头，到1992年发展到羊4156只、牛766头；青龙1993年有牛羊25万头（只）。尽管已出台《河北省封山育林条例》，但由于没有有效的处罚和制约措施，禁牧效果不太明显，甚至出现放牧反弹的现象。在太行山区的有些地方仍能见到羊群啃食灌木和幼树，有的羊群数量在百只以上，对当地的天然林植被恢复造成不利影响。各地把畜牧养殖作为农民的重要脱贫产业，但在限制随意放牧，发展舍饲圈养方面还缺乏规范和约束。

九、征占天然林地

1949年以来，随着经济发展，各类建设项目陆续上马，需要占用大量天然林地，用于开采矿石发展钢铁、煤炭、水泥、玻璃等工业品生产。近年来，随着人口增加，人们生活条件的改善，国家加大了城镇、新农村扩建改建，道路、风电、光伏等基础设施建设，林地征占用成为天然林减少和损失的重要因素。据统计，从2010—2020年，全省共占用林地（包括临时占地）34974.42hm²，其中，占用天然林地和公益林地等防护林地5679.75hm²（表1-5）。

表1-5　2010—2020河北林地征占用统计表　　　　　单位：hm²

年度（年）	占林地面积	天然（公益）林地
2010	3478.33	313.08
2011	4299.54	460.00
2012	3649.51	411.65
2013	4422.15	564.34
2014	3327.74	194.68
2015	2050.94	157.49
2016	1886.10	307.01
2017	3209.12	931.31
2018	3293.16	1061.43
2019	3168.47	789.18
2020	2189.36	489.58
合计	34974.42	5679.75

注：1. 占地面积包括永久、临时、直接为林业生产服务项目，均为省级审核审批项目，不包括市县级审批的项目。2. 公益林地只能用防护林地作参考。

十、以天然林木为原料的食用菌产业

近年来，部分地区把大力发展食用菌产业作为促进农民增收和就业的重要途径，而发展食用菌所需原料来源缺乏系统谋划和布局，特别由于木耳、香菇等食用菌原料来源多为栎类硬杂木，这些树种是河北主要的天然林资源，大量发展食用菌势必造成对森林严重的乱砍滥伐，给河北的天然林保护造成极大隐患。据调查，在燕山地区一个食用菌工厂，一年生产2500万个食用菌棒，按每个菌棒需要1kg锯末计算，每年需要2500万kg木材，按每方木材600kg计算，折合木材4.16万 m^3。鉴于河北天然林以中幼龄林为主，每年需要砍伐消耗的天然林规模不小，目前，已经成为危害天然林保护修复的主要隐患，需要引起各级政府和林业主管部门的高度重视，尽快出台相关政策和措施，规范食用菌原料来源，严厉打击为发展食用菌毁林的行为，有计划发展食用菌原料林。

十一、农村能源来源

长期以来，在广大林区农村，农民取暖、做饭等日常生活离不开采伐山林。特别到冬季，农民习惯睡火炕，必须通过烧柴才能实现。烧柴、做饭、取暖成为林区农民千百年来的传统习惯，林木一直是农村地区的主要能源来源。20世纪60~70年代，煤炭和石油还十分缺乏，电力设施发展缓慢，随着人口的不断增加，人们对能源需求越来越大，木材易于开采，成为人们生产生活的主要能源。上山砍柴成为人们的重要生产活动，除木材外，林草植被都成为农村市场的重要能源商品。个别地区甚至收集林下的树叶作为燃料，造成河北森林资源的大规模破坏。近年来，国家农村能源利用方式改革正在改变农民利用森林作为主要能源的传统生活习惯，但是在深山远山地区上山砍柴仍是农民的传统习惯，因此砍柴仍是影响天然林保护和修复工作的重要因素。

天然林的大量砍伐和损毁，严重破坏了华北地区的生态环境和生态平衡，造成气候失调、大面积水土流失、旱涝等自然灾害频繁发生，使河北太行山、燕山的天然林区演变为生态脆弱区，天然林保护修复势在必行。

第二章 天然林分布和主要类型

天然林主要是从起源角度分类确定的森林概念。根据起源不同将森林划分为两类：天然林和人工林。依靠林地植被的天然恢复能力，自然生长形成的森林为天然林，而在宜林荒山荒地通过人工栽植形成的森林为人工林。

目前，河北省不存在未经人为干预、严格意义上的原始天然林。现有的天然林多是经过人们长期采伐、干扰和破坏后形成的天然次生林，尽管其生态防护功能远远不及原始林，但经过一个阶段的封育、禁伐和保护，其生态功能逐渐增强，具有较强生态防护功能。即使灌木盖度不足30%的荒山荒地，经过5~10年的封山育林，减少人为干扰，也能生长形成具有较好生态功能的天然林。对于人工补植补造或飞播形成的林地，为了充分利用自然恢复能力增强其生态功能，逐步培养稳定健康的混交林，也应纳入天然林保护范围内。根据《制度方案》，全国天然林保护的范围包括 1.3 亿 hm^2 天然乔木林地和 0.68 亿 hm^2 天然灌木林地、未成林封育地、疏林地。因此，我们认为，纳入天然林保护范围的森林资源应包括：天然乔木林地、天然灌木林(灌丛)地、疏林地、未成林封育地以及人工促进天然生长形成以生态效益为主要经营目的的有林地。

相对于人工林而言，天然林主要有以下优势和特点。

一是天然林是主要靠自然生态的修复能力，繁殖、生长、演替形成的相对稳定的生态系统。在长期的自然演替中，森林生物与其生长的生态环境相互适应形成较为稳定的群落结构。因此，天然林具有较为合理的树种结构、林龄结构、物种结构，具有较强的抗逆性和稳定性。植物种类丰富，在天然林中除建群种外，还有伴生树种、下木、幼树和其他活地被物，森林植物层次结构复杂，从上到下，一般可分为乔木层、亚乔木层、下木层、灌木层、草本层和苔藓地衣层以及层外植物等。

二是天然林在防风固沙、保持土壤、涵养水源、净化空气、调节气候以及改善生态环境方面都有较强的生态防护作用。由于天然林受人为干扰破坏少，林下较厚的地被物提高了其水土保持能力，天然林林分结构合理，增强了其调节气候、防风固沙的能力。

三是天然林有较高的生物多样性，是天然生物基因库，包括多种木本、草本、蕨类植物、真菌、细菌等从低等生物到高等植物。天然林还是野生动物的重要栖息地，天然林人为干扰较少，各类飞禽走兽等野生动物能够在森林的庇护下休养生息、繁衍后代。

天然林保护应该是针对天然林区整体生态系统全面保护修复的宏观概念，广义上讲，天然林保护应包括天然林范围内多种植被类型。在研究天然林保护修复时，天然林要作为一个整体对待，通过规模化、整体保护修复治理，发挥其整体生态防护功能，减少人为破碎化管理林地资源，更不应局限于天然乔木林，而应从生态保护的大局出发，充分利用林地的自然修复能力，尽可能将天然灌木林地、疏林地、未成林封育地，甚至具备封育成林条件的宜林荒山等林地资源都纳入保护范围。

根据 2020 年新修订的《森林法》第六条规定："国家以培育稳定、健康、优质、高效的森林生态系统为目标，对公益林和商品林实行分类经营管理，突出主导功能，发挥多种功能，实现森林资源永续利用。"按照森林的主导功能实行分类经营的角度，将森林划分为公益林和商品林。公益林是指为维护和改善生态环境，保持生态平衡，保护生物多样性等满足人类社会的生态、社会需求和可持续发展为主体功能，主要提供公益性、社会性产品或服务的森林、林木、林地。其建设、保护和管理由各级人民政府投入为主。按事权等级划分为国家生态公益林和地方生态公益林（其中包括省级、市级和县级）。商品林主要是以取得林产品和经济效益为主要经营目的的森林、林木和林地，其投资和经营的事权主体是林权所有者。

天然林与公益林是不同分类系统形成的森林概念，二者有区别也有联系，在现有森林资源管理体系中，天然林和公益林有很大一部分是交叉重叠的，目前，河北省227.86万hm²重点公益林中，有60%以上是天然林。国家实行停止天然林商业性采伐后，河北省天然商品林也已纳入停伐保护范围。由于原来天然商品林和公益林管理方式不同，实行天然林全面保护后，国家出台的《制度方案》要求将天然林和公益林管理并轨，这样所有天然林和公益林都纳入生态保护范围，成为以恢复生态功能、发挥生态效益为主要经营目的，必须严格保护的森林。因此，本书所研究的内容适用于全省天然林和公益林保护修复管理。

综上所述，天然林保护修复的主要目的就是保护和恢复森林的生态功能，保护森林的生物多样性，保护和修复森林的群落结构和自然演替的能力，为人类的生态安全、生存和发展作出贡献。

第一节　森林植物区系

河北省地处暖温带，南部与亚热带相毗连，北部与内蒙古、东北相连，经过多年的气候变迁，形成了南北兼有的丰富多样的河北森林植物区系。气候特点是：夏季受东南西南季风作用，在大陆低压控制下，冬季受蒙古—西伯利亚反气旋高压控制。植物区系属泛北极植物区的中国—日本植物亚区，主要是暖温带落叶阔叶林，北部为温带针阔混交林。

一、河北森林植物区系的起源

河北省面积约18.8万km²，河北森林植物区系属于泛北极植物区的中国—日本植物亚区，随着气候的变迁，既有古老遗存，又有新形成的植被种类。河北省也残存着温带针阔叶混交林一些古老成分，如木兰（*Magnolia*）、五味子（*Schisandra*）、猕猴桃（*Actinidia*）、南蛇藤（*Celastrus*）、鹅耳枥（*Carpinus*）、梣（*Fraxinus*）、胡桃（*Juglans*）、黄檗（*Phellodendron*）等。

1. 欧洲西伯利亚森林植物区系成分

河北植物区系中主要成分是第三纪植物区系的残遗，表现在大量欧洲西伯利亚森林区系成分的存在，比如，裸子植物的云杉属、冷杉属、落叶松属、松属；被子植物中大多数的落叶阔叶树木，主要的有杨属6种，柳属8种，胡桃属1种，桦属6种，鹅耳枥属2种，栎属5种，榆属6种，槭属3种等。这些植物中杨柳科植物更为丰富，反映了北温带植物区系的分布特性。

2. 东亚-北美森林植物区系成分

分布在东亚和北美的种类，在河北存在的有五味子属、皂荚属、胡枝子属、梓属、珍珠梅属等。

3. 中国-日本森林植物区系成分

包括温带森林中的落叶乔木林，如樱花树、栗树、枫树、桦树，针叶树只有侧柏一种，是京津冀地区的主要树种。

4. 地史上热带气候条件下起源的植物

据初步统计，河北植物区系中具有热带亲缘的科属约有 30 多科，其中有河北和华北特有的单种属（文冠果属）。乔木树种包括杨属、柳属、槭属、栗属等的热带树种，都是河北主要树种。泛热带分布的植物种类有无患子科、大戟科、马鞭草科、鼠李科、芸香科及柿科等植物，如柿属中的柿、枣属中的枣、酸枣，牡荆中的荆条以及朴属等植物种类都是河北广泛分布的物种。此外，河北植物区系中有很多外地迁移来的树种如华中、华南和西南的树种，有漆树、合欢、七叶树、栾树、薄皮木、荆条、天女木兰等。

河北天然林主要是天然次生林，绝大部分分布在山区，其中有华北落叶松、白杄、油松、臭冷杉、辽杨、坚桦、黑桦、白桦、核桃楸、榛、元宝槭、小花溲疏、木绣球、文冠果、雀儿舌头等。这些森林植物都与东北南部共有，并且东北区的森林植被往往延伸到河北，像枫桦、辽东栎、蒙古栎、五味子、糠椴、锦带花等进一步向南延伸到了亚热带地区。

河北森林植物与山东森林植物的亲缘关系较为疏远，原因是地史上山东半岛直到第四纪更新世为止和我国的大陆是完全隔离的，所以山东半岛的植物区系成分和辽东半岛和朝鲜有很大的相似性。河北和河南的森林植物区系有较紧密的联系，特别在一些有代表性的植物方面有明显表现，比如，楸叶泡桐。但两地区的亲密关系只限于伏牛山脉以北地区和中部、东部平原地区的森林植物。

河北森林植物和西部的黄土高原地区森林植物也有着密切的联系。黄土高原的特殊植物如草本槲状黄芪在河北也有生长，而且有许多替代种出现。河北的白杄和甘肃的云杉；河北的白桦和陕西、甘肃的川白桦；河北的小叶锦鸡儿和黄土高原上的柠条锦鸡儿；河北的元宝槭和陕西、甘肃的陇秦槭；河北的枸杞和黄土高原上的中宁枸杞等。

总之，河北森林植物区系中温带区系成分占绝对优势，也保留不少具有热带亲缘的区系成分。从历史上来看，第三纪植物区系的残遗是基本成分，从地理区划上有大量欧洲西伯利亚区系成分。此外，还有一些中亚成分，喜马拉雅成分和我国西南地区成分，在低山丘陵和平原区最为明显。

二、河北森林植物区系的特征

1. 森林植物种类较丰富

据统计，河北植物种类有 156 科 807 属 2800 多种，其中，木本植物 500 多种。以北温带植物种类为主。按属分，河北常见主要乔木属包括杨属、柳属、槭属、栗属、椿属、栎属、胡颓子属、核桃属、桑属、椴属、榆属等。在河北广泛分布的灌木属包括黄庐属、忍冬属、荚蒾属、茶藨子属、蔷薇属、绣线菊属、杜鹃花属等。属于温带成分的属还有旧大陆温带成分如丁香属、梨属、瑞香属、连翘属等，以及温带亚洲成分杭子梢属、李属的种类。

2. 河北特有种不多

河北地处欧亚大陆的东部，地史上没有长期孤立的时期，高山较少，特殊的地理环境不多，因此，河北森林植物区系中多与周边地区植物区系相关，特有种乔木不多，单种属有文冠果属、蚂蚱腿子属、青檀属等。文冠果属，其所属的无患子科共千种以上，绝大多数分布于热带，说明该科具有热带亲缘，只有极少数种类延伸至温带。文冠果属只有文冠果一种，分布仅限于华北，是研究华北植物区系变迁的重要资源。

3. 具有一定数量古老、孑遗植物

河北的高等植物从中生代起就一直在比较稳定的温带、暖温带气候条件下生长，所以保存着大批古老的种属。雾灵山植物区系起源于北极第三纪植物区系，其主要成分是冰川纪植物区系残遗。单种属16个，如木兰科、花葱科等，占总数的20%左右。在本地植物区中见诸于化石的物种，蕨类植物中有里白科、瓶尔小草科、水龙骨科等，它们在中生代时期就已经出现，多出现于侏罗纪；裸子植物中如苏铁科，在侏罗纪前已经存在，银杏科、松科、杉科、柏科等多见于侏罗纪地层中；被子植物当中，如壳斗科、在白垩纪时已经存在，椴树科、榆科等在白垩纪后期陆续分化出来。组成现代森林的各种乔灌木中，有许多种类的第三纪孑遗植物，例如，银杏、臭椿、栾树、青檀等。此外，大面积以荆条、酸枣为主的灌丛或与黄背草、白羊草组成的灌草丛，也属于第三纪残留植物为建群种的植被。森林的主要建群种松属、栎属、槭属、榆属、杨属等的许多种类，也都是第三纪保存下来的植物，构成了现代河北的木本植物群落。

4. 区系成分复杂

代表河北植物区系分布特点的雾灵山植物构成中，北温带分布属占总属数41.6%，世界分布属占12.4%，泛热带分布属占9.1%，东北和北美间断分布属占5.6%，中国特有分布属占0.9%。

第二节 天然林分布

森林植被在陆地上的分布，主要决定于气候条件，尤其以水热条件的影响最大。而气候形成的水热条件随着纬度、经度和海拔高度变化而变化，天然林的分布也随着环境梯度的改变而变化。地处暖温带的河北天然林分布也符合横向和纵向两个方向的变化分布规律。

一、森林植被的垂直分布

河北山地面积90280km^2，占全省总面积的48.1%。在山地，气温随海拔高度的增加而降低，海拔每升高100m，温度平均下降0.5～0.6℃，湿度和降水等气候因素随之发生变化，土壤和植被也发生相应的变化，形成不同的植被垂直分布带。植被垂直分布带就是具有大致相似的气候和土壤条件以及相同的植被类型的一定高度范围的山地。不同分布带之间是逐渐过渡的，并没有严格的分界线。

河北山区以2000m以下的中低山为主，植被分布有明显的垂直带特点。原生性森林已基本砍伐殆尽，现有森林都是原生性天然林砍伐后，演替形成的天然次生林和人工林。由云杉林演替为山杨白桦林，实生的栎林演替为萌生栎林，或者演替为油松林等。个别人烟稀少的地区零星分布原生性云杉、落叶松、栎类树种。多数地区为中、幼龄次生林。以小五台、雾灵山、驼梁山3个典型垂直带为例。

1. 小五台山

小五台山位于河北西北部，地处太行山、燕山和恒山交接地带，属恒山余脉。海拔在2000m以上的山峰就有134座，由5个主峰组成，即东、西、南、北、中台，俗称五台，最高海拔在东台2882m，为河北最高峰。小五台山在明末清初森林茂密，近代森林遭到破坏，目前是国家级自然保护区。据《小五台山植物志》统计，小五台保护区分布有维管植物118科527属1387种。其中，裸子植物4科9属13种，被子植物98科494属1314种。主要植被类型可分为落叶阔叶林带、针叶林带、针阔混交林带、亚高山草甸带。

落叶阔叶林带（海拔1600m以下）　目前，主要是天然次生落叶阔叶林和天然次生灌丛，以及少量人工林。天然林主要有次生的白桦山杨林、栎林等。在海拔1200～1400m范围内，由于天然林屡遭破坏形成次生灌丛，主要有虎榛子、毛榛、土庄绣线菊、栒子木、照山白、山刺玫等，有些栎类由于多次采伐，多代萌芽更新，也呈灌木状。在海拔1300～1600m的河谷中（主要在金河口），零散分布着青杨，这里原是茂密的青杨林，1958年受到毁灭性采伐。

天然针叶林带（海拔1600～2500m）　主要建群针叶树有7种，包括华北落叶松、臭冷杉、青杆、白杆、杜松、油松、侧柏。由于遭砍伐和破坏，目前在海拔较高处，阳坡2000～2100m，阴坡2400～2500m有平均高不到2m的枫桦矮林。此外，还有一些原针叶林下的下木，目前已成为次生灌丛，其种类有密齿柳、山刺玫、光叶东北茶藨子、六道木、五台忍冬、蓝靛果，等等，有些地段还有云杉幼树的更新。在这个高度带内还有次生的天然华北落叶松林、云杉林、华北落叶松-云杉混交林、冷杉云杉混交林、云杉桦木（白桦、红桦）混交林等。在2000～2400m范围内主要以华北落叶松和云杉（白杆和青杆）混交林为主，还有少量的云杉与臭冷杉混交林。以华北落叶松为优势种的林分皆分布于各台高山梁顶部分。以云杉为优势种的林分分布在海拔1700～2400m，多呈块状分布，而且多为混交林，与华北落叶松或冷杉混交，有些林分还有少量的桦木（白桦、黑桦）、风桦、色木槭、花楸等阔叶树。

天然针阔叶混交林　在1600～2000m之间的森林多为云杉、落叶松和白桦、红桦等混交林，其中，针叶树在林木组成中所占的比重较小，占20%～40%。此外，还有以白桦为优势种的森林，其中混生有少许云杉。针叶林带各种林内下层木和活地被物的组成有黄花柳、花楸、忍冬、蓝靛果、黑果栒子、山刺玫等，活地被物有禾本科、莎草科草本植物，高山唐松草、华北耧斗菜、金莲花、地榆、金露梅、山酢浆草、苔藓等。层外植物有软枣猕猴桃、五味子等。

亚高山草甸带（海拔2500m以上）　土壤表面长期枯草积存，松软，深度达3～5m，除主要为禾本科外，尚有莎草科、龙胆科、蔷薇科、菊科、豆科、景天科、蓼科等，种类较多，有紫苞风毛菊、火绒草、笔龙胆、扁蓄、华北獐牙菜、蓝花棘豆、羊茅、胭脂花、三出委陵菜、砧草、轮叶马先蒿、金莲花、勿忘草等。此外，还有典型的高寒植物，如山罂粟和珍芽蓼，这是属于北极成分的植物。在山地森林与草甸的过渡地带分布有灌木状硕桦、矮化的落叶松、金缕梅、山刺梅等分布。

2. 雾灵山

雾灵山是燕山山脉第一高峰，海拔2116.2m，位于承德兴隆。雾灵山森林垂直带以阳坡1600m，阴坡1500m为界，以上直到山顶，原生森林为针叶林，以下为落叶阔叶林。据不完全统计，雾灵山有高等植物151科598属1625种，是华北地区植物类型的典型代表。

落叶阔叶林带（700~1600m） 在该森林垂直带大致在海拔940~1600m处有白桦、山杨、柳等天然次生林的分布。随海拔高度下降，山杨逐渐增多，形成桦、杨混交林。林木层有白桦、黑桦、山杨、蒙椴、蒙古栎、色木槭、春榆、大果榆等。下层有六道木、丁香、忍冬、毛榛、胡枝子、杜鹃。地被物有大油芒、地榆、蓼、蕨类及低等植物的苔藓、地衣、菌类。藤本有山葡萄、北五味子、猕猴桃等。沟谷中和阴坡水分条件好的生境上，分布着落叶阔叶混交林，主要有花曲柳、核桃楸、元宝槭、青杨、旱柳、蒙椴等，下层主要有丁香、锦带花、胡枝子、太平花、小花溲疏、照山白等。层外植物也很发达，有猕猴桃、山葡萄和北五味子等。活地被物中蕨类也较多。阳坡在900~1100m，阴坡在900~940m，光照强度比上方强，气候温暖，土壤及大气均较干燥，有油松与栎类（蒙古栎、辽东栎及少量槲树）混生的天然林，林木层还有枫桦、坚桦、山杨、蒙椴、紫椴、色木、裂叶榆等。下层有胡枝子、迎红杜鹃、绣线菊、溲疏等。地被物主要有羊胡子草、独活、山牛蒡、玉竹、狭叶柴胡、糙苏等，盖度0.3左右。该森林垂直分布带由于森林破坏的结果，有的已演替为灌丛，阳坡是荆条、酸枣为主的灌丛，阴坡分布着绣线菊、风箱果、大花溲疏等为主的灌丛。在山麓地带还分布着侧柏天然林，林分呈疏林甚至灌木状，生长不良。

针叶林带（海拔1500~2116m） 由于森林的砍伐和破坏，雾灵山山顶（大致海拔1800m以上）残存块状的落叶松疏林外，同时出现了亚高山草甸景观，草本植物主要有石生蓼、长苞石竹、红瞿麦、浅裂剪秋罗、雾灵乌头、绿豆升麻、华北楼斗菜、翠雀、草芍药、贝加尔唐松草、金莲花、雾灵香花草、落新妇、深山地榆、双花堇菜、柳兰、拐芹当归、辽藁本、七瓣莲、舞鹤草等。从草本植物种类可知森林砍伐或破坏后，由于山顶温度低、风大、不易恢复，形成了次生性山顶草甸，或称为林间草甸。

在海拔为1750~1990m范围内，如主峰北侧的东大槽沟上部，带状生长着许多灌状桦树，平均树高2m左右，树冠小且偏，覆盖度不大，一般为50%。在阳坡多是旱生植物，灌木有鼠李、忍冬、丁香、接骨木、金露梅、山刺玫等。立地条件好的地方有胡枝子、柴胡等。在坡度陡、风化严重、"烂石窖"的坡面上，灌丛草地被切割成许多小片，边缘为灌木，其间为草本。

在海拔1500~1800m的沟谷中和阴坡分布着以云杉为优势树种的针叶林，其间有华北落叶松混生，还有枫桦、坚桦、花楸等阔叶树。由于人为破坏，云杉林呈团状分布。华北落叶松面积较大，在1800m以上常形成纯林，并可一直分布到山顶。还有块状分布的落叶松、云杉、白桦、红桦的混交林，下木有黄花柳、花木蓝、六道木、柳叶绣线菊等。活地被物有唐松草、桔梗、沙参及蕨类、苔藓类等。

在阴坡1600~1720m和半阴坡1420~1630m的桦树林中，常伴生有云杉、落叶松、山杨、槭树。下层有黄花柳等。地被物有羊胡子草、唐松草及蕨类、地衣、苔藓等。

3. 驼梁山

驼梁山属太行山脉五台山支脉，海拔一般为1000~2000m，最高峰为玫瑰驼，海拔2400m，其次为南坨海拔2281m，位于保定阜平、石家庄平山与山西五台县交界。

落叶阔叶林带（海拔800~1800m） 1500m以上有桦木、山杨混交林，1500m左右有栎林和椴木林。栎林指蒙古栎、辽东栎等，栎林和椴木林中大多混生有其他阔叶树，如元宝槭、核桃楸、百花山花楸、鹅耳枥等。下木有六道木、榛子、胡枝子等。草本有北升麻、地榆、金莲花、草乌头、歪头菜、龙牙草、柴胡、玉竹和蕨类植物等。在这个森林垂直带分布范围内，特别是靠下部地带，由于森林破坏历史已很久远，已演替为各种灌丛，一些栎类乔木树种如栓皮栎、槲栎、槲树、蒙古栎、辽东栎林由于多代萌芽更新也成为丛生灌木状。灌木的种类有三裂绣线菊、六道木、接骨木、忍冬、太平花、照山白、大花溲疏、毛榛、杭子梢、柔毛丁香、稠李、东陵绣球等，草本植物有升麻、龙牙草、草乌头、地榆、玉竹、茜草、柴胡等。

海拔800m以下，由于土质瘠薄干旱，植物种类较少，草本植物以禾本科为主，主要是狗尾草、狼尾草、黄背草、白草等，灌木有荆条、酸枣、胡枝子、苦参、葛等。

针叶林带（1800~2400m） 由于森林的破坏与砍伐，自上而下已演替为次生草原草甸、次生针叶林和针阔混交林。2000m以上呈亚高山草甸景观，有一些禾本科植物，此外，还有金莲花、翠雀、狼毒、藜芦、乌头、石竹、柳兰、岩青兰、珠芽蓼等。2000~2300m为次生的华北落叶松林。1800~2000m处有针阔混交林，主要为华北落叶松、白桦、红桦和黑桦等。

从以上对河北山地森林垂直分布现状的描述可知，这里发生着各个阶段的次生演替，植物群落处于退化过程。河北森林的原生群落，在采伐、开垦、火烧、放牧等外界因素作用下由比较复杂、相对稳定的阶段向着比较简单和稳定性较差的阶段退化。

二、纬度和经度对天然林分布的影响

（一）纬度的作用

河北省西部的太行山，因海拔高度不同存在森林的垂直分布，但在一定程度上也受纬度的影响。太行山可分为南、北两段。在太行山南段，乔木树种有喜温树种侵入，磁县、涉县、武安、平山、灵山和井陉等地海拔100~600m的沟谷中有楸叶泡桐和毛泡桐的自然分布。楸叶泡桐是沿着黄河中条山、伏牛山和太行山区向东北延伸的。太行山南段有些喜温树种是北段所没有的，如漆树、楝树、苦木、黄连木等。太行山南段由于纬度较低，比较温暖而干旱，还有一些耐干旱瘠薄土壤的乔木树种，如山槐、青檀等。就灌木林而言，南部以酸枣、野皂荚、荆条为主。

在河北的燕山山地、冀北山地以及太行山北部油松天然林垂直分布的高度，从分布上限看有自南向北降低的趋势，如在燕山分布上限为1500m或1600m，而在冀北山地的围场则为1200m或1300m，这是纬度增高所致。纬度对森林和树种分布的影响，主要反映了温度的限制作用，因为纬度越高气温越低。北部天然灌木林多分布耐寒的山杏、榛类、沙棘、柠条。

（二）经度的作用

在同一热量带，由于各地水分条件不同，植被分布也发生明显的变化。沿海空气湿润，降水量大，离海较远的地区，降水减少，旱季加长。这种以水分条件为主导因素，引起植被分布由沿海向内陆发生的更替，称为经向地带性。河北东部临海，从东向西经度仅发生4°~6°的变化，除冀西北间山盆地干旱灌木草原和高原草原区外，在森林区森林分布没有明显的经度地带性差异。但经度的影响在油松天然林分布上有所反映。河北山区还有一定面积的次生油松天然林，主要分布在燕山、冀北山地和小五台山。油松天然林的垂直分布在各地有很大差别，在燕山山地东部，它分布于100~1500m。在冀北山地，它分布于800~1200m，或1300m。在太行山北部，它分布于1000~1600m。从上限来看，自南向北降低，自东向西略有增高的趋势。就下限而言，自东向西明显增高。总体来说，油松天然林的面积西部不如东部多，山地垂直高度分布范围也较小，这是在河北东部油松天然林的生长条件比西部条件较好所致。据研究表明，西部水分条件较差，特别是春季湿润度较低（注：季湿润度指5月降水与气温二倍值的比值），影响油松天然林的分布。根据油松天然林的分布与春季湿润度的计算，春季湿润度约为1.0以上形成油松天然林所要求的湿润度，这个条件在秦皇岛、青龙一带海拔100m以上即可达到，怀柔、密云一带海拔400m左右，到延庆、昌平、涿鹿、蔚县一带约为700m，到易县、紫荆关一带为500~600m等才具备这样的湿润条件。这种由于经度不同从东往西春季湿润度的差别直接影响到油松的天然更新，进而影响到残存油松天然林的分布。

第三节　主要天然林群落类型

一、主要天然林群落植被构成

在河北天然林植物区系中，构成天然林群落的主要树种和植被类型如下。

桦木科　河北有5属11种1变种，它们不仅在河北的森林植物区系中占有一定的位置，而且是河北温带和暖温带次生落叶阔叶林的建群种或中生灌丛的优势种，其中，以桦木属和榛属等更为重要。

壳斗科　河北有2属9种，它们在区系上占有重要地位，是温带、暖温带地带性落叶阔叶林的主要建群种，或在低山次生林里占有显著地位。栎属的天然林主要包括蒙古栎林、栓皮栎林、辽东栎林、槲栎林，在低山森林中均占50%~80%的绝对优势，是河北天然林的主要林分类型。

杨柳科　河北有2属30种7变种，其中，天然林树种山杨是构成山地森林的主要组成种类，此外，小五台分布有天然青杨林。

榆科　河北有4属12种，榆属占有重要地位，其中，有的种类如黑榆构成混交林分布在山地沟谷，在赤城、丰宁、围场等地沟谷地带有成片分布的天然榆树林。在坝上地区草原—森林过渡地带，常形成罕见的榆树疏林草原景观。

菊科　河北有67属314种，有时在丘陵岗坡地上往往成为群落的优势种如蚂蚱腿子，但在更多的情况下，菊科植物成为林下草本层的优势植物，或者构成杂草类草甸的伴生植物。菊科植物是河北天然林地常见植物。

禾本科　河北有 85 属 227 种，它们不仅种类多，而且在河北植被中占有突出的地位。从南到北、从高山到平原，禾本科植物皆有分布，在森林植被中成为草本层的重要植物。在低山荒坡上的黄背草、白羊草草丛往往是生态脆弱宜林荒山的先锋植物。

豆科　河北的豆科植物有 42 属 159 种，也是河北植物区系中的重要成分。在平原地区常常构成紫穗槐灌丛，在低山坡上常成为优良的造林树种。刺槐为广泛栽培的林木。在湿润的条件下，多生长为胡枝子灌木丛。除此之外，豆科植物在很多情况下成为草本层的伴生植物，多度和频度都不大。

蔷薇科　河北的蔷薇科植物有 23 属 141 种。蔷薇科的灌木，多集中分布在中度湿润条件下的山坡丘陵地上，常见的有土庄绣线菊、西伯利亚杏等灌丛。

裸子植物　包括引种的约有 12 属 18 种 2 变种，大多数种类构成暖温带针叶林的建群种。由于人工的栽植，松属的油松林的分布面积正在不断扩大。温带的山地针叶林的建群种有白杆、青杆、华北落叶松、杜松等。

总体来看，河北天然乔木林群落的分布特点是，优势种群以桦木科、壳斗科、杨柳科和松科为主要建群树种，越往北、海拔越高，松科、桦木科的优势占比越高；越往南、海拔越低，栎类、杨柳科优势度越大。各地带森林植被的优势科和优势种大致如下。

北部　桦木科的白桦，壳斗科的蒙古栎、辽东栎，杨柳科的山杨及裸子植物松科的云杉属及松属占优势。林下植物则以蔷薇科和豆科及禾本科占优势。

南部　壳斗科的栓皮栎、槲栎，杨柳科，榆科，楝科等占优势。平地各类型以杨柳科、豆科占优势，灌木以马鞭草科、豆科，鼠李科渐占优势。

中高山　以落叶松、云杉、桦树、山杨为优势建群乔木树种，灌木以山杏、榛类、沙棘、胡枝子为主。

低山　以栎类、刺槐、椿树、侧柏、油松较多。灌木以酸枣、野皂荚、荆条为主。

主要天然林林分构成树种如下。

针叶树　油松、云杉、落叶松、侧柏、杜松等。

阔叶树　栎类（蒙古栎、栓皮栎、辽东栎）、桦树（白桦、红桦、紫桦）、山杨、核桃楸、槭树（五角枫）、椴树、榆树、山柳、黄栌、花椒、黄连木、构树、山榆、鹅耳枥、山桃、丁香等。

灌木类　荆条、山杏、沙棘、山皂荚、酸枣、胡枝子、榛（毛榛、平榛）、柠条、绣线菊、杜鹃等。

藤本类　葛藤、爬山虎、野生猕猴桃等。

珍稀保护树种　刺五加、漆树、杜松、大果青杆、黄檗、核桃楸、天女木兰、紫椴、青檀、五角枫、水曲柳、臭冷杉、野核桃等。

二、主要天然林群落类型

天然林是陆地生态系统中生物多样性最多、生态调节功能最强、群落演替规律性最强的生态系统。天然林分布与地理气候条件密切相关，河北天然林群落呈现地带性分布，从北到南跨越温带和暖温带两个气候带,包括温带针叶林和暖温带阔叶落叶林。按照植被垂直分布规律,分为半旱生灌草丛、落叶阔叶林、针阔叶混交林、山地针叶林。

寒温带针叶林,主要分布在北部承德、张家口地区1000m以上的山地阴坡。主要树种包括落叶松、云杉、臭冷杉等。

温带针叶林,主要包括油松、侧柏、杜松等。

温带针阔叶混交林,主要包括云杉、华北落叶松、油松等针叶树,白桦、山杨、椴树、五角枫、核桃楸等阔叶树。不同天然针阔混交林群落的树种构成,包括油松+桦树+柞树群落,云杉+桦树+山杨群落,落叶松+山杨+桦树群落,油松+蒙古栎+核桃楸群落,侧柏+黄栌+栎类群落等。

暖温带落叶阔叶林,主要分布在河北中低山、丘陵等地区,主要包括蒙古栎、辽东栎、栓皮栎等栎属树种,其次是桦木科树种(包括白桦、紫桦、黑桦),以及山杨、椴树、鹅耳栎、白榆、五角枫等。不同天然阔叶混交林群落的树种构成,包括栎类+桦树+山杨群落,栎类+核桃楸群落,桦树+山杨+五角枫+椴树群落,栎类+核桃楸+五角枫群落等。

温带和暖温带天然灌木林,多数分布在太行山和燕山山区的干旱阳坡或经过破坏退化的阴坡。南部多分布酸枣灌木林、野皂荚灌木林、荆条灌木林、黄栌灌木林,北部多分布榛类(平榛、毛榛、虎榛)灌木林、沙棘灌木林、天然山杏灌木林、绣线菊灌木林、柠条灌木林、杜鹃灌木林、丁香灌木林等。

(一)天然针叶林

1. 分布

河北的天然针叶林均为次生林,在山地的分布比较广泛,从低山丘陵一直到小五台山海拔2600m的高山上都有分布。根据全省森林资源清查结果,1977年全省有天然针叶林11.42万hm^2,2016年天然针叶林面积有9.15万hm^2,占全省天然乔木林总面积的5.09%。经过近40年,天然针叶林减少了2.27万hm^2,可见天然针叶林仍在减少,加强保护势在必行。

河北的寒温性落叶针叶林树种主要是华北落叶松,仅分布在冀北山地围场、丰宁海拔1400~1800m的狭窄平缓的山脊和冀西北恒山小五台山海拔2000~2600m及燕山山顶海拔1800~2100m处,面积较小,分布范围较窄。在太行山保定阜平天生桥景区和驼梁山顶也有分布。

云杉分布范围与落叶松林相近,由于它要求湿润肥沃的土壤,加上多年来的采伐破坏,仅残存零散分布的云杉林和个别散生树。

在寒温性常绿针叶树中,冷杉的分布范围更为窄小,仅在小五台山西台云杉林中有少量的混生。这与河北气候比较干燥,雨量少,空气相对湿度较小有关。

天然油松林,适应性较强,在河北分布较广,主要分布于冀北山地、燕山山地和太行山北部。在燕山山地东部分布于海拔100~1500m;在冀北山地分布于800~1200m或1300m;在太行山北部分布于1000~1600m。据全省森林资源二类调查,河北现有天然油松林面积7.2万hm^2。

天然侧柏林,主要分布在太行山西部低山丘陵、燕山地区海拔1000m以下山地及悬崖地区。平泉大石湖林场有千亩以上集中连片的天然侧柏林分布。在涿鹿也有天然侧柏林集中分布。

天然杜松林，分布面积最大的是涿鹿大堡镇下刁蝉村分布的约 3000 亩①天然杜松林，石门要家沟有 200 亩天然杜松与白桦、山杨的混交林。在涞源县上庄海拔 1000m 处油松林林缘有散生的杜松。在蔚县、宣化、尚义和康保等地也有少量的散生杜松。在尚义小蒜沟下乌拉哈达东有一片天然杜松林，面积约 20 亩左右，杜松古树约有 483 株，最大的杜松树龄千年以上，基部连在一起，周长 305cm，上部分为 2 株，胸径分别为 45cm 和 39cm，树高 7m 左右。

2. 群落结构特点

河北的天然针叶林多为单层林，很少复层林。林木层下有下木层和活地被物层，除云杉林外，无苔藓层。层外植物极不发达。相当多的林分下木层发达。有些针叶林，如乔草油松林，裸岩油松林等，只有林木层和草本植物层。这与气候干旱、森林多次遭受破坏、土壤侵蚀严重、土壤变得干旱瘠薄有关。天然针叶林林龄多在 50 年以下。

（二）天然落叶阔叶林

1. 分布

河北天然阔叶林的分布，在燕山山系为海拔 700m 以上，一直到雾灵山的 1800m，在恒山山系小五台海拔 800~2100m，在太行山系驼梁山海拔 700~2000m，多分布在这些山系的阴坡。河北的天然阔叶林中面积最大的是栎林，其他的还有桦木林、山杨林、核桃楸林、榆树林等。

在燕山和太行山海拔 200~700m 范围内的阳坡有团状分布的阴生起源的栓皮栎和槲树林。在冀北山地、燕山山地、太行山山系北段海拔 600~1100m 范围内的沟谷和阶地有团状分布的青杨、香杨林。某些落叶阔叶树种，如榆、毛白杨、臭椿、泡桐等，虽然人工林较多，但也有零星的天然林存在。

榆树的适应性强，多为天然实生林，在冀北山地的丰宁邓栅子林场、围场滦河上游自然保护区和塞罕坝机械林场都有成片分布的天然榆树林。在河北山区还有春榆、黑榆、大果榆、裂叶榆、榔榆等榆科树种常与其他树种混生。

毛白杨在太行山南段的低山沟谷中有天然更新的毛白杨根蘖林，树干通直，生长良好，病虫害少。

在河北太行山中段 1200m 以下，燕山中段 1100m，冀西北白石山区 900m 以下山谷、山坡都可见到散生的天然更新的臭椿。在河北太行山区阜平、易县、平山和武安等地都有生长较好的天然臭椿林。

在河北邯郸、邢台、石家庄、保定四市太行山地区，有鹅耳栎林天然分布。鹅耳栎分布在海拔 600~1400m 范围内，在北部偏低些，南部偏高些，多在北坡、东北坡和东坡等。鹅耳栎均为次生，多与其他落叶阔叶树混生，也有面积较小的鹅耳栎纯林，鹅耳栎常与蒙古栎、辽东栎、槲栎、槲树、小叶朴、山桃等混生，鹅耳栎在林木组成中占 20%~30%。种子更新的鹅耳栎干形比较良好。其木材可用于制造农具、家具等。鹅耳栎的经济价值虽不高，但为适应性较强的落叶阔叶树，能起水土保持、水源涵养和改良土壤的作用，在林分中可作为伴生树种。

---

① 1 亩 =1/15hm²。以下同。

河北太行山区或冀北山地尚有一些耐干旱瘠薄的乔木树种，如山槐、青檀等林分，它们是值得研究关注和适当发展的乔木树种。山槐为豆科合欢属，乔木，高可达 15m。在邢台地区的西部山区，邯郸、石家庄西部山区也有发现。如武安庙上大队旺沟南坡，在海拔 800m 砂岩母质风化的轻壤土上（土层厚 22cm）生长的天然林，平均树高 8.7m，平均胸径 16~50m。山槐常被群众当作薪材砍去，因此长不成大树。山槐天然下种、根蘖和伐根萌芽能力都很强。

青檀为榆科青檀属。在太行山海拔 1000m 以下多处有分布，阴坡、阳坡、沟谷、溪边以及岩石裸露的岩石缝中都有生长，冀北山地黑龙山林场老棚子林区就有整坡的青檀林，或片状分布，也有的与其他阔叶树混生。

2. 群落结构特点

河北的天然落叶阔叶林均为次生林，而其中的栎林多数为萌生起源的矮林，这些天然落叶阔叶林大多是经过多次采伐，在 1980 年后封山育林形成的。天然落叶阔叶林多为混交林。如栎林中的蒙古栎和辽东栎经常混生，此外，林分中还经常混生白桦、蒙椴、紫椴、山杨等其他阔叶树。栓皮栎的纯林也很少，经常混有槲树和槲栎。白桦纯林面积较大，但有些林分中也经常混有黑桦、山杨和蒙古栎等。椴树林更是多种落叶阔叶乔木混生的杂木林。各种落叶阔叶林，在林木层下面一般都有发达的下木层和活地被物层。天然落叶阔叶林所处的立地条件较好，适于多种植物生长，再加上有些阔叶树种天然下种和无性繁殖能力较强，这是造成落叶阔叶林植物种类较多的原因。

调查表明，天然紫椴林在尚义县南壕堑林场大青山林区和桂沟山林区都有分布，两处各有 1500 亩，总面积 3000 亩。大青山二道背的紫椴林生长在 2000m 长的山沟的阴坡上，海拔 1500m，在整面坡上，椴树与山杨及人工栽植的落叶松交替分布，山杨多生长在凹形坡内，紫椴多生长在直线坡上。该椴树群为萌生林，每个桩可分生数株或十余株，整个植株呈馒头状，远远望去很容易区分。群落高度 3~7m，坡下部较高，上部受风的影响而变矮并呈现灌木状。胸径大的有 10cm，平均 6~8cm，树木分布不均，郁闭度 0.2~0.8，山坡中部比较密。林下灌木有虎榛子、土庄绣线菊、黄榆、胡枝子等，其中，虎榛子非常密，是灌木层的绝对优势种，灌木盖度达 95% 以上，水土保持能力极佳。林下草被稀少，主要有细叶薹草、漏芦、铁杆蒿、地榆等，盖度 20% 左右。

第三章　天然林资源保护修复现状与问题

河北地貌类型多样，包括山区、丘陵、平原、荒漠、沿海、高原，属温带大陆性季风气候，年均降水量484.5mm，分布特点为东南多、西北少，主要降雨分布在6~8月，冬春季干旱少雨。河北是个少林省份，森林资源总量偏少，质量较差。河北天然林资源主要分布在冀北、冀西北山地和坝上地区，见图3-1。

第一节　天然林资源现状

一、河北天然林资源概况

根据全国第九次森林资源调查结果，河北林地面积775.64万hm^2，森林面积502.69万hm^2。在各类林地面积中，乔木林356.4万hm^2，占47.11%；疏林地8.66万hm^2，占1.12%；灌木林地249.41万hm^2，占32.15%；未成林造林地22.31万hm^2，占2.88%；宜林地111.27万hm^2，占14.34%。河北活立木总蓄积量15920.34万m^3，森林蓄积量13737.89万m^3，河北乔木林蓄积量37.60m^3/hm^2，株数669株/hm^2，年均生长量3.09m^3/hm^2，平均郁闭度0.47，平均胸径12.1cm。

按照河北天然林落界核定办法，全省天然林总面积（含天然疏林地和一般天然灌木林）351.74万hm^2，占全省森林面积（含疏林地和一般灌木林）623.47万hm^2的56.41%。天然林蓄积量6474.82万m^3，占全省森林蓄积量的47.13%。

在天然林面积中，天然乔木林179.71万hm^2，占天然林面积51.09%；天然疏林面积2.41万hm^2，占0.68%；天然灌木林169.62hm^2，占48.22%。

（一）天然乔木林林种结构

天然乔木林按林种划分，防护林面积148.64万hm^2，蓄积量5999.71万m^3，分别占天然乔木林面积和蓄积量的82.71%和92.66%；特用林面积4.83万hm^2，蓄积量348.43万m^3，分别占2.69%和5.38%；用材面积1.78万hm^2，蓄积量78.69万m^3，分别占0.99%和1.22%；薪炭林面积3.53万hm^2，蓄积量33.22万m^3，分别占1.96%和0.51%；经济林面积20.93万hm^2，蓄积量14.77万m^3，分别占11.65%和0.23%。天然乔木林中防护林占绝对优势。天然乔木林各林种面积、蓄积量比例见图3-1。

（二）天然乔木林龄结构

天然乔木林按龄组划分，幼龄林面积114.95万hm^2，蓄积量2547.3万m^3，分别占天然乔木林面积和蓄积的63.96%和39.34%；中龄林面积48.99万hm^2，蓄积量2525.14万m^3，分别占27.26%和39%；近熟林面积12.56万hm^2，蓄积量1135.37万m^3，分别占6.99%和17.54%；成熟林面积2.89万hm^2，蓄积量250.35万m^3，分别占1.61%和3.87%；过熟林面积0.32万hm^2，蓄积量16.66万m^3，分别占0.18%和0.26%。幼中龄林面积合计占

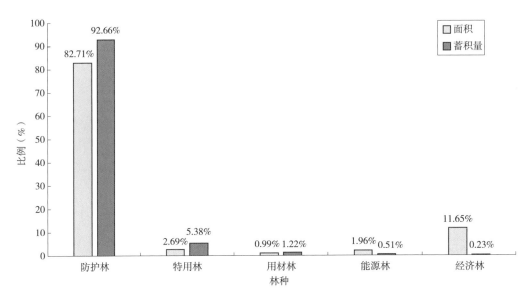

图 3-1　河北天然林分林种面积、蓄积量比例

天然乔木林面积的 91.22%，蓄积量合计占天然乔木林蓄积量的 78.34%。天然乔木林各龄组面积、蓄积量比例见图 3-2。

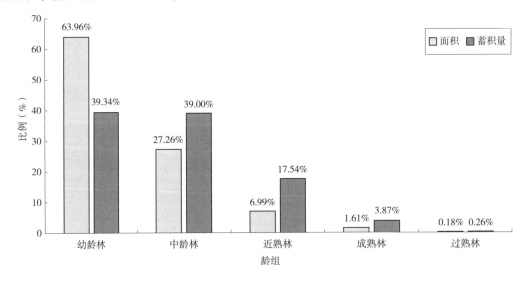

图 3-2　河北天然乔木林分龄组面积、蓄积量比例

(三) 天然乔木林优势树种(组)结构

天然乔木林以阔叶林为主。阔叶林面积 170.56 万 hm^2，蓄积量 5966.42 万 m^3，分别占天然乔木林面积、蓄积量的 94.91% 和 92.15%；针叶林面积 9.15 万 hm^2，蓄积量 508.40 万 m^3，分别占 5.09% 和 7.85%。

天然乔木林各优势树种(组)中，面积、蓄积量排在前三位的是栎类、桦树、油松，面积分别为 60.41 万 hm^2、20.12 万 hm^2、7.22 万 hm^2，占天然乔木林面积的 33.62%、16.2%、4%，合计占 53.82%；蓄积量分别为 2235.04 万 m^3、2218.8 万 m^3、402.34 万 m^3，分别占天然乔木林蓄积量的34.51%、34.26%和6.2%,合计占74.97%。

二、天然林资源动态变化分析

根据河北森林资源监测调查(一类资源清查)结果,对全省天然林资源结构、质量的变化情况进行分析,寻找全省森林资源变化的规律和问题,可以有针对性地解决天然林资源管理和经营中存在的问题。通过2006—2016年三次森林资源一类清查数据,可以监测对比全省天然林各树种面积变化结果(图3-3)。

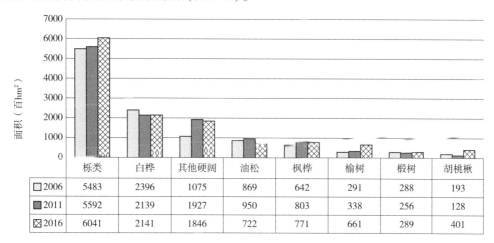

图3-3 河北一类森林资源调查天然林资源变化柱状图

从图3-3可以看出,经过10年对河北天然林保护修复经营活动,在全省天然林资源中,栎类树种面积有所增加,桦树资源有所减少,其他硬阔叶树种面积增加了80%,油松面积减少较多,特别是2011—2016年的5年中,面积减少24%以上,主要原因是全省地处燕山地区有些县将油松、栎类等生态林改种板栗经济林所致。胡桃楸面积增加较快,特别是2011—2016年胡桃楸面积增加了近2倍多。从不同天然林树种面积排位情况看,栎类树种面积占第一位,其次是桦树。天然针叶树以油松为主,面积偏少。树种单一问题仍然比较突出,具有高附加值的珍稀树种如黄檗、水曲柳、云杉还较为稀少。

从图3-4显示的三次森林资源清查的蓄积量变化情况看,10年间阔叶天然林的蓄积量增长显著,如栎类的蓄积量由2006年的1170万m^3,增加到2016年的2235万m^3,蓄积量增长了91%。白桦的蓄积量10年增长了31%。核桃楸蓄积量由2006年的28.9万m^3增加到2016年的124万m^3,10年增加了3.3倍。相比之下,天然针叶林如油松林的蓄积量10年仅增加了4.5%。可见,近年来,全省天然林修复工作取得了明显成效,阔叶林通过抚育间伐等修复措施,蓄积量增长较快,反之,油松天然林由于密度过大,抚育不及时,森林质量下降,蓄积量增加较为缓慢。

河北天然林总量和质量与全国水平比较还存在较大差距。根据《中国森林资源报告(2014-2018)》,全国森林面积22044.62万hm^2,森林覆盖率22.96%。活立木总蓄积量190.07亿m^3,森林蓄积量175.6亿m^3。天然林面积1.4亿hm^2,蓄积量141.08亿m^3(每公顷蓄积量111.36m^3折合每亩7.4m^3);天然林是森林的主体,其面积和蓄积量分别占总量的63%

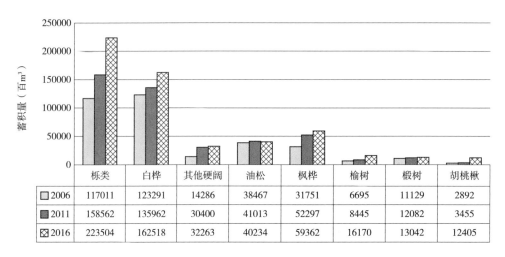

图 3-4 河北主要天然林树种蓄积量变化动态

和 80%。

根据河北 2016 年第九次森林资源清查结果，全省天然林面积（包含天然乔木林和天然特殊灌木林）239.15 万 hm^2，占森林面积的 47.57%；天然林蓄积量 6474.82 万 m^3（27m^3/hm^2），占森林蓄积量的 47.13%。天然疏林面积 2.41 万 hm^2。天然灌木林面积 169.62 万 hm^2，其中，天然特殊灌木林面积 59.44 万 hm^2。天然林面积中，乔木林 179.71 万 hm^2，占 75.15%。全省天然林蓄积量为 36m^3/hm^2，折合每亩 2.4m^3，仅为全国水平的 35%，可见全省的天然林生产力水平之低，森林质量和生态功能远远低于全国水平，更难以与世界水平相比，全省天然林保护修复的工作任重道远。

根据从 2001—2016 年四次全省一类森林资源清查结果（表 3-1），全省林地面积、天然林面积和蓄积量变化，总体上呈增长的趋势。

表 3-1 河北 2001—2016 年四次资源清查对比表

单位：万 hm^2，万 m^3

年度（年）	林地面积	森林面积	天然林面积	天然林蓄积量
2001	642	328	132	3294
2006	743	418	167	4135
2011	718	439	211	5091
2016	775	502	239	6474

注：森林面积和天然林面积均不含疏林地和一般灌木林地。

河北天然林面积和蓄积的变化动态见图 3-5，从图上可以看出，全省天然林面积和蓄积量都呈现增长趋势，特别是森林蓄积量增幅较大。全省 2016 年天然林的蓄积量达到 6474 万 m^3，占全省总蓄积量的 70%，是 2001 年天然林蓄积量的 2 倍，说明尽管河北未被纳入天然林资源保护工程实施范围，随着全省对天然林保护工作的逐渐重视，对天然林停伐保护措施的不断加强，2000 年以来天然林保护效果明显。

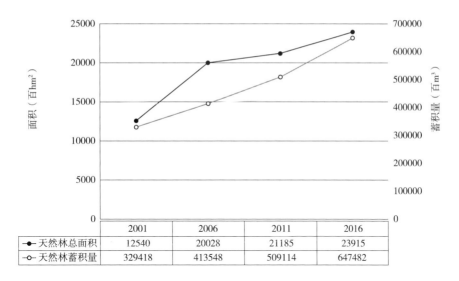

图 3-5　一类森林资源清查全省天然林变化趋势图

三、主要特点

通过对比分析，可以看出河北天然林资源主要有以下几个特点。

一是天然林总量偏少，结构不合理。全省天然林面积仅占全省森林面积的56.41%，低于全国天然林面积63%的占比；蓄积量仅占全省林木总蓄积量的47%，远低于全国天然林蓄积量80%的占比。在全省天然林面积构成中，天然乔木林面积仅有179万hm^2，仅占全省天然林面积35.6%，灌木林面积169.62万hm^2，占天然林总面积的48.2%。林龄结构不合理，成熟林少、中幼龄林多，天然林中幼龄林占比91.22%，幼龄林比63.96%。其中，天然林主要树种中，柞树幼龄林达70%以上，椴树幼龄林占比达60%，桦树中幼龄林比例占80%。单层林多，复层林少，地区分布不均衡，表现为北部多，南部少，深远山多，低山丘陵少。全省天然林主要分布在北部承德、张家口地区，占全省的70%。

二是森林质量不高，固碳能力低。据统计，河北国有林场低质低效天然林（退化林分）16.8万hm^2，占现有国有天然乔木林地的40%。就单位蓄积量而言，河北天然乔木林单位面积蓄积量偏低，仅为每亩2.4m^3，远低于全国天然林每亩6.7m^3蓄积量水平。可见，河北的天然林质量差距较大。由于修复经营不到位，造成天然乔木林中多次采伐形成的萌生矮林多，实生树少，寿命短、退化严重，森林的固碳能力低。森林的健康状况差，稳定性不高。

三是森林的生态服务功能差。这表现为林分树种单一，单层林多，复层异龄林少，幼龄林多，森林的生物多样性较差，森林的蓄水固土、防风固沙能力等生态防护能力不强。全省山区水土流失未得到全面控制，还有数万平方千米水土流失土地需要治理，全省天然林区范围内多数河流常年干枯，现有天然林涵养水源、防洪减灾的能力还较低。

四是天然林权属比较分散。从权属结构上看，全省国有天然林面积仅为40.5万hm^2，在全省天然林面积中所占比例偏小，仅占11.8%，90%的天然林权属分散在集体或个人，经营管理不规范，保护修复措施不到位，难以达到预期森林经营目标。

第二节 天然林保护修复成效

一、河北天然林保护基本情况

根据河北森林资源二类调查年度变更数据统计，截至2020年年底，河北天然林总面积345万hm^2。其中，纳入停止天然林商业性采伐任务的天然商品林共87.83万hm^2，包括国有天然商品林6.8万hm^2，集体和个人天然商品林81.03万hm^2；纳入重点公益林管理的天然林140.38万hm^2，区划为国家级天然公益林117.12万hm^2，包括国有28.43万hm^2，集体和个人所有88.69万hm^2；区划为省级天然公益林23.26万hm^2，全部为集体和个人所有。尚未纳入国家或省政策补助范围的天然林面积116.8万hm^2，包括国有6.25万hm^2，集体和个人所有110.55万hm^2。

二、天然林保护主要政策措施

从2015年纳入天然商品林停伐试点范围以来，河北通过成立机构、健全组织、学习调研、建章立制、开展试点、动员培训、实施推进，全省87.8万hm^2天然商品林得到了有效保护，生态效益和社会效益逐步显现。在天然商品林停伐保护项目方面，河北先后制定了《关于加快推进停止采伐天然林商业性工作的通知》《河北省停止商业性采伐天然林落界核定办法（试行）》《县级停止天然林商业性采伐实施方案编制提纲》《河北省停止天然林商业性采伐实施方案》和《河北省停止商业性采伐天然林档案管理办法（试行）》。2017年在下发的《河北林业改革发展资金使用管理和绩效管理实施细则》中，对涉及天然林保护管理资金部分进行了完善。在建立省级制度体系的同时，河北各地根据实际情况，制定出台了相关的管理办法。承德市政府下发了《关于停止天然林商业性采伐的通告》，出台了《承德市护林员管理办法》等制度文件。围场县出台了《护林员管理制度》《停止天然林商业性采伐工作流程》《天然林资源保护工程明白书》，平泉市出台了《天然林资源保护工程禁伐制度》《档案管理制度》。丰宁县政府出台了《护林员管理办法》《天然林保护资金管理办法》。各项规章制度的制定和完善，构建起天然商品林保护的政策制度框架，保证了全省天然商品林保护工作有章可循。

在列入公益林中的天然林保护方面，河北通过加强制度建设、强化督导检查、开展年度核查验收、充实管护队伍、完善档案管理、强化政策业务培训等措施，不断加强公益林的管理工作，取得了明显成效。建立了"河北省国家级公益林矢量数据库"，并参照国家级公益林数据库的要求建立了省级公益林矢量数据库。两个数据库的建立，成为公益林"看得见""摸得着""用得上"的家底，实现了全省公益林基本情况即时可查，为进一步加强全省公益林管理工作打下了良好的基础。

三、天然林保护资金投入与管理情况

2015—2020年，涉及天然林的公益林资金和停止天然林商业性采伐资金共计383379.8万元，其中，国家停止天然林商业性采伐补助资金213845万元；国家级重点天

然公益林补偿资金145342.8万元；省级重点天然公益林补偿资金24189万元(表3-2)。为了确保国家生态补偿政策落实到位，自项目实施以来，河北严格规范资金的使用和管理，先后通过项目资金专项审计、资金稽核、项目检查验收等，对停止天然林商业性采伐项目资金和森林生态效益补偿资金的使用和管理采取了多种形式监管措施，规范了资金使用和支付管理，确保了资金的专款专用、政策落实到位。

表3-2 河北天然林保护资金投入情况表　　　　　　　　　　　单位：万元

年度(年)	天然商品林	国家级天然公益林	省级天然公益林	合计
2015	33055	22500.3	560	56115.3
2016	33258	23353.9	3593	60204.9
2017	33462	24207.5	4786	62455.5
2018	34999	24207.5	4789	63995.5
2019	39565	25536.8	5232	70333.8
2020	39506	25536.8	5232	70274.8
合计	213845	145342.8	24192	383379.8

河北省国家级重点公益林补偿资金严格按照财政部、国家林业和草原局印发的《林业改革发展资金管理办法》《河北省林业改革发展资金使用管理和绩效管理实施细则》(冀财农〔2017〕167号)的相关规定执行，根据国家级重点公益林权属实行不同的补偿标准。为了进一步加强资金管理，每年举办全省重点公益林政策业务培训班，有效提高了全省公益林管理人员的政策业务水平。

四、天然林保护修复主要成效及影响

(一)生态效益

停止天然林商业性采伐项目实施以来，通过落界核定，签订停伐协议和管护协议，落实管护责任和停伐责任，加强护林基础设施建设，使河北天然商品林得到了有效保护，天然林林分质量、生态功能不断提高，植被覆盖明显增加，生态状况明显好转。通过天然林保护修复，改善了林种结构，生物多样性得到有效恢复，动植物种群数量不断增加。据调查，驼梁山、小五台山、雾灵山国家级自然保护区都发现了华北豹，说明近年来森林保护改善了野生动物的栖息环境。通过森林生态补偿政策的全面落实，承德、张家口等生态重要区位和生态脆弱地区的森林资源得到了保护修复，林区内水土流失得到了有效治理。据2000年全国第二次土壤侵蚀调查，全省水土流失面积为62957万 km^2，根据河北水土保持年报，2020年全省水土流失面积为40943万 km^2，经过20年的森林保护修复，水土流失面积减少了22014万 km^2，森林涵养水源、固碳增氧、净化空气等功能逐年提高。风沙危害得到有效遏制，明显改善了京津周边地区的生态环境。林区广大群众的爱林、护林意识明显增强，对全省森林资源保护及京津地区的环境改善提供有力保障。

(二)经济效益

通过实施停止天然林商业性采伐项目，国家累计投入停止天然林商业性采伐补助资金213845万元。2015—2020年国家共投入河北集体和个人管护补助11亿多元，根据《河北

省林业改革发展资金使用管理和绩效管理实施细则》(冀财农〔2017〕167号),要求天然林所有者或经营者为集体和个人的,经济补偿部分不低于现行天然林停伐管护补助标准的60%,即全省到2020年底至少有6亿多元资金直接通过"一卡通"等方式全额兑现到村集体和个人,提高了林农生活水平。

国家级重点公益林根据权属不同,实行不同的补偿标准。国有的国家级公益林补偿标准为每年每亩10元;集体和个人所有的国家级公益林补偿标准为每年每亩16元。通过实施国家级重点公益林补偿资金项目,2015—2020年国家累计共投入全省补偿资金212471.1万元(其中,天然林部分投入145342.8万元),林农每年根据所拥有的国家级公益林面积享受经济补偿,同时还可以带动部分地区旅游等生态相关产业的收入。

(三)社会效益

河北停止天然林商业性采伐项目实施以来,各相关单位共举办培训班50多次,培训业务骨干3000多人次。同时,为了使天然林保护政策家喻户晓,各有关地区通过电视、广播、印制明白纸、张贴宣传条幅等多种形式加强政策宣传,建设宣传碑牌3000余块,印发宣传单7万余份,在社会上形成了保护天然林的良好社会氛围。天然林停伐前,大部分林区基础设施陈旧、落后,职工生产生活环境甚至不如当地老百姓;林区道路多年得不到维修,严重制约护林防火工作的开展;管护手段、设备还处于较低水平。天然林保护资金的投入,有效改善了林区和国有经营单位的基础设施设备。如滦平国有林场管理处将所辖23个资源管护站中的11个进行改造建设,改善了基层林场办公条件和职工生活条件。丰宁国有林场管理处利用停伐补助资金新建和维修了林区管护房,使林区通信、电视、网络全覆盖,取暖、洗浴设施、安全饮水全部解决,林场职工告别了深山老林与现代生活脱轨的历史。在实行天然林停伐前,很多国有林场都是自收自支单位,人员工资、五险二金缴纳、林场护林防火、森林经营、造林等林场正常工作支出全部自己解决,各级财政没有任何投入,职工工资不能全额发放,只发部分档案工资,养老保险也欠缴,住房公积金、医疗保险这些职工应当享受的政策不能享受。实行全面停止天然林商业性采伐有了停伐补助后,很多林场能全额发放工资,职工生活水平明显提高。如丰宁国有林场管理处就累计使用1亿多元,这些资金的投入,使丰宁国有林场彻底告别了危困局面,解决了林场长期以来想解决而无法解决、困扰林场发展的职工工资、五险二金的缴纳问题,国有林场的发展走上了快车道。

国家级重点公益林补偿资金项目实施以来,各地不断创新举措,加强管护力度,组建了管护队伍,聘用了专职护林员和兼职护林员,建立健全了县、乡、村三级护林网络,制定了护林员管理办法,建立了奖惩机制,不断充实和优化护林员队伍。大部分县(市、区)都按要求树立了重点公益林标牌,标明地点、四至范围、面积、林权权利人、管护责任人、监管单位、监督举报电话等内容,起到标志和警示作用。为提高护林员的素质和责任意识,各地积极开展护林员的政策、业务学习和培训。为了落实管护责任,各地都明确划分每个护林员责任范围和管护职责,签订管护合同,填写巡山记录。将管护任务落实到山头、地块、林班、小班,将目标和责任落实到每个实施单位和管护经营责任人头上,做到了人员、地块、责任、目标四落实。通过项目的实施,公益林资源得到了有效管护,林农每年可根据所拥有的国家级和省级重点公益林面积获得经济补偿,公众生态意识也得到普遍提升，社会就业人数不断提高、促进了林区和谐稳定，保障了社会经济可持续发展。

五、塞罕坝天然林保护典型案例

塞罕坝机械林场不断加强天然林保护，实现了天然林保护新突破。

（一）森林资源情况

经过 2020 年与 2015 年对比，2015 年乔木林面积为 68842.5hm²，截止到 2020 年，乔木林面积为 74777.45hm²，增加了 5934.95hm²；森林覆盖率由 75.5% 增加到 82.0%，增加了 6.5%；经过 2015 年以来的造林活动，疏林地面积得到有效修复，逐步恢复为乔木林。活立木蓄积量持续增长。2015 年全场活立木总蓄积量为 810 万 m³，2020 年全场活立木总蓄积量为 1036 万 m³，经营期内年蓄积保持净增。从单位面积蓄积量来看，2015 年全场乔木林单位蓄积为 120.7m³，2020 年增加到 138.6m³，增长了 17.9m³，年均增长量达到了 3.58m³/hm²；从平均郁闭度来看，2015 年平均郁闭度为 0.64，2020 年为 0.58，较 2015 年略有下降，主要是因为林场近年来积极开展森林抚育，提升森林质量所引起的临时郁闭度下降。

（二）天然林资源情况

2015 年时天然林占全场有林地面积为 22.6%，2020 年时占 27.4%，增加了 4.8%；从蓄积来看，2015 年天然林蓄积量占全场总蓄积量的 14.5%，2020 年占 21%，增加了 6.5%。究其原因，一是因为 2015 年以来塞罕坝实施了天然林保护，停止了天然林商业性采伐，对天然林实施了有效的抚育措施。二是对部分重点天然林实施了封育管护措施，有效阻止了牲畜及人为对天然林的破坏行为。从单位蓄积量看，2015 年天然林单位蓄积量为 75.83m³/hm²，2020 年为 106.6m³/hm²，增加了 30.8m³/hm²；从单位面积株数来看，2015 年天然林单位株数为 1349 株/hm²，2020 年为 1094 株/hm²，单位面积株数有所下降，主要是林场以中央财政森林抚育补贴项目为契机，对公益林进行抚育，改善了林内卫生状况，提高了森林质量，蓄积量在逐年增加，森林景观效果显著提升；从平均郁闭度看，2020 年为 0.64，较 2015 年提高了 0.01%。

（三）生态效益

森林保持水土、涵养水源和防风固沙等生态效能不断加强，生物多样性逐步提高，生态系统价值逐年提升。根据中国林业科学研究院对塞罕坝所作的价值评估，截至 2016 年，塞罕坝每年可涵养水源 2.74 亿 m³，每年减少土壤流失 483.14 万 t，减少肥力流失 34.13 万 t 标准肥，每年固定二氧化碳 57.05 万 t，释放氧气 50.06 万 t；每年可吸收二氧化硫 1.34 万 t、氮氧化物 0.12 万 t、滞尘 15.64 万 t。森林质量得到有效提升。根据最新资源数据，塞罕坝单位面积蓄积量是全国人工林的 2.5 倍（全国 4m³/亩，塞罕坝 10.0m³/亩）、是全国乔木林的 1.46 倍（全国 6.3m³/亩，塞罕坝 9.2m³/亩）。

第三节　天然林保护修复存在的主要问题

河北作为少林省份，2000 年国家六大工程启动以来，一直未纳入国家天然林资源保护工程区范围，缺少天然林保护修复的资金和项目，天然林保护修复欠账多、森林质量不高、生态防护功能低,保护修复任务依然繁重,主要表现在以下几个方面。

一、天然林保护定位不合理,存在保护修复的短期行为

一是对天然林保护修复的长期性、艰巨性、复杂性认识不足。长期以来,经过人们多次采伐破坏,天然林的演替规律和群落结构遭到严重破坏,生态防护功能降低,短期内难以修复。天然林保护修复是一项需要长期坚持的艰巨复杂的生态建设系统工程,包括森林管护、森林修复、森林监测、基础设施建设、森林病虫害防治、森林防火、林业执法、科技支撑、林区生态产业发展、宣传教育等多方面、多领域复杂繁重的工作内容。当前,在河北天然林经营管理中存在不同形式的短期行为。如,林业机构不健全、经营队伍不稳定。在历次机构改革中,林业部门管理机构多次变动调整,国有林场管理下放,占天然林主体的集体天然林缺乏长期稳定专业的经营管理队伍,以护林员为主的管理体制难以满足天然林保护修复需要;林区的产业政策制度不可持续,对天然林区危害天然林的产业发展缺乏必要限制措施。如在个别地区经济发展中,忽视本地林区特点和资源禀赋,超出承载能力过度发展畜牧业、林果业、食用菌等产业,导致放牧反弹,毁天然林种经济林,采伐天然林发展食用菌等毁林产业对天然林保护修复造成较大影响。由于缺乏可持续的资金投入,森林保护修复措施少、落实不到位,缺乏连续性。有的封育区,封育时间短,森林植被未充分恢复修复就解封放牧,造成刚封育初建成效的林地又变为荒山秃岭;林业基础设施建设滞后造成林区生产生活条件差,难以留住林业人才;森林监测内容存在短板,森林生态监测仍是空白,监测工作缺乏连续性。这些都是违背林业生产长周期规律的短期行为,根源在于决策者对天然林保护修复的长期性、艰巨性和复杂性缺乏认识和重视。

由于全省5000多万亩天然林以中幼龄林为主,保护修复和质量提升任务十分艰巨,还有林区护林房、交通、通信、电力、网络、监控等基础设施建设,森林监测站点和监测队伍建设,天然林生态产业的开发和培育等,涉及各级政府、多个部门、村组集体、林权所有者、企业等相关各方的职责落实、义务履行和利益平衡。因此,天然林保护修复是一项需要多方密切配合和全社会支持参与的复杂系统工程,需要经历一个漫长的历史过程,需要几十年、几代人接续奋斗才能看到绿水青山的建设成果。

二是忽视天然灌木林保护,对森林生物多样性保护重视不够。天然林是人类生存发展重要的生物基因库。灌木林等林草植被资源也是重要的生态资源,在保持水土、防风固沙、水源涵养中发挥着重要作用。长期以来,除特殊灌木林外,国家未将一般灌木林纳入森林覆盖率计算范围,导致人们对灌木林未给予足够重视。在第三次全国国土调查(简称国土三调)中,在灌木林地地类划分上,由于掌握的地类划分标准与森林资源调查标准不一致,将不少已经划入天然林或公益林地的灌木林地划为草地。鉴于原来划为天然商品林和划为公益林的天然林都已经纳入国家生态补偿范围,森林生态补偿标准远远高于草地的生态补偿标准,对改划草地后,必将因为补偿标准的降低和减少造成林农的不满和上访,对今后的天然林保护修复工作造成重大影响。在林业生产中,经常出现割灌造林,清理地表植被等造林和营林抚育措施,将既有经济价值又有较高生态防护功能的榛类灌木林、酸枣灌木林人工清除后,不仅破坏了地表原生植被,还容易造成水土流失,破坏了森林的生物多样性和生态系统的稳定性,降低了原有森林的生态防护功能,弊大于利。有的天然林

区为了发展多种经营，经常出现不同程度的无序乱挖滥采，破坏林下有经济和药用价值灌木和草本植物等现象。如河北坝上的金莲花、北部山区的蕨菜、野生食用菌、榛子、山杏、柴胡等都遭到掠夺性采收，造成林区珍稀资源明显减少，个别地方出现枯竭，严重破坏了该地区的生物多样性。受到城市房地产市场以及创建森林城市的影响，一段时间以来，在林区挖采大树现象比较突出，对原有较为稳定的森林生态环境造成严重破坏。此外，对林区的食用菌资源、动植物保护没有给予足够重视，有的片面追求森林高质量，对天然林过度抚育间伐，大幅降低林分密度，破坏了动物的栖息地。

三是缺乏生态优先、保护优先的发展理念，在产业发展和资源保护上缺乏统一谋划。不同部门、不同行业之间存在天然林资源保护利用的政策和观念差异。如乡村振兴和农业部门为了加快农村经济发展，忽视天然林保护和限制，大量发展畜牧、食用菌、经济林、光伏发电等产业，对天然林造成新的破坏。在林业部门内设机构中设立了森林资源管理、自然保护地、国家公园、野生动植物保护、森林病虫害防治、森林防火等管理机构，不同机构制定了不同的政策、法规、办法、措施及建设项目，天然林和公益林分别由不同机构管理，缺乏统一谋划、统筹安排、共建共享。在规划标准、林地调查分类标准界定、重点保护区域划定、基础设施建设、资源保护监测和评价等方面缺乏沟通协调，不同单位设立的森林生态监测站点标准不统一、设备不完备，难以做到共建共享。

二、天然林保护修复的投入保障体系不健全

表现在：一是河北省天然林保护修复起步晚、投入少、欠账多。国家天然林资源保护工程从1999年启动实施以来，国家总投入超过4000多亿元。"十三五"以来，中央不断加大对天然林保护的政策支持和资金投入力度。5年来，天然林保护资金投入达2400亿元，占中央财政林草业总投资的40%以上，其中，中央投入2234亿元。而20年来，河北一直未纳入国家天然林资源保护工程区，2015年才通过全面停止天然林商业性采伐项目，得到国家每年3.3亿元的投资。到目前，河北得到国家天然林保护投资不足20亿元，不足全国天然林总投资的0.5%。省级财政到目前仅有460万亩省级重点公益林纳入生态补偿范围。由于长期缺乏有效的资金投入，省级财政难以有效支撑天然林保护修复工作，造成河北天然林保护修复工作难以可持续推进。

二是森林生态补偿制度仍需要进一步完善。按河北森林生态补偿现状，根据2018年全省二类森林资源调查结果，在全省345万 hm^2 天然林中，享受国家和省公益林生态补偿的天然林有140.37万 hm^2（其中，国家公益林补偿117.11万 hm^2，省公益林补偿23.26万 hm^2）。列入国家天然林商品林停伐保护项目天然林有87.8万 hm^2（其中，国有天然商品林管护面积6.8万 hm^2，集体和个人天然商品林管护面积81万 hm^2）。未纳入生态补偿的天然林还有115万 hm^2，占全省天然林比例的33.5%。差异化补偿制度、异地森林生态补偿制度、仍需要进一步建立健全。

三是与其他部门相比，林业投入差距大。据河北省政府新闻发布会公布，"十三五"期间全省投入环保部门的污染治理和生态保护的投资达3000亿元，每年投资达600亿元。据统计，2017年中央农业生产发展、农业资源及生态保护以及动物防疫补助等三类资金共计124亿元。据2021年3月5日河北省水利工作会议公布，"十三五"期间，河北累计完

成水利投资1250亿元，每年投入250亿元。其中，中央投资462亿元，省级投入788亿元。据长城网消息，"十三五"以来，河北财政共投入27亿元支持大规模国土绿化，折合每年省财政投入林业的资金仅为5.4亿元，占全省面积46%的林业用地的绿化、保护、建设及经营管理每亩投入仅为4元，难以满足全省森林生态保护修复的需要。据2021年全省林业工作会精神，"十四五"期间，争取落实省级以上资金投入175亿元，折合每年投入35亿元。与环保、水利、和农业部门相比，林业投资差距巨大。涉及森林保护投入、森林修复和质量提升投入、生态补偿投入、基础设施投入、护林员工资投入、资源监测投入、科技支撑投入等严重不足，林业投入与林业长期承担的维护京津冀生态安全的天然林的保护、经营和管理职能极不适应。国家要求的森林质量精准提升，天然林保护修复的各项措施将难以落实。

四是天然林保护修复任务还十分繁重，需要足够的资金加以保障。调查表明，长期以来，全省多数集体天然林和公益林的资金投入仅限于国家的森林生态补偿资金，缺乏必要的森林抚育和修复资金，由于资金投入不足，造成包括全省天然林保护体系建设、基础设施建设、天然林的抚育间伐、补植补造、质量提升等保护修复任务欠账多。由于受到资金投入的限制，目前全省仍有155.9万 hm^2 生态脆弱区的宜林荒山荒地需要修复治理。河北天然林保护修复任重道远。

三、天然林科技支撑体系亟待建立

天然林保护修复是一项新工作，目前存在许多技术难题和管理瓶颈亟待研究解决，主要体现在：一是天然林资源底数不清，基础数据不统一、标准不规范。目前，不同部门掌握的林地数据差异很大，涉及森林资源清查数据、二类资源调查数据、国土调查数据、草地清查数据，农业部门的数据，逐级上报的数据，形成数出多门，标准不同、界限不清，底数不清，数据交叉重叠，造成上下级之间规划任务目标难以衔接，使规划目标难以确定，规划任务难以落实，保护修复任务难以落地实施。对实现天然林精细化管理造成很大障碍。二是缺乏科学有效的天然林监测评价体系，天然林资源监测评价工作滞后。由于天然林资源和生态功能监测和评价体系不健全，林业部门缺乏一支专业性、长期驻守的专业监测队伍专门从事监测工作，缺乏科学合理的天然林监测评价指标和标准体系，难以对天然林做出全面客观准确的监测评价。有的地区即使布设了一些监测样地，也难以做到系统连续的监测，造成天然林底数不清，影响了天然林保护修复工作科学有序开展。三是天然林科研投入严重不足。在现有天然林、公益林项目中缺乏必要的资金投入，林业科研投入渠道少，严重影响各级林业科技人员的天然林科技创新的积极性。四是不少天然林保护修复技术难题亟待攻克。如河北天然林群落分布和演替规律、天然林智能化监测技术、天然林管护大数据技术、天然林修复高效模式，天然林生态价值评价等都需要研究解决。五是林业专业技术队伍建设亟待加强。全省现有林业专业技术人员都在县级以上机关和事业单位，由于天然林区经济落后，基层林业专业技术人才严重缺乏，影响了天然林保护修复工作的正常进行。因此，建立完备的天然林科技支撑体系已经刻不容缓。

四、林业机构队伍建设亟待加强

由于天然林面积大，覆盖范围广、经营管理难度大、保护修复生产周期长，必须有符合林业建设特点的林业管理机构和充实的基层一线林业建设队伍以保证林业生产的顺利运行。近年来,在机构改革中林业部门机构队伍受到严重削弱,严重影响了天然林保护修复工作的正常运行。一是机构改革后林业机构队伍受到削弱。近年来,国家进行了多次机构改革,每次改革都涉及林业部门,特别是原国家林业局归口自然资源部门管理后,包括县林业局、乡村林业站在内的基层林业机构被大幅压减、整合,出现了职能弱化的现象,机构改革后,由于森林公安队伍的转隶,使林业部门的执法力量大幅削弱,多数县(市、区)基层林业部门基本失去了林业执法能力,对于破坏天然林的行为和现象缺乏必要的执法权力和执法手段,严重影响了天然林保护修复工作的正常进行。随着林业机构的精简撤并,不少天然林区的林业局被撤销,合并到自然资源部门,原有的林业调查队,林业科研所等队伍被撤销,几十人或上百人的林业队伍,减少到十几人,甚至几个人,造成基层林业管护力量严重不足,管理脱节。如张家口原来有12个林业局,机构改革后只有5个县(市、区)保留了林业局;石家庄8个山区县林业局,机构改革后全部合并到自然资源局,大幅消减了林业机构和队伍。据统计,全省167个县(市、区)中,仅有27个县(市、区)单独设立了林业局,占全省的16.2%;同时,特别是很多基层林业站被撤销,全省独立设立林业站96个,占全省乡镇总数的4.87%,严重影响了基层林业工作的正常运行,难以满足天然林保护修复工作长期艰巨任务的需要,阻碍了天然林保护修复工作的顺利推进。究其原因,主要是政府和主管部门对天然林保护修复工作的长期性、艰巨性认识不足,重视不够。因此,急需制定相关配套政策,科学配置森林保护修复机构、人员编制,合理提高林业职工待遇,以确保全省天然林、公益林能够得到可持续经营管理。

二是天然林林区条件差,缺乏吸引力,林业后备力量不足。天然林区生产生活条件差、待遇低、保障差、留不住人,造成基层林业机构人员少、学历低,严重缺乏林业专业技术人员。随着现有国有林场职工队伍逐步老化、退休,林业后备力量不足问题凸显。如张家口老掌沟林场经营面积4068hm^2,其中,生态公益林3426hm^2,人员编制26人,现有在编职工21人,需要长期聘用6人,临时聘用护林员15人,聘用人员数量与在编人员相同。承德隆化张三营林场经营面积近1万hm^2,政府核定编制52人,现有在编人员18人,人员严重不足。为了维持林场管护工作的正常开展,聘请临时人员28人。集体林保护和管理需要专业的技术人员经营和管理,社会化、市场化林业服务机构和组织的人员组织差、管理不规范,影响了集体林的科学经营和管理。特别是随着天然林保护修复工作的大数据、信息化、智能化的逐步推进,急需更多的专业技术人员参与林业经营管理。

三是护林队伍建设亟须加强和规范。护林员队伍是林区落实天然林保护的主要力量。据统计,目前河北仅生态护林员就达5万人左右,此外,有天然林护林员2万多人,加上临时护林员,全省各类护林员总数将达到近10万人。全省护林员管理存在多头管理、待遇低、差距大等实际问题。由于护林员聘任的渠道和主体不同,护林员的聘任条件、责任划定、工作待遇、劳动保障、管理措施都有较大差别,依据工资来源和管理机构的不同划分为生态护林员、公益林护林员、天然林护林员;根据聘任主体的不同,分县乡村不同级别的护林员,有的地方根据森林防火的需要,聘任专职扑火队员,有的县(市、区)在防火期聘任临时护林员。此外,存在护林员责任区划分标准不同,护林员的培训教育滞后,对护林员的责任考核不规范,对护林员的聘任、辞退、劳保、待遇等方面都需要有一套规范长效的法规制度加以规范和保障。作为林区一线的护林主力，如何更好地发挥护林员在天然林保护修复中的主力军作用，亟须各级林业部门认真研究和规范。

五、天然林保护修复的法规制度和政策机制不健全

表现在：一是天然林法规体系不健全，天然林保护修复政策体系不完善，管理机制不灵活。长期以来，国家对于天然林的保护缺乏法律依据，直到 2019 年修订的新《森林法》才增加了天然林保护的相关条款。但如何采取可靠、科学的具体措施和保护手段，确保天然林保护工作落地落实，仍缺乏必要的法规、条例加以规范。目前，国家天然林保护条例迟迟没有出台，关于对天然林保护修复有强制性的法规和政策条款迟迟难以落地，保障天然林保护修复工作落地落实的投资、人才队伍、责任追究等条款仍未出台。对于林权所有者不履行保护义务造成天然林退化和破坏的行为，缺乏必要的制约措施，天然林的生态破坏赔偿制度长期没有建立起来，涉及森林的违法成本低，森林法等有关林业法律法规对于破坏森林的处罚条款宽、松、软，林业行政案件的查处和处罚力度难以威慑毁林违法行为，助长了毁林行为的发生。

二是集体天然林缺乏行之有效的管理机制。长期以来，集体天然林的经营管理缺乏稳定的专业管理机构，缺乏林业专业人才，缺乏必要的技术指导和经营方案编制，严重制约了集体天然林保护管理和经营。就河北而言，规模化林场少，集体林多为集体或个人分散经营，实行天然林全面保护停伐后，林权所有者缺乏森林管护积极性。集体天然林亟需建立一套科学有效、有投入保障、有稳定专业化的管理队伍和管理机制，以确保集体天然林能够纳入有效保护、科学修复的轨道上来。

三是天然林保护修复配套政策滞后。目前，与《天然林保护修复制度方案》配套的许多政策措施亟待制定，如天然林与公益林并轨管理政策，包括林地占用政策、生态效益补偿政策。此外，还有鼓励天然林保护修复的激励政策，天然林生态价值评估政策，天然林资源流转政策，护林员劳动保障政策，天然林保护修复资金支撑和保障政策，天然林区产业准入政策及生态产业发展支持政策等，都需要研究制定。

四是天然林保护宣传不到位。社会公众对天然林保护的意识不强，关注不够。什么是天然林，哪有天然林，天然林和人工林有何区别，天然林有何生态和经济效益，天然林能给社会带来哪些好处等问题，都需要各级林业部门给出科学详实的数据和答案，让广大社会公众充分了解天然林在生态安全防护、林产品供应、生物多样性保护、生态文明建设等方面的重大意义和重要的生态、经济和社会价值。

第四章 天然林保护修复体系总体框架

第一节 天然林保护修复体系总体构想

一、总体思路

针对河北天然林保护修复工作中存在的突出问题，以习近平新时代中国特色社会主义思想为指导，紧紧围绕统筹推进"五位一体"总体布局和"四个全面"战略布局，牢固树立"绿水青山就是金山银山"的理念，按照《天然林保护修复制度方案》确定的天然林保护修复目标任务，密切结合新时期国家乡村振兴战略、京津冀协同发展战略，国家及省林草"十四五"发展规划和到 2035 年中长期发展规划，充分利用林长制形成的制度成果，通过科学谋划、夯实基础、完善标准、增强动力、要素优化、产业融合，优化天然林治理体系，制定符合河北实际的天然林保护修复规划和实施方案，引导全社会形成绿色生产生活方式，建立全面保护、系统恢复、用途管控、权责明确的天然林保护修复制度体系，维护天然林的原真性、完整性，促进京津冀地区人与自然和谐共生，加快林区生态经济可持续发展，为建设京津冀生态环境支撑区和美丽河北奠定良好生态基础。

二、天然林保护修复体系构成框架

根据天然林保护修复生产周期长、投入多、见效慢、公益性的规律和特点，天然林保护修复体系建设应紧紧围绕天然林资源的精细化、规范化管理的总目标，通过优化整合森林、人力资源、林业管理机构、资金、技术、政策、机制等各类生产要素，利用科学高效的政策、机制和管理措施，充分调动林权所有者、护林人员、管理机构、主管部门和政府的管林护林积极性，科学利用森林生态补偿资金、天然林保护修复项目资金，使天然林资源能够发挥最大的生态、经济和社会效益。用符合天然林保护修复需要的专业机构队伍、科学修复技术、合理的产业结构，构建起规范高效天然林保护修复管理体系。完善的天然林保护修复体系应包括天然林资源监测和评价体系、天然林保护体系、天然林修复体系、天然林保护科技支撑体系、天然林保护政策法规制度保障体系、天然林生态产业体系、天然林保护修复考核体系等。

天然林资源监测和评价体系是天然林保护修复体系的基础。只有摸清资源数量、质量底数，掌控资源现状和问题，才能做到心中有数，有的放矢地制定对策、弥补短板、解决问题，抓好天然林资源的保护修复，才能逐步实现天然林资源管理的精准化、信息化和智能化。

天然林保护体系是天然林保护修复体系的主体，是现阶段河北天然林建设的主要内容。完善的林业机构队伍建设是确保天然林保护修复工作的重要前提和保障，塞罕坝林场成功的经验之一就是有一支1000多人稳定、专业的林场建设队伍。林区范围大，保护难度大，必须建设必备的基础设施，配备必要的监控等保护设备，针对不同的影响和破坏形式，采取行之有效的保护模式。

天然林修复体系是天然林保护修复体系的重要组成部分，承担着提升森林质量、恢复森林生态防护功能的重要建设内容。天然林修复是一项技术要求较强的专业技术工作，也是林业建设的长期责任和任务，需要长远谋划、科学经营、规范管理、有序推进，因此，必须建立规范高效的天然林修复体系，针对不同林地现状特点，科学确定有效的修复模式，分阶段确定修复目标任务，确保天然林修复质量和成效。

科技支撑体系和政策法规制度保障体系是天然林保护修复工作的重要支撑和保障。当前，天然林生态防护功能动态变化规律、天然林资源科学开发利用等许多未知领域亟待探索，加强林业科研，充分利用现代科技成果提高天然林保护修复的成效已经成为国家关注的重点。《制度方案》规定了天然林保护修复的政策制度体系。河北应因地制宜制定适合河北的体制机制、资金投入、法规制度等天然林保护修复政策制度体系，以确保天然林保护修复任务目标的如期实现。

天然林生态产业体系主要指天然林保护修复形成的天然林资源资产、天然林生态功能产品、生态旅游产品、天然林产品等生态经济价值，如何进入消费市场，形成有规模的消费需求，产生应有的社会价值，构建的天然林产品生产、消费、流通、扩大投入再生产的良性循环的生态产业体系。这是实现天然林保护修复成果价值实现的必然途径。

天然林保护修复考核体系是各级政府和林业主管部门考核天然林保护修复工作的主要手段和依托，通过考核奖惩督促各级政府和主管部门落实责任、强化措施，确保纳入规划的天然林保护修复任务目标的实现。

河北天然林保护修复体系构成(图4-1)主要包括以下七个体系。

天然林监测与评价体系：包括监测机构队伍建设、天然林资源动态变化监测、生态功能监测和评价。

天然林保护体系：主要包括机构队伍建设，涉及各级林业管理机构、护林队伍的配置（包括护林员、森林消防队员、林业行政执法人员、森林公安人员等）、基础设施、设备建设，管护模式和机制等。

天然林生态产业体系：包括天然林生态产业构建、碳汇等生态经济产品推介、社会需求市场开发、交易流转平台构建、价值实现方式等，构建起天然林从投入到产出的良性循环体系。

天然林科技支撑体系：科技投入、专业技术队伍科研队伍建设，鼓励科技创新的激励机制。

天然林保障体系：落实森林经营方案制度，规范修复技术模式、修复管理程序、修复档案和大数据。

天然林保护制度保障体系：包括天然林保护修复机构队伍建设制度、资金投入保障制度、生态补偿制度、集体林管理体制机制改革等。

天然林保护修复考核评价体系：包括考核评价的内容、主体、标准等内容。

第四章 天然林保护修复体系总体框架

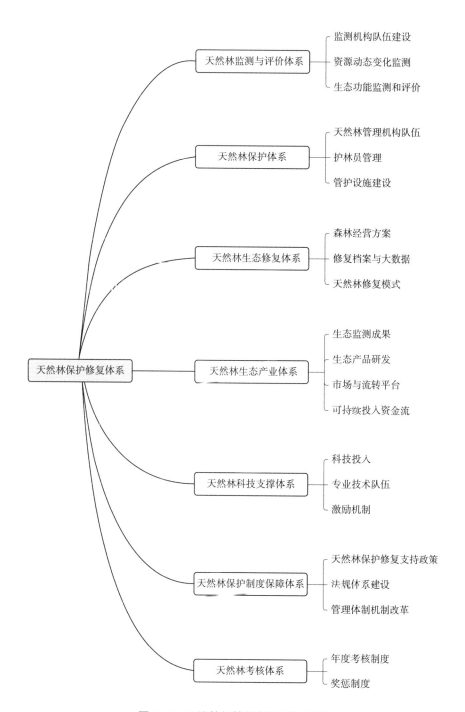

图 4-1 天然林保护修复体系构成图

第二节 天然林保护修复体系的总体目标设定

科学确定河北天然林保护修复规划目标是指导全省天然林保护发展的基础，是确定各项天然林保护修复建设内容、任务、措施的依据。目标的确定应立足河北省情、林情，根据国家天然林保护规划和河北省经济社会发展规划确定的总体目标，密切结合中央、省、市、县财政投入能力与保障水平，以及林区劳力状况、专业素质和管理水平，确保规划任务能够落地落实，规划目标能够按期完成。

确定天然林保护修复体系的建设目标，应该认真研究天然林资源现状、保护修复工作现状及存在的问题，科学确定天然林保护工作的出发点，找准抓住问题源头，根据需要和能力确定治理措施；科学解答为什么保护天然林、影响天然林保护的主要问题是什么，依靠谁来保护、用什么措施和办法保护、天然林质量不高的原因、如何修复和提高天然林质量等问题；从根本上解决制约天然林保护修复的体制机制障碍，充分激发和调动包括各级政府、部门、乡村、林农、企业在内的社会各界关心、支持和参与天然林保护修复的积极性，营造保护修复天然林的社会氛围，逐步实现天然林保护修复由被动向主动的转变。

根据国家和河北林业发展"十四五"规划，建立全省天然林资源精细化管理体系，已成为新时期全省天然林建设发展的主要目标。充分利用现代科技手段，使机构、队伍、设施、政策、法规、机制与天然林资源保护及管理实现高度融合，逐步建成对天然林资源管理的定量化、实时化、信息化、价值化、程序化、网格化的管理系统。

河北天然林保护修复体系建设的总体目标是通过构建符合河北森林演替规律、满足天然林保护修复需要的长期行之有效的政策、机制和制度体系，优化配置林地、人员、资金、设施、项目等要素，全面落实和规范天然林保护修复的目标管理、责任管理、数据管理、档案管理，逐步实现全省天然林资源保护修复精细化、资源管理智能化、责任落实网格化、经营措施信息化、投入内容数量化、成果效益价值化。建立适合河北特点的天然林保护修复发展模式，科学确定发展预期目标（规模，包括面积、蓄积量；质量，包括林分结构、单位面积蓄积量、生物多样性；效益，包括生态效益、经济效益、社会效益），与国家乡村振兴战略密切结合，实行林业振兴战略，建立专业规范、设施配套、产业融合、信息畅通、功能优化的可持续的现代天然林管理体系。

一、天然林保护修复体系建设的总体目标

科学高效的天然林保护修复管理体系要实现5个目标，包括天然林保护修复措施的精细化、天然林资源和生态功能的数量化、天然林监测手段的智能化、管护责任的网格化、天然林产品效益的价值化。根本目的在于把先进理念和现代科技手段充分应用于天然林保护修复管理工作中，将天然林管理的各个环节、各项措施精准掌控，实现管理的专业化、规范化、信息化、高效率、全覆盖。

天然林保护修复措施的精细化 精细化管理是一种理念、一种文化，它是源于发达国家的一种企业管理理念，它是社会分工的精细化、服务质量的精细化对现代管理的必然要求，是建立在常规管理基础上，将管理水平引向深入和高级的管理思想和管理模式。对天

然林管理设定精细化管理的目标，主要目的就是改革传统的粗放管理方式，转向集约化、精准化、规范化、制度化的现代林业管理方式。具体而言，就是将天然林保护、修复、经营管理的任务、目标、责任落实到各类相关管理机构、主体和人员，落实到小班地块、时间、程序、过程，落实到各类费用支出和投资来源，以确保对天然林保护修复的各项措施能够落地实施，而不是空中楼阁，逐步实现全覆盖、全要素、全过程管理。

天然林资源和生态功能的数量化 数量化是天然林保护修复精细化管理的基础，主要包括对天然林资源的动态变化、林分结构质量的变化、森林各类生态功能及天然林生态价值量变化等通过数量化的形式展示出来，同时对各项管理措施、资金投入、毁林因素等内容都要通过量化的形式，提供给管理平台，经过统计、汇总分析，及时发现天然林保护管理中存在的问题，及时准确掌握各类天然林管理主体的履职尽责情况，科学评价天然林保护修复成效。

天然林监测手段的智能化 由于天然林面积大、范围广，必须通过航空、遥感、互联网、大数据、监控定位技术、智能化管理平台等现代科技手段，才能将天然林资源从总量到小班地块，从数量到质量，从森林生态结构到生态功能发挥，从上级决策到每个护林员管理措施和责任落实等与天然林相关的关键因素的趋势分析大数据，通过现代互联网智能计算平台，及时提出决策指令，即时、实时传输到各级管理主体和责任人，及时发现天然林保护、修复和管理中存在的风险和问题，以便及时采取应对措施，确保天然林沿着正确的轨道修复演进，科学培育和发挥天然林生态、经济和社会功能，为人民美好生活提供更好的生态环境和康养服务。

天然林管理责任的网格化 指通过划定网格的形式全面落实对天然林保护修复的责任，将保护修复任务目标分解落实到林班、小班及山头地块，确保天然林保护修复的任务目标，包括管护、补偿、修复措施、资金投入、设计、施工、验收、考核监管等各项措施任务的责任落实到各相关主体的责任网格内，确保无空当、全覆盖。

天然林功能效益的价值化 主要通过对天然林生态（碳汇、涵养水源、净化大气、防风固沙、土壤培育、生物多样性）功能、经济（林产品）效益和社会效益（自然教育、休闲、康养）的监测评价和价值测算计量、社会消费需求培育、交易市场的构建，形成以天然林效益的规模化市场需求为主的新的经济增长点，吸引企业、人才和资金向以天然林为主体的生态产业集聚，逐步形成以天然林保护修复为主要内容的产业集群，提升天然林在社会经济发展中的价值。

实现以上"五化"目标，一要有高素质专业化的森林管理队伍，包括省、市、县（市、区）、乡、村每个层级，从林长、局长、科股长、站长、护林员都能够达到专业化、职业化及高度负责的责任心等综合素质。二要有保障的法规、政策、资金投入支撑，促进形成天然林效益价值和市场流转的良性循环。三要有合理、高效率的政府职能机构运作机制，通过待遇吸引、政策激励、制度约束、法律强制，充分调动各方保护修复天然林的积极性、主动性。四要有规范的管理程序和办法，将天然林保护修复涉及的各个要素，每个建设和管理环节都能制定出严格规范的管理办法。五要有保障运行的科技支撑体系。加快创建适应林业现代化建设需要的专业技术手段，包括技术、设备、人才。通过研发数据采集、处理技术和设备平台，及时采集处理天然林资源、生态、碳汇、价值大数据，人员、机构大数据，各类法规、办法、规程大数据，保护修复设施、措施、程序大数据，与天然林相关的社会经济产业大数据等，为天然林精准管理提供科学支撑。

二、设定天然林保护修复规划目标应把握的要点

一是明晰现有天然林资源状况，包括天然林面积、林木蓄积量、各类天然林结构比例，做到底数清，情况明。二是充分掌握近年来天然林采伐和保护情况，各类建设项目征占用消耗减少森林资源的情况，山区放牧规模和强度，以林木为原料的产业发展情况。准确分析和确定破坏天然林的因素和风险点。通过调查了解天然林面积、蓄积量变化动态和质量变化趋势，科学确定到规划期天然林资源的保有量和蓄积量增长量，充分掌握近年来林地征占用规模及变化趋势，为规划期的其他建设项目保留合理发展空间。三是要全面掌握国土空间规划、生态环境规划、林草发展规划、林地保护利用规划、生态红线等相关土地利用规划。准确掌握林地、天然林地与耕地、草地、湿地等其他地类土地的边界和界限，将包括天然林在内的森林资源调查监测数据与国土三调数据进行全面对接，确定有法律意义的国土空间规划一张图上天然林的规模、范围和边界，将每个小班地块的天然林能够逐级分解落地落实，以便制定的规划目标无争议、无交叉重叠。四是要充分把握与林区发展密切相关的国家政策、战略、路线、方针的发展走向。包括《制度方案》、京津冀协同发展战略、乡村振兴战略、河北的"两区"（水源涵养区和生态环境支撑区）发展战略，国家林草发展规划等，使天然林保护修复工作充分融入国家和全省发展战略之中，充分把握和用好国家的各种优惠政策和建设项目资金，真正使全省天然林保护修复的任务目标落地落实。

三、天然林保护等级划分

科学划定天然林重点保护区是确定天然林保护修复目标的重要环节。为了对天然林资源实行精准化保护管理，《制度方案》明确了按照生态区位重要性，分级保护、划定重点天然林保护区的政策措施，规定"依据国土空间规划划定的生态保护红线以及生态区位重要性、自然恢复能力、生态脆弱性、物种珍稀性等指标，确定天然林保护重点区域，分区施策，分别采取封禁管理，自然恢复为主、人工促进为辅或其他复合生态修复措施。"天然林保护分级确定的依据：主要应考虑天然林生态区位的生态脆弱性、区位重要性、物种珍稀性、自然分布稀缺性以及天然林保护的特殊性、必要性。

按照国家要求，根据河北天然林质量差、生态脆弱区多的实际，河北天然林保护等级可分为：一般保护天然林、重点保护天然林、特殊保护天然林3个保护等级。重点保护天然林和特殊保护天然林都属于国家重点保护天然林范围，以便通过严格的保护措施，使全省的天然林资源得到休养生息，有效地修复天然林生态环境和生态功能。重点天然林保护区主要包括：太行山、燕山山区河流上游两岸、湖库周围、国家级自然保护区、风景名胜区、森林公园、湿地公园范围内的天然林，山区坡度超过25°的天然林，分布有包括杜松、漆树、黄檗、水曲柳、云杉、天女木兰等珍贵树种的天然林，林龄超过50年的天然林等。特殊保护天然林区是在重点保护天然林区保护级别之上，属于最严格保护的天然林区，包括军事禁区内的天然林、分布国家一级重点保护动植物的天然林、重要科研监测样地的天

然林等，特殊保护天然林严禁除保护外的一切生产经营活动。

未列入重点保护区和特殊保护区的天然林为一般保护天然林。一般保护天然林应全面停止商业性采伐，可以开展森林抚育等森林质量提升为目的的林业生产经营活动。

生态脆弱天然林区主要指分布于坡度大（超过25°）、土层薄、立地条件差、水土流失和风沙危害严重、破坏后难以恢复等生态脆弱地区的天然乔木林、灌木林及藤本植物天然林及宜林荒山等。

区位重要天然林区主要包括生长在自然保护区、森林公园、湿地公园、地质公园、风景名胜区以及被划入生态红线范围内的天然林。

珍贵物种分布天然林区主要指分布有珍稀树种（如黄檗、水曲柳、杜松、漆树等）、列入国家和省重点保护名录的植物和动物（褐马鸡、金钱豹、猕猴等）的天然林区。通过划入重点天然林保护区，减少人类活动的破坏和影响，使这些物种得到休养生息、繁衍恢复，扩大种群规模。

超过50年以上的天然林、天然次生林、天然灌木林因为在河北分布稀缺，具有较高的历史文化和气候变迁的科研价值，应纳入重点保护天然林范围。

四、构建天然林精细化管理目标体系

（一）资源管理目标

1. 天然林资源总量目标

确保天然林面积、蓄积量、单位蓄积量、森林覆盖率都能实现稳定增长。

根据河北天然林资源现状，结合国土三调结果、国土空间规划和保护林地发展规划，本着应保尽保、应补尽补的原则，应将所有天然乔木林、天然灌木林、疏林地、通过人工补植补造、封育形成的天然林都纳入保护和补偿范围，合理确定天然林保护修复规模。防止为了给今后建设占地留有空间，人为减少天然林保护面积，导致天然林保护和补偿范围缩小、林分小班碎片化、天然林生态防护功能下降，造成生态破坏等问题的发生。

针对现有宜林荒山和生态功能较低的天然林资源，通过科学有序实施天然林保护修复措施，恢复林地森林植被，实现天然林面积稳定或增长，天然林蓄积量增长，生态防护功能不断增强。

2. 天然林质量目标

资源结构得到优化调整，地类结构（乔木天然林所占比例）、树种结构（珍贵树种所占比例逐步增加）、林龄结构趋向合理。乔木林单位面积蓄积量增加，森林蓄积增长量提高，灌木林盖度增加。

3. 天然林生态功能目标

天然林生态防护功能明显增强，主要包括生物多样性、固碳能力、蓄水能力、改良土壤、调节气候、净化空气、防风固沙等生态效益发挥和生态功能改善的预期目标。生态支撑区的功能凸显。

4. 资源和生态监测目标

各级天然林资源和生态监测队伍得到充实加强，专业化监测水平明显提高；监测站点、设备的布设、数据分析平台等监测设施建设完善。逐步实现天然林资源监测、生态功

能监测的网格化、动态化、全覆盖,满足天然林相关监测数据的采集、传输、分析及监测成果应用,促进新时期天然林保护修复工作加快步入规范化、精准化、科学化管理轨道。

通过遥感卫星技术、互联网大数据技术、视频监控技术等现代科技手段,及时掌控全省及天然林小班地块的资源动态变化,逐步实现小班管理、边界管理、林分管理、质量管理、物种管理、水源管理、土层管理。加快建成以大量的林业数据资源为基础,集合全方位影响要素,实现功能完备、立体高效的智慧平台,形成数字化、网络化、智能化的森林资源管理智慧决策保障体系。

建立天空地一体化监测体系,依托全省森林资源监测平台,建立天然林信息监测传输网络,充分利用环境、气象、水文、国土等监测站点和卫星遥感、无人机等现代技术,运用云计算、物联网、大数据等信息化手段,及时采集传输天然林资源和生态功能变化数据,通过与当地社会经济、产业发展、人类活动等影响因素集成分析,及时发现和解决天然林保护修复中存在的问题,及时评估和预警各类风险。

(二)保护管理目标

1. 天然林保护和生态补偿目标

天然林生态补偿面积(包括天然商品林管护补助)尽可能涵盖所有天然林资源,包括天然乔木林、天然灌木林、天然疏林地、人工促进天然林地、封山育林地等。全面签订停伐管护协议,达到生态补偿全覆盖。

2. 机构队伍建设目标

机构建设目标 构建政府主导、林长推动、区域联动、部门协同、布局合理、层次分明、分工明确、高效精干的天然林资源管理机构,通过高素质、专业化的各级林业管理人员的高效管理,全面提升天然林管理效率和管理水平。

加强集体天然林、公益林管理机构建设,全面改革目前松散、低效、不可持续的集体林管理体制,参照国有林场的管理方式,在保护林权所有者合法权益的前提下,加快建立稳定、专业、规范的集体林管理机构,全面提高集体林组织化管理水平,逐步实现集体天然林保护修复可持续发展。构建以林权所有者、林场、自然保护区管理机构、涉林企业、社会团体为主体的天然林经营管理主体和生态价值开发主体,不断拓展天然林生态效益需求市场。

队伍建设目标 构建以护林员、林业行政执法队伍、森林公安队伍和第三方管护企业为主体的护林队伍。提升护林队伍专业素质,实现年轻化、专业化、信息化、职业化。护林员收入水平明显提高,人身安全、交通、通信、水电供应、教育培训等生产生活条件得到有力保障。严厉打击各类毁林违法行为,毁林现象得到全面遏制。

责任管理目标 规范林区人员管理、设备管理、设施管理、资金管理、档案管理、产业管理,实行占地、采伐、火灾、病虫害、放牧等风险管控,量化天然林损失管理、案件管理。科学确定天然林资源损失和消耗目标,确保规划期天然林资源消耗面积达到最低限度。实行一张图管理,以图定林、以林定岗、以岗定责、以责定酬。科学划分责任和任务目标,做到任务衔接、目标考核、落实奖惩。

3. 天然林保护修复基础设施设备建设目标

基础设施设备建设目标 包括林路、通信基站、通电、供水、护林房、防火隔离带、监控、围栏、界桩等设施年度或阶段任务目标。各类管护设施建设密度、单位面积数量、覆盖率，交通、通信设备配备率，天然林资源和生态功能监测点布设数量、覆盖范围等。要按照摸清底数，确定短板，科学布局、先急后缓、量力而行的原则进行规划建设，有计划有步骤地推进，确保基础设施的布设合理、使用长久、效果显著。本着节约林地资源的原则，尽量依托现有基础设施，向林区延伸。避免重复、浪费、无用。基础设施的建设应有规划图、进度图，实时掌握各类设施的建设运行状态，合理确定各类设施新建和维修的任务目标，确保运行正常，保障有力。

信息化智能化管护目标　包括智能巡护覆盖率、视频监控覆盖率、卫星遥感与大数据互联网等新技术管护覆盖率，资源和生态监测覆盖率，效益评价覆盖率，专业管理人员占比等。

管护效果评定指标　包括年度天然林面积、蓄积量损失减少变化指标，毁林案件数量（包含年度监测发现的疑似问题图斑），禁牧情况，单位面积管护投入资金。

（三）政策机制改革目标

改革传统林业管理模式，通过提高林业职工待遇、稳定林业队伍、完善生态补偿政策、改革集体林管理机制，制定完善符合天然林保护修复需要的长效支持政策和保障措施，充分调动林业职工、林权所有者及有关各方积极性，解决制约天然林保护修复的体制、机制和政策制度障碍，建立稳定、可持续、有活力的天然林保护修复政策机制。

（四）修复管理目标

天然林修复任务目标　包括天然林修复总面积，不同修复方式任务目标（包括补植补造、封山育林、退化林分改造、幼林抚育面积），天然林修复总投资。

修复成效目标　天然林面积增长量、蓄积量增长量，单位面积蓄积量（增长量），平均胸径增长量，地类结构变化情况（乔灌比、荒山减少、天然林增量），森林覆盖率，乔木林比例，林龄结构，珍贵树种比例，生物多样性指数。

修复管理目标　落实森林经营方案制度比例。规范天然林修复、经营技术操作规程，规范森林经营方案编制、审批和实施，规范和细化森林抚育管理，科学调控天然林蓄积、密度、模式管理、封禁管理，建立健全经营档案管理、建立以小班为经营单位的永久性、可持续的经营档案。逐步实现每个天然林小班的经营管理措施都能做到及时落实、归档、永久可追溯，为今后的森林管理奠定基础。科学确定天然林质量评价体系，建立以天然林面积、蓄积量的增量，地类结构、珍稀（保护）树种面积、树种结构、生物多样性、生态防护功能为主要指标的天然林分类分级质量评价标准，定期（一年或五年）评价天然林质量和生态功能。

（五）资金投入目标

针对天然林保护修复及各类基础设施建设的需要，依据国家林业发展规划和省级及以下地方林业发展规划，结合现有天然林保护修复投资项目（包括天然林停伐、公益林生态补偿），考虑地方财政支付能力，社会团体投入水平，以及相关各林权主体对保护修复任务的承受能力，科学确定天然林保护修复资金投入目标，确保天然林保护修复任务目标如期实现。

(六)天然林生态产业发展目标

制定以天然林碳汇、涵养水源、净化空气、森林旅游、林产品、社会服务功能为产品的生态产业发展目标,构建有特色、有吸引力、可持续的生态产业体系。科学调整林区产业结构,减少和逐步消除毁林产业,扩大以天然林保护修复为主导的生态产业,吸引林区农民参与天然林保护事业,成为公益性、职业化的林业工人,扩大林业就业人口规模。

及时掌控林区产业结构调整情况,包括林区产业规模(产值)、从业人数,以及涉林生态产业发展情况,毁林产业调整情况(畜牧、食用菌、木材加工、矿产),产业调整规模和从业人数;关停毁林开矿点数量和从业人员,有关林区(县)国内生产总值(GDP)的变化情况;生态移民情况,包括新建居民区建筑面积、移民人数、移民搬迁户数、生态移民投入。

科学确定林区经济社会发展目标,包括林区各类产业经济和社会效益、GDP、GEP、林区人均收入等。

第三节 天然林保护修复体系的主要内容

根据河北天然林保护修复规划确定的任务目标,要确保天然林保护修复体系的各项措施落地实处,应周密谋划构建体系结构,科学确定不同体系的建设内容、原则和目标。

一、天然林保护体系

天然林保护体系建设的主要内容包括天然林保护机构队伍建设、森林管护机制体制改革和管护设施建设。主要任务是建立健全机构队伍,改革创新管护机制,加强完善基础设施,确保天然林资源得到及时有效保护。根本目的是要实现天然林有人管,护林员真有用,林业执法应到位,管护机制要灵活高效,逐步实现机构精干、人员专业、成本降低、管护高效的天然林管护的终极目标,确保天然林资源不断增加,质量不断提高,生态功能不断增强。

1. 科学构建天然林管理机构和队伍

构建科学高效的天然林保护修复管理机构是保障天然林保护修复落实到位的首要条件。天然林区森林管理机构的布设、人员核定、职责分工和经费来源,应充分考虑天然林资源总量和森林保护修复的需要,根据天然林资源规模、管护的难度和工作量、资金来源渠道和资金规模(包括森林生态补偿、天然林停伐、林业项目、森林防火资金等),确定需要的林业职工、护林员、林业技术人员及管理人员数量。明确各级林业主管部门(行政和目标管理、考核、审批)、资源监管(监测)机构、执法机构(行政审批、执法办案)、森林经营机构和管护队伍(负责森林的经营和管护)的职责范围。

建设原则:本着专业的人管专业的事,与林长制密切结合,重点下沉的原则,在健全各级林业管理机构队伍的同时,壮大林场、基层林业站等一线的林业专业技术力量,加强集体林管理机构建设。

建设目标:通过天然林保护体系建设,全面履行天然林保护修复责任,提高林场职工、护林员等林业从业人员的专业素质、待遇水平,增强林业行业的吸引力。逐步实现机构设置科学合理、林业队伍稳步增强、职能分工科学合理、权责配置科学高效、职工待遇不断提高，达到全面履职尽责、降低成本、提高效率，确保天然林资源的绝对安全、质量不断提高、功能不断增强的建设目标。

林长制责任体系：实行天然林保护修复林长负责制。建立健全省委省政府（省级林长）、市委市政府（市级林长）、县委县政府（县级林长）、乡党委乡政府（乡级林长）、村（组）（村级林长）五级林长责任体系。

各级天然林管理主体：建立健全包括林权所有者（个人、村组集体、合作经营者）、护林员、林业站（资源监测站、生态监测站）、林场、各级林业管理机构等经营管理主体的人员配备、配套设施建设，确保天然林保护修复责任的落实。

针对机构改革后各级林业机构撤并和人员减少的现状，应加大乡村集体天然林（或公益林）管护和经营机构的建设，根据天然林和公益林特点，顺应森林培育长周期规律的最有效的管理机构，加快建设长期稳定有序的集体天然林保护管理机构。避免天然林经营管护的短期行为，确保天然林保护修复和公益林管理的长期稳定。

2. 林业管理体制机制的改革创新

林业管理体制机制主要指不同天然林管理主体经营管理天然林的投入方式、运行模式，以及在天然林经营管理中形成的权利、责任和义务的分配承担方式，不同管理主体之间的互相制约方式等。建立科学合理的管理机制能够充分调动林权所有者及不同管理主体参与和支持天然林保护修复的积极性，否则容易形成内耗，制造矛盾，破坏和影响天然林保护修复的正常运行。

创新管理机制的原则　坚持问题导向，实行权、责、利相统一，增强动力，激发各方积极性。

目标　通过创新管理体制机制，解决制约天然林保护修复的短板，优化天然林管理组织结构，增加投入，提高护林人员待遇，增加林权所有者收入，调动各级管理机构参与天然林保护修复的积极性，提高天然林保护修复成效。

主要内容　针对现行林业管理体制存在的制约天然林保护的体质机制短板，主要包括：集体林主要依托护林员管护的森林经营机制，缺乏稳定健全的森林管理机构，组织化程度低；林权所有者缺乏森林经营管理积极性，管护责任难以落实；林业发展投资不足，欠账多，主要依靠国家投资，投资渠道不畅，难以调动林权所有者保护修复森林的积极性等。创新天然林管理机制，构建以保护修复天然林、公益林为主的长期稳定的集体林管理机构，创新激励机制、市场竞争机制、森林生态产品计量、评价和市场交易机制，把林业生产各类有形劳动、投入资金项目、投入的各类物资全面纳入林业生态产品的成本，形成可计量、可交易的生态产品，避免因为忽视投入成本，而造成对林业建设成果不珍惜、不重视，充分调动林权所有者及社会各界的积极性。

加大市场化森林保护修复主体的培育力度，鼓励林区构建社会化管护和修复机构，参与森林的管护和经营修复。根据全省天然林以生态公益为主、生产周期长、经济效益不高的特点，大力发展能够确保长期管护经营，具有稳定的管护人员、林业技术人员、管理机构，具备相对稳定的资金来源的多种所有制的规模化、公益性林场（包括家庭林场，股份制林场，混合所有制林场，国有和集体合作制林场，国有林场通过租赁、赎买天然林形成的规模化公益林场等)。政府制定配套政策,确保这些林场都能享受国营林场同等的国家扶持政策和林业建设项目,包括森林生态补偿资金、林业基础设施建设项目、森林防火和病虫害防治项目、森林保护修复项目等。

针对天然林的生态公益特性,政府在制定政策时,在充分落实对林权所有者森林生态补偿的基础上,对于无力经营森林的林权所有者,实行所有权与经营权分离,推行政府收购、股份经营、委托管理、专业队经营,实行集中连片规模化经营管理,全面提高天然林质量和效益。

3. 建立布局合理的天然林管护基础设施

建设原则 立足长远、统筹规划、科学布局、因地制宜、以人为本、因需而建、因害设防、现代标准、高质高效。

建设内容 包括管护设施、监测设施、生活设施。

管护设施:管护用房(办公、生产生活和存储工具用品需要的房屋、院落、库房)、林路、围栏、监控设备、通信基站、界桩、责任牌、宣传碑、防火灭火设施等。

监测设施:天然林资源和生态监测设施和设备(包括布设的资源监测样地、气候、水文、大气质量等生态监测设施和数据采集及传输设备)。

生活设施:居住设施、供水设施、供电设施、通信设施。

建设目标 确保通信、交通畅通,满足森林管护和经营人员生产、生活的需要,具备水、电、暖、通信保障,相对舒适的办公和休息场所。在充分摸清林区现有基础设施现状的基础上,按照网格化、全覆盖的原则,找到差距和短板,根据资金投入能力,科学测算各类设施建设数量、标准和布设,统筹规划,有计划有步骤推进各类设施建设,保障天然林保护修复及其他林业生产的需要。

拓宽基础设施资金投入渠道,充分利用中央林业基础设施专项资金、地方政府投入、天然林保护项目、自然保护地项目、基层林业站建设项目、生态监测科技支撑项目等项目资金投入基础设施建设。此外,要积极争取和充分利用自然资源、交通、水利、应急、乡村振兴等部门多渠道项目资金,统筹用于天然林保护修复基础设施建设。

规范基础设施建设程序,加强基础设施的使用、维修和管理。为保证工程质量,制定和规范林业基础设施建设管理办法,规范基础设施项目建设的招投标、监理、验收等管理程序,保证项目建设质量。建立林业设施使用、维修等长效管理机制,设施维护保养责任到人,提高设施的使用效率,延长设施的使用年限。

二、天然林监测评价体系

建设目标:天然林监测包括天然林资源监测和生态功能监测。天然林监测体系的建设目标是实行合理布局、全面覆盖、保障投入、完善设施、以点定人、专业管理、定期观测、实时统计、定期报告。根据天然林监测需要,建设专属林业部门的专业化、职业化、智能化、规范化、常态化的天然林监测设施和监测队伍。通过科学布设监测站点、建立健全监测设施,规范森林监测程序,精准掌控森林资源的数量、质量及生态功能变化动态,定期发布监测成果,建立长期、稳定、规范的森林监测体系,为各级政府提供及时、准确、可靠的天然林资源信息。

建设内容如下。

构建天然林监测评价指标和标准体系。天然林资源监测指标包括天然林资源数量指标、质量评价指标、结构指标等。天然林生态功能监测指标包括固碳释氧、调节气候、水土保持、负氧离子、净化空气、生物多样性等。制定河北天然林监测技术规范(还未制定)。

构建天然林监测信息管理系统。整合提升森林资源清查、二类资源清查、公益林监测、天然林监测、森林生态效益监测等森林资源监测工作,通过人工智能(AI)技术、互联网技术、大数据技术、卫星遥感技术、智能监控技术等高科技手段在林业系统的开发应用,构建全省天然林大数据管理体系,达到实时呈现不同小班地块的森林生态功能监测指标及森林生态产品价值评价指标,充分体现森林经营管护工作产生的成果和价值。实时掌控资源动态信息,包括细化到小班地块的资源信息(包括权属、面积、蓄积量、林种、树种、郁闭度),保护修复现状,资源质量评价,资源损害情况,生态功能信息等。建立林区森林资源大数据、生态功能大数据、人为活动大数据、干扰因素大数据(包括火源管控大数据、林木采伐、边界管控、畜牧养殖等)。

建立健全天然林监测制度和管理办法。将天然林监测工作制度化、法制化,规范包括天然林监测方式、监测内容、目标任务、监测成果、监测队伍、监测经费、保障措施等内容,确保资源监测成为常态化工作,定期实施、规范运行、定期发布监测成果,逐步实现天然林保护修复信息的互联互通、及时发布、实时查询。

组建规范化、专业化的天然林监测评价队伍。由于森林,特别是天然林区,分布区域范围广、基础设施条件差、监管难度大,与水利部门相比,林业部门更需要建立健全森林资源的监测评价机构,建议比照水利部门水文局的机构框架,组建覆盖全省的森林监测评价机构队伍,由省财政统一提供资金支持,省林业主管部门统一组建和管理,在重点天然林林区设立监测分支机构,负责当地的资源监测和评价工作,特别要加大县级以下天然林资源监管机构的建设力度,壮大一线森林监测评价队伍,构建专业化、网络化、信息化、全覆盖的天然林资源与生态监测、评价和管理体系,及时掌控森林资源和生态变化动态,为天然林保护修复决策提供科学保障。

三、天然林保护修复制度体系

天然林保护修复制度包括与天然林保护修复相关的法规、政策、制度、办法等规范性文件。完善的政策法规制度体系是确保天然林保护修复工作落地落实的基础,是天然林保护执法的依据,是天然林保护修复顺利实施的重要保障。河北天然林保护修复体系的建立,要依据《森林法》和《天然林保护修复制度方案》要求,密切结合河北地处北方、人口密度大、生态环境脆弱、天然林规模小、林分质量差、保护修复任务重的现实,充分把握制度短板和制约瓶颈,有针对性地科学制定适合河北的天然林政策法规制度体系。

建设目标:充分认识天然林、公益林在全省及京津冀生态环境建设中的地位和作用,深入分析和把控制约天然林保护修复的主要问题、短板和影响因素,科学制定包括目标、任务、原则、规划、计划、林业机构队伍、主要措施、资金项目安排、资源监测评价、目标考核、违法处罚等内容,有的放矢地确定符合河北实际的天然林保护修复政策法规和制度体系，确保国家天然林保护修复制度方案的各项要求落到实处。

天然林保护修复有关法规的制定应注意围绕：规范天然林保护的范围，执法主体；天然林资源监测和管理；禁止在天然林区开展的危害天然林保护修复的林木采伐、林地征占、基础设施建设、毁林开荒、采挖、用火等生产、生活行为或活动；允许开展的生产生活活动。天然林保护机构设置、护林员、扑火队员等护林队伍的建设和管理；对天然林保护修复工作作出贡献者的表彰奖励；出现违法行为后的处罚措施或手段，天然林林权所有者的权利、责任和义务等。在法规制定过程中，要充分考虑当前林业法规处罚力度偏小，难以发挥林业法规的威慑力，起不到打击违法行为的作用等弊端，增加处罚条款，加大处罚力度，充分发挥林业法规严厉打击各类毁林违法行为的震慑作用。如对放牧行为处罚，应明确处罚标准，增大违法成本，真正发挥保护森林资源的作用。

应制定的天然林保护修复政策制度主要包括：天然林资源监测评价的有关支持政策和制度规范，包括监测队伍要求、监测经费来源保障、监测成果的发布和利用等。天然林保护体制机制的创新，包括各级天然林保护修复机构建设、管理，执法队伍的建设，第三方管护机构的规范和管理，政府购买服务的范围和规范。护林员队伍的建设和规范管理，包括护林员招聘的条件，护林员权利、义务和责任，护林员管理主体的权利和责任，护林员的待遇和劳动保障，保障护林员工资待遇的资金来源，护林员考核和辞退等。天然林、公益林生态补偿与管理，包括补偿标准、补偿主体、责任义务的履行、生态补偿的资金来源、生态补偿资金使用的监督和考核。天然林区产业准入和扶持政策，包括提倡和支持的产业目录，禁止发展的产业目录，限制发展的产业目录，产业结构调整的扶持政策和保障措施等。天然林保护修复任务目标完成情况的监督、检查和考核，包括考核主体——各级政府，与林长制考核的关系，各级天然林保护修复任务目标的确定，考核的主要内容、指标，考核方式的确定，考核机构和人员的确定，考核结果的发布和利用。天然林保护基础设施建设的有关支持政策，包括基础设施的种类、范围、布局，基础设施管理建设、使用和保护规范，对林业基础设施建设的用地政策，产权政策。天然林保护修复工程项目的规划、计划、管理、实施、检查考核。天然林保护修复资金使用和管理政策等。

四、天然林生态产业体系

构建天然林生态产业体系，需要深入研究生态需求、生态政策、生态金融、生态资金流。通过政策引导、国家扶持、完善设施、科学规划、创造需求，吸引生态人才，加快河北森林生态产业形成进程。

科学调整林区产业结构。严格实行林区产业准入制度，设立林区准入产业清单。严格限制发展采伐林木、占用林地、放牧、以林木资源为原料的产业、矿山开采、大树移植等破坏性开发的毁林产业；大力发展以森林旅游、健康养生、森林保护、生态修复、公益服务业为主导的产业结构，逐步建成满足林区人们生产就业、生活需要的林区产业体系。

要坚持政府主导、政策扶持、堵疏结合、合法有序的原则，最大限度地利用国家的乡村振兴政策、生态移民政策、生态补偿政策、天然林保护修复政策，使林区的从业人员逐步实现由破坏森林向保护森林转变，由破坏森林向保护修复森林环境转变，大力发展生态产业和护林产业，限期完成产业转型和结构调整，保证林区居民生活和收入水平不降低，促使天然林区逐步实现生态经济良性循环。

构建森林生态产品价值评估和市场交易体系。针对社会对森林生态产品需求，构建天然林生态产品价值评估指标，包括森林的文化功能、森林生物多样性的价值、森林净化空气、负氧离子环境功能、森林的碳汇价值、森林的水土保持价值、森林的游栖价值等。在保护优先的前提下，科学评估、有序开发林区的植物、花卉、药材、蜂蜜等森林资源的市场价值；通过市场调查，构建森林生态产品交易市场，科学划定林区建设用地，统筹规划与人类"吃住行、游购娱"等生活需求相匹配的配套设施，建立与人们生活需求对接的森林生态产品市场和林区就业市场，打造林区新的经济增长点。

构建以天然林为载体的生态产品体系，包括木材培育、珍稀树种培育、林下野生食用菌和药用植物种植、珍稀植物的培育、森林旅游产品等，还包括生态产业新业态产品，如负氧离子、林区特色矿泉水、森林土壤、林区珍稀物种的筛选、培育或驯化、林副产品加工等。通过提高产品质量，增加产品规模，打造产品品牌、增加社会知名度和市场占有率，形成特色的森林生态产品体系，吸引企业和个人投资天然林保护等生态产业。

科学测算森林生态产品的经济产出，建立与森林承受能力、林区人口规模相适应的合理的生态产业结构，避免因盲目发展，造成新的森林资源破坏。特别是对林产品的采收，要科学测算林产品产量，避免过度采收造成资源枯竭；森林旅游业的发展，要科学测算旅游人群流动规模及对森林的不良影响，避免超过森林的承载能力。

建立天然林保护修复投入产出评价系统。全面核算用于天然林投入的人力、物力、财力等各类投入价值，科学计量天然林产出的生态经济和社会效益，构建以价值为基础的天然林投入产出评价体系，科学评价天然林保护修复成效。

五、天然林保护宣传体系

多年来，森林在社会经济发展中的地位和作用得不到各级政府和社会各界足够重视，对森林的肆意采伐、征占、开发和破坏使森林生态功能受到严重影响。"两山"理论为各级林业部门大力宣传森林生态作用提供了理论支撑，在全社会营造了开展天然林保护修复活动的良好社会氛围。如何使全社会充分认识森林在生态文明建设、防灾减灾、生态安全中的功能作用，动员全社会积极参与保护、修复森林活动，需要建立一套长效的森林知识宣传教育体系，组织专业团队，将森林文化、森林生态景观、森林美学、野生动植物保护、森林产品、森林资源宝库等森林文化产品进行挖掘、创新，制作成社会公众喜闻乐见的产品，通过各类电视、报纸、互联网、广播等媒体、载体，广泛向社会传播，开发森林VR、AR、MR技术，通过数字技术呈现河北森林演替、变迁过程，使社会充分体会到森林环境之美、森林产品之美、森林生态之美、野生动物之美、森林生活之美，使追求高品质森林生活成为全社会共识，从而构建起全社会保护森林的自觉意识。

六、天然林管理体制机制改革创新

天然林保护修复是林业振兴战略、乡村振兴战略的重要组成部分。对天然林实行有效的保护修复是林业振兴的基础和根本，是广大林区乡村振兴的基础和根本，是实行乡村振兴的必经之路。人们只能靠山吃山，依赖采伐林木、毁林开垦、上山放牧取得经济来源，维持生计，造成森林资源严重破坏，不少林地退化为荒山荒地，旱涝灾害频繁发生。国家通过脱贫攻坚，产业扶持等措施，到2020年年底，包括林区贫困村在内的所有贫困户全面实现了脱贫。这为林区的天然林保护修复打下了良好的基础。但是，由于林区经济基础薄弱，基础设施差、职工待遇低、专业人才严重缺乏、产业基础脆弱，脱贫成果还不巩固。国家实施的乡村振兴战略为巩固林区的经济发展成果提供了难得的机遇，也为天然林保护修复提供了政策保障。林区的乡村振兴应密切结合天然林保护修复的需要，立足解决林区林农的生产、生活保障，减少林区农民对森林资源的生活依赖，规范和调整涉林产业，逐步减少和取消以消耗或破坏森林资源为依托的产业，包括传统的木材生产、放牧和毁林开垦，代之以保护森林为主的护林产业、经营提升森林质量为主的营林产业，以及合理利用森林的现代健康养生和服务业；建立健全林区的道路、通信、水电等基础设施，改善林区的生产生活条件；实行林区移民战略，因地制宜，针对现有林农少、移民条件成熟的林区，进一步加大林区生态移民搬迁力度，通过产业结构调整，有计划、有步骤地将林区生态移民列入乡村振兴的重要内容。各级林业部门要抓住乡村振兴战略的大好机遇，在林区立足森林的保护和修复，科学制定林业振兴规划和发展计划，积极调整优化林区产业结构，科学核定林区人口和经济发展承载能力，加大林区基础设施、护林产业投资力度，为天然林保护修复提供良好的社会环境。要充分利用国家和地方政府的乡村振兴扶持政策和项目资金，把天然林保护修复、生态移民、森林康养等生态产业项目、林业基础设施等项目纳入其中，最大限度争取财政、发展和改革、生态环境、乡村振兴等不同渠道的项目资金，确保天然林保护修复各项措施的落实。

加大集体天然林专业化保护修复管理机构建设，大力发展规模化、专业化公益性林场。随着我国脱贫致富后城镇化进程的加快，地处偏远的天然林区常住人口越来越少，如阜平吴王口户籍人口6970人，常住人口仅1000多人。有的林区出现不少空心村，对森林资源的管理出现空白，加之天然林区多为以发挥生态效益为主的公益性森林，停伐后其经济功能相对弱化，原来依赖森林生活的人口越来越少，随着国家森林生态效益补偿制度的逐步建立健全，探索适合新时期天然林管理的科学高效的管理模式已是势在必行。多年的实践证明，林场是对森林经营管理行之有效的长期稳定的专业化管理机构，大力发展各种所有制的林场，发展壮大国有林场，或以国有林场为基础，通过林地的商业化赎买、股份合作经营等形式，整合分散经营管理的集体天然林，大力发展规模化林场，形成10万到百万亩的较大的规模化、专业化林场，同时，根据经营需要，适当增加招聘专业化的林业经营管理人员，壮大林业管理队伍，促使天然林区逐步走向规模化经营、专业化管理、规范化建设的良性循环。经过一定时期森林休养生息和生态功能恢复后，在不破坏森林功能的前提下，可以适度开发森林旅游等经济功能，合理利用天然林保护修复取得的成果。

七、天然林保护修复资金投入保障体系

天然林保护修复是一项周期长、见效慢的生态建设系统工程。塞罕坝林场建设成功的经验充分证明，林业生态建设必须几十年如一日，持续推进，久久为功，才能见到成效。搞好天然林保护修复必须要有稳定的管理机构、稳定的专业化管理队伍、必备的管护设施设备、科学的保护和经营修复措施、配套的智能化管理运转系统，而稳定的资金投入是落

实各项措施的重要基础和根本保障。特别是人员的工资、设施的建设、生态修复措施的实施都需要有充足的资金支撑和保障。当前，生态投入的回报还难以形成稳定的经济效益，行不成稳定的资金流，因此，在河北天然林保护修复工作中经常存在资金不足的问题，导致天然林保护和修复工作无法正常推进。为了从根本上解决天然林保护投入保障问题，一要各级政府高度重视，加大财政对天然林保护修复等生态建设的资金投入力度。二要完善森林生态补偿政策，建立森林生态补偿标准动态调整机制，逐步达到林农期望的补偿标准，弥补林农停伐保护天然林造成的损失，加快培育形成有吸引力的生态产业和交易市场。健全差异化补偿制度和异地生态补偿制度。三要广泛吸引社会资金参与天然林保护修复。根据《国务院办公厅关于鼓励和支持社会资本参与生态保护修复的意见》，各级林业部门要加强相关配套措施的制定和落实，尽快形成鼓励企业、个人、社会团体等各类主体的社会资本积极参与林业生态建设的社会氛围。四要加大国家政策性金融支持力度，充分利用国家农业发展银行、国家开发银行贷款作为基本建设投资，用于天然林保护修复，缓解天然林保护经营资金短缺的问题。五要破除制约生态产业发展的体制、机制、法规、政策障碍。在确保不破坏天然林资源的前提下，有条件放开包括抚育间伐、林下种植、林下菌类、药材的采集、用于服务林业生产的基础设施建设，对于林业生态建设成效明显的企业和个人，可以允许适当开发用于森林旅游服务的餐饮、住宿等服务设施，以弥补和保障其生态管护资金流的畅通。六要完善公益林补偿收益权质押、林权抵押交易或贷款制度。拓展天然林资源资产的市场流通渠道，增加天然林市场增值空间。七是建立天然林资源政府购买机制。针对天然林、公益林的生态公益特性，地方政府可以纳入基础建设项目，利用政府财政资金对天然林、公益林实行购买，将集体林收购为国有林。一方面培育森林资源资产市场，促进森林资源资产产品的市场流通，提高社会各界投资林业生态产业的积极性，弥补林业资金投入的不足；另一方面扩大国有林规模，增强天然林、公益林保护管理资金投入的可持续性，确保天然林保护修复水平提档升级。

八、天然林保护修复科技支撑体系

针对森林资源面积大、范围广，管理难度大的实际，国家林业和草原局目前正在研发推广森林智能感知系统。河北为了适应新形势的需要，也在研发建设全省林业大数据平台管理系统，这是实现森林资源精准化管理的基础。但目前，河北现有林业科技成果不足以支撑大数据平台的建设需要，现有林业科技创新和研发体系还很不健全，很多天然林保护修复急需林业基础数据，如天然林资源分布、结构及动态变化数据还不完善，天然林生态防护功能监测数据仍是空白，亟须构建适应林业发展新形势天然林科技支撑体系，从根本上解决河北林业科技研发动力不足、投入不足、人才储备不足等问题。在河北天然林保护修复工作中，应积极适应河北的天然林保护管理需要，有计划、有步骤地研发科研课题，包括河北天然林区不同流域水土流失监测，不同区域、不同树种群落的生态演替规律，灌木林生态防护功能、河北天然林价值评估、不同修复措施对森林功能的影响等，有针对性地解决天然林保护修复及管理经营面临的技术难题，推动全省林业的快速高质量发展。

第五章 天然林保护体系构建

第一节 天然林保护的主要内容

《制度方案》的出台，标志着天然林保护已成为新时代生态建设的重要任务和时代课题。为了全面落实习近平生态文明思想和《制度方案》要求，做好《制度方案》的贯彻落实，需要深入研究天然林在生态建设中的地位作用、天然林保护内容、对策措施，明确保护对象和内容、保护责任和主体，制定行之有效的保护办法、措施及政策，有效制止和消除危害天然林资源的生产活动和社会行为，科学处理天然林保护和合理利用之间的关系，有的放矢地构建起科学高效的天然林保护体系。

一、天然林在生态保护中的地位和作用

根据2018年7月河北省政府出台的《河北省生态保护红线》，通过生态红线划定区和天然林分布区对比，两者高度重叠。按照河北省生态保护红线划定成果，明确全省生态保护红线总面积4.05万km^2，占全省面积的20.7%。其中，陆域生态保护红线面积3.86万km^2，占全省陆域面积的20.49%，主要分布于承德、张家口、唐山北部山区、秦皇岛中北部、保定、石家庄、邢台、邯郸西部山区，基本形成护佑京津、雄安新区和河北平原，优化京津冀区域生态空间的安全格局。根据全省森林资源二类清查结果，对比天然林、公益林资源分布，可以看出全省天然林保护范围与生态红线划定区域高度重叠。全省天然林面积345万hm^2，折合3.45万km^2，占全省陆地生态红线面积的89.37%；全省省级以上重点生态公益林面积228万hm^2，折合2.28km^2，占全省陆地生态红线面积的59%。

燕山水源涵养-生物多样性维护生态保护红线，主要分布于张家口东部坝下、承德地区坝下和唐山、秦皇岛所属19个县(市、区)，红线划定面积22579km^2，占全省陆域面积的11.97%。该区域内以森林生态系统为主，有天然林213万hm^2，重点公益林111万hm^2，是北京、天津、唐山三大城市重要水源地，具有重要的水源涵养功能，主要保护森林生态系统，以及珍稀野生动植物栖息地与集中分布区。

承德所在区域是京津和华北平原生态安全保障的支撑区，主要生态功能是水源涵养、防风固沙及生物多样性维护。承德市生态保护红线面积为1.66万km^2，占本市面积的42.08%，占全省陆域生态保护红线面积的43.02%。该市除双滦区、双桥区等个别区域外，其他县(市、区)均位于全国生态功能区划中的辽河源水源涵养重要生态功能区、京津冀北部水源涵养功能区、浑善达克沙地防风固沙重要区内。该市隆化、丰宁、围场位于我国生态安全格局的"北方防沙带"，生态区位极为重要。承德市共有天然林92.4万hm^2，有省级以上重点公益林98.2万hm^2，分别占全省的26.88%和43%，在防风固沙、涵养水

源、保护京津冀生态安全中发挥着主导作用，成为该地区生态防护功能的主要承担者。

张家口位于坝上地区和燕山西部，是土地沙化极敏感区，也是防风固沙、水源涵养、水土保持和生物多样性维护的重要区域。该市生态保护红线面积为 0.92 万 km^2，占本市面积的 24.98%，占全省陆域生态保护红线面积的 23.81%。该市有天然林资源 57.9 万 hm^2，省级以上重点公益林资源 53.6 万 hm^2，分别占全省的 16.8%、23.5%。康保、尚义、张北、沽源、万全、崇礼、赤城等地位于全国生态安全格局中的"北方防沙带"；蔚县、涿鹿、怀来、赤城、崇礼、沽源、张北、尚义等地于全国生态功能区划中的京津冀北部重要水源涵养功能区、太行山区水源涵养与土壤保持重要功能区、浑善达克沙地防风固沙重要区内。该区域是河北西北部生态脆弱地区的重要生态屏障，担负着护卫京津冀生态安全的重要作用。

太行山水土保持-生物多样性维护生态保护红线，主要分布于保定、石家庄、邢台、邯郸的西部山区，面积 $11158km^2$，占全省陆域面积的 5.92%。该区域内以森林生态系统为主，有天然林 78.9 万 hm^2，省级以上重点公益林 46.7 万 hm^2，分别占全省的 22.8%、20.5%，有驼梁国家级自然保护区，白石山、五岳寨等国家森林公园，具有重要的水土保持与水源涵养功能，主要保护森林生态系统，珍稀野生动植物栖息地与集中分布区，以及太行山丘陵水土流失重点治理区。

在太行山生态保护红线区，保定具有特殊的地位和作用。该市位于河北中部，雄安新区的上游，主要生态功能是水源涵养、土壤保持和生物多样性维护。保定生态保护红线面积为 0.37 万 km^2，占本市面积的 19.3%，占全省陆域生态保护红线面积的 9.63%。全市有天然林面积 42.2 万 hm^2，占全省的 12.27%，有省级以上重点公益林面积 19 万 hm^2，占全省的 8.3%。该市毗邻北京、雄安新区，地理位置尤为重要。该市涞水、涞源、易县和阜平处于河北主体功能区划中的燕山-太行山涵养区，也是太行山天然林集中分布区，主导了雄安上游的水源涵养、土壤保持重点功能，是流入白洋淀 8 条河流的发源地，作为该市生态保护红线的天然林区是雄安新区的重要生态屏障。

可见，河北天然林、公益林全部分布于全省生态保护红线的划定范围内，承担着京津冀生态环境支撑和水源涵养等生态防护的重要使命，为河北社会经济可持续发展、京津冀协同发展及雄安新区的健康发展提供了重要的生态屏障。因此，做好河北天然林保护修复工作对京津冀社会经济健康可持续发展具有十分重要的意义。

二、天然林保护面临的形势

新时期，综合分析河北天然林保护面临的形势，仍然存在 3 个方面的风险和挑战。一是广大林区农村农民的生产生活方式还没有得到根本改变，不少林农对林地的烧柴、放牧、采挖、林果品生产、食用菌种植和木材加工等生产活动的依赖仍未改变，林地仍是林农的主要经济来源，如何规范林农生产经营活动，使其对森林的破坏干扰影响减少到最低，成为各级政府林业部门需要研究解决的问题。二是随着国家经济发展和乡村振兴建设的需要，在林区需要建设的道路、高速、铁路、风电、太阳能等大规模实施，规模化种植养殖项目以及发达地区耕地使用指标的置换带来的在林区开发的土地整理项目都需要占用大量的林地，甚至涉及难以避开的天然林地和公益林地。如何正确处理保护和开发利用的关系也需要认真研究。三是随着生态移民,林区农村人口大规模迁移,特别是20~30岁的年轻人上学、就业、子女教育等因素的影响,大多迁移到城镇居住和就业,林区农村留下来的都是50岁以上的老年人,天然林区面临劳动力极度匮乏的问题,如何科学选择和构建新形势下天然林区的管护模式和管护体系已成为我们面临的新课题。

三、正确处理天然林保护和经济建设的关系

一是树立"绿水青山就是金山银山"的理念,充分认识到天然林在国土生态安全中的地位和作用,牢固树立以有荒山秃岭为耻,以破坏天然林资源为耻的观念,以山西右玉县为榜样,把以天然林保护修复为主的绿水青山的打造摆在当地社会经济发展的首要位置,充分认识到打造绿水青山是夯实基础,解决林区经济发展的治本之策,立足长远、久久为功,保持天然林保护方针政策的长期稳定性,才能见到成效。

二是充分了解本地林地资源和天然林资源现状,摸清林地资源底数,充分了解本地旱涝等自然灾害的发生频率和原因,找一找有几条山沟还能常年潺潺流水,找准现有宜林荒山未绿化的原因和制约因素,抓住影响天然林保护修复的根源所在,科学制定本地社会经济发展规划,同时,制定林业建设长远规划以及包括天然林保护修复在内的年度计划,经过专家论证,确保规划科学合理、切实可行,在此基础上,各级党委政府一任接着一任抓,一年接着一年干,必然实现5年小变样,10年大变样。

三是严格限制建设占用天然林地。由于人类各类建设活动造成天然林资源越来越少,特别是天然林较强的生态防护功能是其他林地难以替代的,因此,各地在建设占地管控上应尽量不占或少占天然林地。对于存在特殊保护动植物物种的天然林地,严格禁止占用,避免破坏原有的森林生态环境,以确保受保护物种的休养生息,有效恢复。各地要实行林地占用总量控制,严禁大面积破坏占用天然林资源。

四是科学调整林区产业结构。把破坏森林资源、影响环境改善的产业通过筛选、消减等措施,全面撤出、调整和改造,对严重破坏森林资源的产业尽快彻底清除,建立有利于天然林保护修复和生态恢复的良性循环的产业结构。建立包括鼓励、限制和禁止的产业准入机制或清单制度。对于农民依赖性强,一时难以清理的畜牧养殖产业,全面改革饲养方式,大力推行舍饲圈养,全面禁止散撒放牧,为林草植被的保护恢复创造良好生长环境。

五是强化对以天然林资源保护修复为主的森林资源考核,以考核为导向,引导各级政府重视和关注天然林保护修复。考核包括天然林保护修复任务目标完成情况,主要措施,保护修复效果,资金投入保障等情况。当前,有些林区,出现一方面有大面积的森林资源,另一方面对上级下达的公益林补偿和天然林补偿落实难的怪现象,主要原因是有关政府或部门担心将所有林地资源纳入生态补偿后,影响以后的占林地审批,为今后发展留下占地空间,究其根源就是发展理念有问题,当地有关领导缺乏"两山"理念和远见。

正确处理保护和发展的关系,还需要各级天然林保护管理部门认真把握好以下三点。一是充分了解和认真落实森林法和有关林业的法律法规,特别是有关天然林保护、林木采伐、林地征占用、自然保护地管理、生态红线划定等法律法规的有关规定,严格禁止违反有关规定和触碰红线占用破坏天然林地的行为。二是充分把握特殊条件下有关项目的特殊需求。对于国家法律或政策规定允许的范围内,涉及应急救灾、国家重大工程项目、无条

件占用的重点工程项目或产业，在严格把控的前提下合理利用。三是加快建立天然林保护修复的奖励激励机制。对于投资从事天然林保护修复工作的企业和个人，可以给予一定比例的建设占地指标。在2021年11月国务院办公厅下发的《关于鼓励和支持社会资本参与生态保护修复意见》中明确规定，以林草地修复为主的项目，可以利用不超过3%的修复面积从事生态产业开发。2020年，国家发展和改革委员会，自然资源部联合印发了《全国重要生态系统保护和修复重大工程总体规划（2021—2035年）》，明确提出对集中连片开展生态修复，达到一定规模的经营主体，允许在符合土地管理法律法规和国土空间规划、依法办理建设用地审批手续、坚持节约集约用地的前提下，利用1%~3%的治理面积从事相关的产业开发。

四、天然林保护体系建设的主要内容

天然林保护应该是系统的、全面的、整体的保护。天然林保护的对象是天然林、公益林资源和为保护修复天然林、公益林而建设的各类基础设施、设备等，具体内容包括：划入保护范围之内的所有天然林、公益林资源，包含天然乔木林地、天然疏林地、天然灌木林地、公益林地、宜林荒山以及需要保护的其他林地资源；天然林保护范围内的林木资源、植被资源、林下生物资源、野生动物资源、林区环境资源；为森林保护修复而设立的护林房屋、围栏、界桩、林区供水、供电、通信设施、监控设备、宣传碑牌、监测设施、固定样地等基础设施、设备。任何损害和破坏天然林资源和护林设施的行为都应列入违法行为，加以制止，造成危害的应受到必要的处罚。

天然林保护体系建设内容主要包括。

1. 天然林机构队伍建设

包括各级林业管理机构、经营机构建设、护林队伍建设、林业执法队伍建设等。

2. 天然林管护机制体制的创新优化

主要改革传统的落后、低效的管理机制，建立科学高效管理机制和模式，充分调动相关主体积极性。

3. 天然林保护基础设施建设

针对天然林保护修复范围大，条件差的实际，立足林业职工和护林员生产生活需要，完善各类林业生产、生活配套设施，改善基层林业生产生活条件，增强林业发展的内生动力。

通过加强和规范天然林机构队伍建设、基础设施建设、管护机制建设，解决当前存在的天然林管理机构不健全，管护队伍素质差，管护责任不落实，管护基础设施建设滞后，管护体制机制不配套，天然林保护体系不完善，管护成本高、效率低等问题，达到实时掌控天然林管护需要的各类信息，包括天然林范围、边界、林况、政策兑现、责任划分、涉林产业生产经营动态、森林资源增减动态等，逐步实现天然林管护的精细化、信息化、智能化、机械化、网格化、标准化。

建立现代化天然林保护体系，应当用发展的眼光，现代化科技手段，以人为本的观点，有利于天然林生态系统可持续发展的理念，保护天然林。要全面提高全民爱林护林的自觉意识，充分利用视频监控技术、卫星遥感技术、北斗卫星导航技术、大数据互联网技术等现代科学技术，实时管控林区人群活动，准确定位和及时发现各类毁林现象，有效打击各类毁林违法行为。

第二节 天然林保护机构队伍建设

不同层级管理主体责任落实与否是确保天然林保护修复工作成败的关键，科学界定天然林不同管理主体的职责分工，能够充分调动各级政府、主管部门、林权所有者、管护人员的积极性，加快天然林保护修复进度和成效。

一、相关部门和主体的职责界定

各级政府应充分发挥统领的职能和作用，正确认识保护天然林的重要性和必要性，密切结合本地实际，制定保护修复天然林的政策和措施，包括生态补偿、保护修复资金、基础设施的投入和保障。政府还应正确履行对天然林保护修复的成效考核、奖惩和追责，产业配套政策及时跟进，严明禁止和限制的毁林行为，严格执法，及时打击违法行为等职责。自然资源和林业部门作为天然林的主管部门，要统筹国土空间规划，科学制定保护天然林的规划、计划，充分发挥主管部门的职能作用，科学准确确定天然林保护边界，周密组织和实施好保护修复的各项政策和措施，合理分配国家和政府投入的天然林保护资金和生态补偿资金，合理配置和建设必要的管护设施，确保国家和政府的各项天然林保护政策落地落实。严格行政执法，严格限制和禁止破坏天然林资源的产业进入，及时组织监督考核，通过奖优罚劣，调动社会各方保护天然林的积极性。生态环境部门作为生态环境保护的主管部门，主要负责全省生态环境保护的执法管理、考核，生态红线的划定，对生态保护红线定期组织评价，及时掌握生态保护红线生态功能状况、动态变化。评价结果将作为优化生态保护红线布局、安排县域生态保护补偿资金、领导干部生态环境损害责任追究的依据，并向社会公布。同时，健全生态补偿和绩效考核制度。健全耕地草原森林河流湖泊休养生息制度，建立市场化、多元化的生态补偿机制。应急部门是森林扑灭火的主管部门，负责各级森林消防队伍、航空护林站的建设和管理，在队伍和设施设备的配备方面更有优势，应充分发挥其扑灭火的主导作用。公安部门是森林案件执法的重要力量。森林公安转隶公安系统后，仍承担林业刑事案件的执法职能，对于保障天然林区安全，严厉打击破坏天然林的违法行为应该发挥主导作用。财政部门负责天然林保护修复的资金保障、森林生态补偿政策的制定和资金落实，负责天然林保护修复资金使用的绩效考核。发展和改革部门负责将天然林保护修复工作纳入社会经济发展规划，指导林业部门科学编制天然林保护修复规划，保障林业发改资金的落地落实。乡级政府和村委会要加强辖区天然林、公益林的经营管理，组建稳定的经营管理机构，建设必要林业基础设施，科学规范护林员管理，提高护林员工资待遇，保障其社会保险，确保充分发挥其护林监管的作用。林权所有者作为天然林经营主体，既是生态补偿的收益者，又是天然林的经营管理主体，通过制定激励政策，充分发挥林权所有者天然林保护的主观能动性，建立林业项目与管护成效挂钩等科学有效的机制，从源头上解决管不好和管不住的问题。

二、天然林保护管理机构建设

天然林保护的机构队伍是天然林管护体系的基础。目前，根据我国现行林业管理体制，涉及天然林保护管理的机构队伍包括：各级林业主管部门资源管理机构、天然林、公益林管理机构、森林资源调查监测评价机构、森林消防队伍、护林员队伍、林业执法队伍、森林公安队伍、市场化护林公司或企业、林场、森林经营机构等。如何科学界定和协调各相关机构和队伍的管理职能，形成分工明确、密切合作的保护天然林资源的强大合力，需要明确不同机构队伍的职责界限，实行无缝衔接，减少扯皮和内耗，规范不同机构之间的护林监管程序，提高管护效能，优化整合和规范天然林保护机构队伍建设。各相关机构队伍应通过优化整合，优势互补，统一实行网格化管理，实现天然林管护、执法全覆盖。

（一）森林资源管理机构

森林资源管理机构主要代表林业主管部门行使资源管理的职责，主要负责森林资源管理（包括采伐、占地），规划编制，经营方案的审批，指导资源保护和修复项目的设计、实施和验收，林业行政案件的查处，森林生态补偿项目的协议签订，政策兑现和落地落实等。县级林业主管部门应设置森林资源管理机构，统筹负责全县森林资源的经营、管护和管理，审批森林经营方案，组织培训森林经营和管护人员，制定适合本地的森林经营管理的政策，组织开展全县林业基础设施建设等。其人员配备应由具有林业专业大专以上学历的林业专业技术人员构成。林区的乡镇政府应设立林业站，负责安排本乡范围内森林资源的经营管护，组织指导、安排和落实全乡护林员对森林资源实现有效管护，监督考核护林员管护责任落实情况，安排护林员技术和业务培训，指导安排天然林保护修复工作等。对于未设立林业站的乡镇，在条件成熟的情况下可以组建乡村林场，林场的管理人员可以由乡村林权所有者组成，也可以由乡政府牵头组织，由涉及林区乡村派人参与，费用可以从生态效益补偿资金或天然林保护补助资金中安排。负责辖区内天然林的保护和修复工作。

（二）森林监测机构和队伍

在天然林区设立省、市、县（市、区）森林资源调查三级监测机构，负责包括以天然林、公益林为重点的森林资源的调查监测工作，建立全省天然林、公益林的资源监测体系，健全建立森林生态效益、经济效益的监测体系，定期监测、采集和发布涉及天然林、公益林等森林资源的面积、蓄积量、郁闭度、覆盖率、资源增减、森林的生态功能和各类效益指标，布设涉及林区、林农、产业和人员流动的社会经济活动监测网络，充分利用现代互联网、卫星遥感技术、大数据技术、视频监控技术等先进技术手段，建立直通森林小班和各级资源管理机构的天然林、公益林信息管理系统，负责定期评价资源管护效果和效益，定期发布天然林资源监测报告，为天然林、公益林科学管理提供及时、准确的数据信息。

（三）天然林管护机构和队伍

天然林管护队伍主要包括林业行政执法队伍、森林公安队伍、森林防火机构和森林消防队伍、护林员队伍等。除护林员外都属于正式招录的政府公务人员。

1. 林业行政执法队伍

机构改革后，河北林业主管部门设立了执法处，编制增加到 8 人。多数林区县林业行政执法队伍与森林资源管理机构合署办公。执法人员主要是资源管理人员，没有单独的执法队伍。河北林业行政执法队伍整体不足。个别有执法队伍的乡镇，也是以兼职多部门执法为主。严格讲，林业执法人员是有法律法规授权，代表政府或主管部门行使林业行政执法权的公务员，或参照公务员管理的事业单位人员。机构改革后，由于受到机构和编制的限制，河北大多数林区(县)缺乏规范的林业行政执法队伍，仅由 2~5 个资源管理人员代为行使林业执法职能，鉴于天然林分布范围广，执法任务重、难度大，规模较大的天然林区需要组建一支独立的不少于 10 人的林业执法队伍。

2. 森林防火机构

近年来，由于各级政府对森林火灾追责力度的不断加大，森林防火机构队伍比较健全。各级政府普遍设立了森林防灭火指挥部。林业部门和应急部门都成立了森林防灭火管理机构，分别负责森林火灾预防和森林火灾扑救工作。各级森林防灭火管理机构已经成为以森林防火为主要职能的森林管护队伍，能够对在林区的各类违法用火行为行使执法权。

3. 森林消防队伍

为了弥补森林防灭火管理机构力量不足的问题，各林区(县)增设了森林扑火队或森林消防队，本着快速反应、机动灵活、相对集中的原则安排和组建，主要职责为负责森林火灾的预防和扑救，具体负责森林防火宣传，森林火灾隐患点排查、监控，负责森林火灾的扑救，防火基础设施和设备的使用、维护和管理，森林火灾的应急组织和组织人员撤离等。森林消防队伍的驻防地应安置在林区内，以便及时发现、及时扑救、打小打了。林区县级扑火队一般为 100~300 人的规模，经费主要由县级财政安排。调查表明，每个乡或 100km² 范围内，应有不少于 10 人的专业化扑火队伍，能够应对突发的一般森林火灾。由于扑火队员工作风险较高，其待遇和保障也应高于一般护林人员，工资待遇应高于当地公务人员平均工资水平，同时应保障"五险二金"，有专业化的交通、灭火设施设备，待遇和保障比较到位。

4. 森林公安队伍

森林公安队伍是必备的强有力的林业执法力量。机构改革前，由于森林公安受林业和公安两个部门双重领导，执法力量薄弱的县(市、区)由森林公安代为履行林业行政执法的职能。机构改革后，随着森林公安转隶为公安部门管理，森林公安的林业行政执法职能被全面取消，广大天然林林区面临较大的执法盲区。如何弥补由于森林公安转隶带来的森林管护执法的不利局面，需要各级政府认真研究解决。森林公安在林区执法的职能不能削弱，而应该进一步加强。现有森林公安应本着办案下沉的原则，增加基层一线的执法办案人员，减少地市级以上管理人员编制。对于执法力量不足的，可以招聘部分辅警以确保执法及时到位。

森林公安队伍尽管隶属关系发生了变化，但其对于林区的执法治安保障责任更加繁重了。新的形势下，林区各级政府应加强森林公安机关与林业主管部门的统筹协调，充分利用原来森林公安对林业情况熟悉的优势，加强密切配合，建立林业执法案件上报、沟通、协调、查处和落实机制，与森林扑火队伍和护林员队伍实行无缝衔接，确保及时发现、有效打击各类毁林行为，为天然林保护保驾护航。

5. 森林植物检疫队伍

森林植物检疫队伍是主要针对森林病虫害的防治、管控、预防设立的森林防疫队伍，主要职责是履行《植物检疫条例》赋予的职责，针对各类危害森林的病虫害，及时发现、及时消灭、及时防疫，将危害隐患消除在萌芽状态，确保森林健康生长，保障森林质量和生态防护功能的不断提升。为了确保本地森林的健康安全，各级林业主管部门应设立森林植物检疫机构。

6. 护林员队伍是现阶段天然林保护的主力和中坚力量

当前护林员队伍政出多门，包括生态护林员、公益林护林员、天然林护林员、临时护林员、森林扑火队员等。而村聘用的护林员多为防火期内使用的季节性护林员，防火期外根据自己的生活需要自行安排。在护林员聘任条件、护林员职责范围、协议签订等方面都不规范，很难达到预期管护效果。

天然林护林员队伍建设要根据天然林面积及管护工作需要，本着整合、精干、高酬、有效的原则，按照高待遇、留得住、尽全力的标准，整合各类护林员，全面提升护林员队伍业务素质、工资待遇和管护水平，建成一支年轻专业、待遇统一、职责统一、聘任统一、考核统一的过硬护林队伍。

7. 林场职工队伍

国有林场职工队伍总体上较为稳定，根本原因是有可持续的资金投入支撑，收入有保障。对于集体林场或其他所有制的林场职工队伍组建，也应参照国有林场的组建方式，立足长远，选优配强林场职工队伍和管理人员，提高林场职工待遇，对不同所有制林场采取统一扶持支持政策。特别是以公益林、天然林为主体的公益林场，要作为公益事业与生态环境、卫生健康等公益行业同等对待，以国家和政府投资为主，充分保障林场职工收入待遇。

近年来，随着人们生活条件的日益改善，家庭汽车配置比例大幅提高，扩大了人们的活动范围，地处偏远的天然林区已经成为城市人群外出野游、猎奇、采风的主要目的地，给各级林业部门森林管护带来越来越大压力，各类森林管护队伍都要实现网格化管理，各级政府要加强林业、应急、公安部门的统筹协调，制定科学规范的管理办法和执法程序，规范不同管护队伍的职责边界，确保森林管护工作无缝衔接，提高森林防护效果，防止出现互相推诿扯皮，出现森林管护盲区。

第三节 护林员管理

护林工作的成效直接关系到林业生态建设的成败。作为林业系统最基层的务林人，护林员是林业生态建设的基础和基石，是天然林保护的中坚力量。但对护林员的工作环境如何、待遇如何、如何充分发挥护林员作用，缺乏社会关注。如何科学建设护林员队伍，确保护林员队伍稳定、工作安心、管护尽责、专业地发挥管护经营天然林作用，是当前各级林业主管部门应解决的当务之急。

一、护林员管理现状

根据资金渠道的不同,河北护林员主要包括生态护林员、公益林护林员、天然林护林员、其他护林员。据初步调查,2021 年河北有护林员 67640 人,其中,有生态护林员 50011 人,天然林护林员 9092 人(其中包括生态护林员 3195 人),公益林护林员 18089 人(其中包括生态护林员 6357 人)。其他临时聘用的护林员未统计在内。由于国家有关护林员管理办法刚刚出台,各地聘请护林员都是根据本地护林需要自行确定聘任的,形成不同类型护林员之间存在招聘条件不同、责任范围不同、工资待遇不同、装备不同、聘期不同、考核奖惩不同等,造成护林员良莠不齐、出工不出力、人员不固定、流动性大、管护责任难以落实到位等问题。同时,由于经济条件的限制,护林员的待遇普遍偏低,缺乏护林必备的交通、通信、防护等设备,人身意外伤害险、工伤保险、养老保险、医疗保险等难以保障。护林员长期从事野外工作,劳动强度和难度较大,为此,必须从人文关怀角度,为了林业事业的长期健康发展,从根本上研究解决长期受到忽视的护林员的聘任和管理问题,建立护林员科学管理的长效机制,在护林员的岗位职责、招聘条件和素质、管理主体、协议签订、工资待遇、劳动保障、业务培训、考核奖惩、各类护林员的整合及统筹管理等方面,加以理清和规范,避免出现遗留问题。

调查表明,当前全省护林员管理中存在的问题主要表现在:一是护林员管理不统一,待遇差别大。按合同期限分有专职护林员、临时护林员;按资金投入渠道分有天然林护林员、公益林护林员;按扶贫要求有生态护林员和非生态护林员;按权属分有国有林护林员、集体林和个人所有林护林员;按森林防火的要求又分扑火队员、森林消防队员、一般护林员或季节性防火护林员。由于护林员工资来源的资金渠道不同,造成不同护林员的待遇差别很大,年工资收入 800~30000 元不等。二是护林员管理主体不同,主要涉及面对建档立卡脱贫户的生态护林员、县林业局聘用护林员、乡镇政府聘用护林员、村组集体聘用护林员、林场聘用护林员、应急部门聘用护林员、县政府聘用的扑火队员,还有受聘于市场化管护公司的管护人员。主体不同,要求不同,管理办法各有不同。三是护林员缺乏专业培训,整体素质偏低、年龄大、任期短、流动性大,难以发挥护林作用。据张家口调查中统计,在现有护林员中,60 岁以上的占 51.34%,46~59 岁的占 42.83%,36~45 岁的占 4.37%,18~35 岁的占 1.46%。受到待遇低、劳动力缺乏的限制,有的地区护林员年龄放宽到 80 岁。由于多数护林员就近聘任,与周围林区的农民群众较为熟悉,碍于情面,不利于护林工作开展。四是缺乏对护林员实行有效的考核管理。护林员没有护林巡山记录,缺乏管护好坏的考核标准,对于护林员的护林工作的优劣难以考核评价。五是护林员缺少必要的护林工具和设备,包括交通工具、通信工具、防护和劳保用品。由于护林员工作环境复杂多变,交通通信等基础设施缺乏,面临野生动物袭击等多种不可预测的危险,必须配备必要的防护设备。六是有的护林员甚至未上人身意外伤害险,严重影响护林员的工作热情。七是缺乏规范的劳动合同。有的县(市、区)为了避免与护林员发生劳动合同纠纷,往往避免直接聘请护林员。而是通过向第三方管护公司购买管护服务,落实管护工作,对管护公司的护林员缺乏必要的业务培训和责任监管。八是缺少必要的规范护林员管理的政策法规,缺少护林员职业规范。特别是在规范护林员待遇、劳动保障、资金来源、业务培训和队伍管理、职业规范等方面，都亟须制定出台必要的政策法规加以保障。九是对护林员群体缺乏必要的宣传和关注。作为林业行业最基层、最重要、主要承担森林保护修复的林业专职队伍，作为维护国家生态安全最重要的森林卫士，长期以来没有得到社会应有的尊重和重视。

二、护林员管理的主要内容

1. 护林员管理的主要依据

护林员管理的依据主要包括 3 个方面。一是有关法律法规。2020 年新修订的《森林法》第三十三条规定："地方各级人民政府应当组织有关部门建立护林组织，负责护林工作；根据实际需要建设护林设施，加强森林资源保护；督促相关组织订立护林公约、组织群众护林、划定护林责任区、配备专职或者兼职护林员。县级或者乡镇人民政府可以聘用护林员，其主要职责是巡护森林，发现火情、林业有害生物以及破坏森林资源的行为，应当及时处理并向当地林业等有关部门报告。"二是部门规章。根据《森林法》及有关法律法规规定，国家林业和草原局制定下发了《乡村护林（草）员管理办法》（林站规〔2021〕3 号），国家林业和草原局、财政部和国家乡村振兴局联合制定下发的《生态护林员管理办法》（办规字〔2021〕115 号）。在森林管护实践中，由于乡村护林员、生态护林员职责雷同，待遇不同，管理办法不同，仍然造成苦乐不均，相互攀比的现实问题，对森林管护工作造成了新的问题和障碍。实行护林员并轨管理应该是大势所趋。三是省级及以下政府有关部门制定的护林员管理办法，包括《河北省生态护林员实施细则》，有关市、县（市、区）、乡林业部门制定的护林员管理办法等。

2. 护林员的管理主体

原则上讲，护林员应当为支付其报酬的单位承担天然林管护责任和义务。按照谁的林、谁管护的原则，天然林的管护责任应由林权所有者承担。但是，鉴于天然林、公益林的生态公益属性，若让林权所有者自己投入资金支付护林员工资，而投入获得的主要收益——生态效益由社会共享，则不利于调动林权所有者的管护积极性。因此，作为生态效益为主要经营目的的公益林和天然林管护和经营投入应该主要由国家承担。目前，河北大多数护林员的工资报酬和劳保待遇来源于国家下发的森林生态效益补偿资金、天然林保护资金、生态护林员专项资金以及各级政府整合不同渠道资金。林业主管部门为业务主管部门，代表政府行使护林员的组织、监管的责任；乡政府或其委托的村委会、国有林场负责支付护林员工资报酬、与护林员签订护林协议、划定管护范围、落实管护责任、监管管护成效、负责劳动保障等。因此，县级林业主管部门、乡级政府、村委会和国有林场都是护林员的管理主体。

3. 护林员的职责范围

按照国家规定，护林员的职责范围主要包括：学习宣传林业法律法规和林业科技知识；负责对管护范围内的森林、草原、湿地、荒漠、野生动物等资源进行日常巡护；对管护区内发生的森林和草原火灾，森林病虫害，乱砍滥伐林木，违法占用林地、草原、湿地，乱捕滥猎野生动物，乱采滥挖野生植物，违法放牧等破坏资源行为，以及毁坏宣传牌、标志牌、界桩、界碑、围栏等管护设施的违法行为，要及时报告，能制止的应当及时予以制止；有一定专业技术的护林员可以承担指导、监管森林抚育、补植、封山禁牧等森林经营项目实施等工作，可以参与监测天然林资源和生态功能的变化信息并及时上报。

4. 护林员应具备的条件

为了保证护林员真正发挥护林的作用，招聘的护林员必须具备下列条件：身体健康、能够胜任野外森林巡护工作；遵纪守法、有责任心；年龄低于60岁；具备一定学历水平，掌握必备的林业专业基础知识和林业法规知识；能够灵活使用森林监控、巡护和监测设备；对于劳动力缺乏的林区，护林员的年龄可以适当放宽，但必须保证身体健康，能够履行管护责任。招聘的生态护林员还必须是原建档立卡的脱贫人口。

5. 护林员的培训

针对护林员整体素质不高，人员变动大、责任心不强等问题，对护林员培训已经成为规范护林员管理的重要内容和关键环节。为此，乡镇政府和县级林业部门应将护林员培训纳入森林资源管理重要内容，安排必要的培训经费，有计划、有针对性地对护林员开展业务培训，提高其履职尽责能力，确保培训考试合格后上岗。

为了提高护林员的业务素质，护林员应熟练掌握应知应会专业知识。林业部门应编制护林员手册，内容包括：森林管护的岗位职责，有关林业法律法规，各类毁林行为的表现形式(森林火灾、占地、采伐、放牧、采挖、开垦、改种经济林、破坏护林设施、森林病虫害等)，记录和固定证据(包括违法人员姓名、时间、地点、现场照片)的手段方法；国家和地方有关林业政策，护林、观测、监控、通信设施设备的使用和维护，护林员智能巡护系统或联动系统的使用，以便及时报送森林资源信息。逐步将护林员队伍培育成为森林抚育经营工作的行家里手，成为专业化、职业化的森林经营管理队伍。

6. 护林员的待遇

当前，河北护林员的年平均工资一般在4000元左右。按地区分，承德有些县(市、区)护林员工资较高，按国家下达的人均10000元的工资标准直接发放给生态护林员，而张家口为了增加护林员数量，生态护林员人均年工资3600元，有些兼职护林员仅为每年800元左右，护林员的工资待遇偏低，难以调动其森林管护的积极性。护林员根本起不到管护森林的作用，调查中发现，有的乡村护林员上午巡护、下午放羊，护林员的作用形同虚设。

目前，护林员的工资渠道主要来源于国家下发的生态护林员专项资金和森林生态补偿资金，此外，还有一部分来源于封山育林项目资金、林场自筹资金及其他林业项目资金。由于多数林区县地方财政困难，难以安排用于护林员工资的专项经费。应增加森林管护投资渠道，地方政府应履行第一责任人的责任，作为公益投资的主体，加大投入力度，逐步提高护林员待遇，确保满足护林人员生活保障需要，逐步过渡成林业职业工人，确保天然林保护修复的可持续发展。

建设高水平护林员队伍，提高护林员工作动力，应深入研究解决护林员待遇低的问题，制定护林员待遇保障政策或法规，解决护林员工资的资金来源渠道；科学确定护林员工资标准，全面提高护林员工资待遇水平，使护林员工资发放标准不低于当地社会人均收入水平，保证在不打工的情况下，能够满足家庭生活支出需要；规范护林员生活保障，完善护林员的人身意外险、医疗保险、养老保险等社会保障，配备必要的交通、通信、护身工具和设备。充分调动广大护林员的护林积极性。

7. 护林员的管理制度

与护林员签订协议的机构负责护林员管理。为了确保护林员尽职尽责履行护林责任，应建立护林员管理制度，包括护林员上岗条件、协议签订、业务培训、上岗登记、巡护记录、信息上报、绩效考核、奖惩、聘任与辞退等。对护林员的考核包括日常考核和年终考核，考核结果作为护林员续聘、辞退及奖惩的依据，通过考核督促护林员按要求履行护林职责，确保护林成效。县级林业主管部门或乡政府林业站要安排专职(或兼职)人员负责护林员的监督考核和管理。各地要结合本地实际制定护林员管理办法，规范和加强护林员管理。

天然林管护队伍建设要根据天然林面积及管护工作需要，本着整合、精干、高酬、有效的原则，科学构建护林员、扑火队员、林业执法人员等管护队伍，按照高待遇、留得住、尽全力的标准，整合生态护林员、公益林护林员、天然林护林员、其他临时聘任的护林员，实行责任区网格化管理，建成一支相对年轻、待遇统一、职责统一、聘任统一、考核统一的专职护林员队伍。

根据天然林面积、管护设施和设备的配置情况、基础设施(林道和通信)及管护人员的管护能力，林区人口活动密度、确定管护人员和队伍的配置数量。作为最基层的管护人员，护林员需要对天然林地实行每日全面巡护，根据现有条件，一般而言，护林员的管护面积以平均 $1km^2$ 或 1000 亩为宜。对于人口活动密集的林区，最小管护面积不低于 500 亩，人们活动较少的地区，最大管护面积不应超过 $2km^2$ (或 2000 亩)。

随着管护视频监控和卫星遥感定位、大数据技术的广泛普及应用，护林员队伍应逐步走向专业化、职业化、智能化和信息化。将大幅降低护林人员劳动强度，也可以逐渐减少护林员队伍人数，提高管护效率和护林效果。

三、护林员的选聘程序

在河北的天然林管护实践中，护林员管理存在不少交叉重叠现象。由于生态护林员有生态扶贫的政治任务和背景，在聘用程序方面，与一般护林员相比增加了建档立卡贫困户的条件限制，在管理部门方面除林业部门外，增加了财政部门和乡村振兴部门的协调管理职能。

1. 乡村护林员

根据《乡村护林员管理办法》，乡村护林员是指由县级或者乡镇人民政府(以下简称"聘用方")从农村集体经济组织成员中聘用的，就近对集体所有和国家所有依法确定由农民集体使用的林草资源进行管护的专职或者兼职人员。乡村护林员选聘按照公告、申报、审核、公示、聘用等程序进行。

公告　聘用方应当在乡(镇)和行政村办事场所醒目位置张贴选聘公告。公告内容包括：选聘对象、条件、名额；选聘原则、程序；岗位类别、管护任务、劳务报酬标准；报名时间、地点、方式和需要提交的相关材料；其他相关事宜。公告时间不少于 5 个工作日。

申报　有意愿的应聘人员向村民委员会提交申请，村民委员会根据选聘条件进行核实，出具推荐意见，并将申请材料以及核实、推荐意见等材料提交乡镇林业工作站。

审核　乡镇林业工作站对公告情况、申报材料和村民委员会推荐意见等进行初审，提出拟聘人员建议名单，按程序报聘用方。聘用方根据相关规定审查确定拟聘人员名单。

公示　聘用方在乡(镇)和行政村办事场所醒目位置对拟聘人员名单进行张榜公示，公示期不少于5个工作日。在公示期内对拟聘人员提出异议的，由乡镇林业工作站对拟聘人员进行复查，并将复查结果按程序报聘用方做出是否聘用的决定。

聘用　公示期满后，聘用方与受聘人员签订管护劳务协议，并将管护劳务协议交由乡(镇)林业工作站报县级林业和草原主管部门备案。

管护劳务协议应当明确管护劳务关系、管护责任、管护区域、管护面积、管护期限、劳务报酬、人身意外伤害保险购买、考核奖惩等内容。

2. 生态护林员

根据国家《生态护林员管理办法》，生态护林员是指包括河北在内的中西部22个省(自治区、直辖市)，在原建档立卡贫困人口范围内，由中央对地方转移支付资金支持购买劳务，受聘参加森林、草原、湿地、荒漠、野生动植物等资源管护的人员。享受中央财政补助的生态护林员选聘范围为原集中连片特殊困难地区、原国家扶贫开发工作重点县(乡、市)及重点生态功能区转移支付补助县的脱贫人口。资金来源是中央财政林业草原生态保护恢复资金，也是中央给地方的转移支付资金。

生态护林员的选聘程序如下。

公告　乡镇人民政府发布选聘公告，村民委员会张贴选聘公告，明确选聘资格、条件、名额，选聘程序、方式以及聘用后的劳务关系，管护任务和报酬，报名方式和需要提交的材料等内容。

申报　个人自愿申请，通过村民委员会向乡(镇)人民政府提交申报材料。

审核　乡(镇)人民政府或乡(镇)林业工作站对申报材料、个人条件等方面进行审核，初核名单交乡镇乡村振兴机构复核后报乡(镇)人民政府同意，并将审核结果反馈村民委员会。

公示　村民委员会将拟聘的生态护林员名单进行公示。公示时间为5个工作日，确保公开透明。

聘用　公示期满，经县级林业和草原、财政、乡村振兴部门共同审定后，根据县级人民政府有关规定，由乡(镇)人民政府或者由乡(镇)人民政府委托村民委员会(社区)与生态护林员签订管护劳务协议。

针对乡村护林员和生态护林员在职责范围、管理内容、聘用程序等方面都趋同和相近，都属于森林生态保护修复的公益事业，建议国家林业主管部门应该对各类护林员实行统一规范管理，避免因多头管理造成社会矛盾，降低管护效果。在生态护林员的聘任方面，随着林区人口全面实现脱贫，逐步取消对建档立卡贫困户的条件限制，将所有护林员统称为生态护林员，统一由国家生态护林员专项资金支付工资报酬。

四、护林员的发展方向

随着森林的规模化、集约化、智能化经营水平的不断提高，人们生态文明意识的不断增强，林业的传统护林员管护方式必将被现代科技手段取代。特别是以扶贫助困为宗旨的生态护林员可能在10年内逐步淘汰，一般乡村护林员也会受到年龄、专业水平、素质及管护效果的限制而逐步减少直至完全取消，代之以专业化、智能化、规模化、信息化、现代化的林场或专业化生态企业来管理和经营森林，使森林的管护、经营、修复、质量提升，生态防护功能监测、森林生态产品的开发和经营等工作逐步走向规范化轨道。调查表明，受年龄老化、住所迁移、就业渠道的拓展等因素的影响，河北群众对护林员的职业需求在下降，如康保2020—2021年度，生态护林员减少了近400人。江西德兴将全市各类护林员统一整合为生态护林员，将生态公益林、天然林保护管护资金以及省级森林防火补助资金统一整合，护林员人数由原来的300余人精简到105人，工资由原来的每年3000~5000元提高到每年1.5万元，充分调动了护林员的护林积极性。

随着乡村振兴的逐步推进，未来护林员的更替演变将朝着专业化、职业化的林业工人转变，其职责范围将由单纯的森林管护向保护、修复、森林抚育、森林培育、林产品开发、森林生态功能监测、森林病虫害防控等全方位、多职能转变。随着森林自然教育基地的发展，具备大学以上学历的护林人员可以兼任自然教育讲师的职业需求。同时，由于有大企业或国家财政支撑，林业工人的工资待遇、医疗、养老、子女教育等将得到有力保障，林区的交通、通信、水电、供暖等生产生活条件将得到根本改善。特别是随着林区生态环境的恢复修复，天然林区将成为人们追求的高品质生活热点地区，度假、休闲、养老、养生等产业将蓬勃兴起，绿水青山就是金山银山将成为现实，林业将成为人们竞相涌入的有吸引力的行业。

要实现以上目标，一是加强林区基础设施建设，加快交通、通信、水电、应急消防、医疗、供暖等基础设施建设，从根本上改善林区的生产生活条件。二是通过森林生态文明宣传教育，开展一次思想革命，彻底改变传统落后的思想观念、生活方式，全面提升林区乡村群众的生态文明意识，让"两山"理念深入人心，把生态环境的改善成为人们的自觉行动。三是建立以生态产业为主体的林区产业结构，压减或逐步取缔开矿、农业等破坏森林资源的产业。四是密切结合河北生态林为主体的实际，开展整合森林资源经营管理主体的行动，参照塞罕坝林场的管理模式，通过政策扶持、资金支持、林权流转，大力发展规模化森林管理机构或主体，包括公益林场、国有林场、股份制林场、乡村林场，以及依托于国有大型企业的林业企业。建立有利于森林长期保护修复的管理体制和经营机制，形成以场为家，以森林经营管理为职业的专业化林业职业团队，形成政府主导、企业支撑、乡村共建、全社会参与的森林经营管理长效机制。同时，加强林业职业教育，注重林业后备人才的教育和培养，逐步形成林业行业的良性循环。

第四节　天然林管护基础设施建设

天然林管护基础设施是天然林保护的重要组成部分，是做好天然林保护工作的基础和保障。由于天然林区面积大、范围广、条件差、护林房、通信设施、林路等基础设施不仅可以有效保证林业生产中护林员及林业职工办公、避险、交通、通信等生产的需要，确保天然林保护的工作顺利运行，也是乡村振兴、林业振兴的需要，是提升林业发展质量、促进林业可持续发展的需要。

一、天然林区基础设施现状

近年来，随着国家停止天然林商业性采伐项目的实施，各地加大了林区基础设施建设。据统计，2015—2021年，全省通过停止天然林商业性采伐项目建设，使天然林区基础设施得到较大改善，共完成围栏177万m，碑牌9911块，界桩17.2万个。塞罕坝2021年完成了新建、维修林路969.9km，其中，新建砂石路84.8km，三道河口分场大修林路7.7km，全场维护管理林路877.4km。承德滦平林场管理处依托天然林停伐项目资金，对11个资源管护站进行了改造建设，改善了基层林场办公条件和职工生活条件。丰宁国有林场管理处利用停伐补助资金新建和维修了林区管护房，使林区通信、电视、网络全覆盖，取暖、洗浴设施、安全饮水全部解决，林场职工告别了深山老林与现代生活脱轨的历史。为了加大护林防火力度，近年来，防火视频监控系统共投资近6.29亿元，在河北林区布设森林火险预警监测站88个、布设监控视频探头6702个。全省3777个卡口启用了"防火码"，初步建立了防火监控体系。塞罕坝架设生态安全隔离网60余km，开设防火隔离带960km，将全场划分为110个1万亩左右的可控小区，初步实行了资源管护网格化管理。

但是，长期以来，由于河北天然林区基础设施建设投入不足，欠账较多，造成全省林区基础设施严重滞后，难以适应当前天然林保护修复工作的需要。据调查，国有林场管护设施急需加强。张家口17个市属国有林场总共有营林区、管护站88个。现有10个管护站需要重建，未通水管护站28个，未通电17个，未通路12个，无网络（无网络信号）32个，无电视28个。隆化国有林场管护站（房）现有43个，未通水11个，未通电17个。丰宁国有林场管护站（房）65个，未通水10个，未通电6个，现有林路657.3km，需要维修484.5km。全省国有林场生产管护用房37%属于危旧房，仍有38个林场场部设在交通不便的自然村。

根据河北省国有林区（林场）管护用房统计，河北省国有林区（林场）现有763个管护用房，其中自建自用729个、共用8个、租用26个。可见，林业基础设施仍是全省林业发展的短板，改善森林管护条件，增强管护效果还有很长的路要走。基础设施条件的欠账制约了天然林保护修复工作的顺利推进。

调查表明，全省天然林保护基础设施建设相对滞后，不同程度影响了天然林保护修复工作的正常运行，主要体现在：一是林区道路、通信等基础设施配套严重不足，造成交通、通信不能正常运行。全省仍有38个国有林场设在交通不便的自然村，影响了护林、防火等工作顺利实施。二是集体林区林业基础设施短缺严重，表现为设施少、标准低，林路、通信等设施也难以满足林业生产的需要，制约着集体天然林、公益林的保护修复工作正常开展。三是现有林业基础设施投资少，缺少林业基础设施专项资金。而天然林区范围大，交通不便，造成基础设施建设成本高、维护难度大，形成较大反差，制约着林区基础设施的发展。四是缺少科学系统地统筹规划。目前，河北还未编制全省林业基础设施建设规划。现有基础设施底数不清，布局不合理，缺乏必要的生产生活配套功能。有些林区基础设施建设管理不规范。为了降低成本，个别地区采用一些无建设资质的企业或个人承担建设任务，由于设计不合理、偷工减料，造成基础设施质量低劣，增加了维护成本，减少了设施的使用寿命。如何密切结合天然林保护修复需要，因地制宜科学合理地布设林区道路、通信基站设施、供电线路、护林房、监察站、防火道等基础设施缺乏必要的技术规范和政策法规要求。五是现代先进科学技术应用不足，目前还没有全省联网的天然林、公益林资源及生态功能动态大数据平台和网络传输系统。

二、建设原则和依据

天然林管护基础设施建设的原则。

一是科学规划、合理布局。要根据天然林、公益林保护修复及林长制网格化管理的需要，立足长期可持续使用的观念，规划建设基础设施，确保设施分布布局合理，补足短板，满足护林、防火、抚育经营等林业生产需要，稳步推进，逐步实现林区基础设施全覆盖。

二是保障功能、保证质量。由于林区面积大、范围广，林业生产经常需要几天、几十天长期居住在林区开展护林防火、森林抚育等工作，因此林区的基础设施不仅要满足林业生产需要，还要具备必要的烧水、做饭、取暖、洗澡、交通、通信、上网、防冻等生活功能，保障林业职工能够安居乐业。为此，在护林房、水、电、路、通信等基础设施建设中，要充分考虑林业职工的生活需要，增加设施功能、严格建设质量，最大限度延长基础设施的使用寿命。

三是加强管理、及时维护。由于林区基础设施分布广，受到风沙、洪涝、冰冻、野生动物、人为等危害的可能性较大，必须加强水、电、通信、房屋等设施的维护管理，及时发现问题、及时维修和排除故障，确保设施的正常运行。

四是政府主导、社会参与。由于天然林保护修复基础设施属于公益设施，设施建设投资应以政府投入为主。积极争取中央和省财政项目资金，加强基础设施建设，同时，可以统筹使用天然林保护资金、公益林生态补偿资金、贫困林场项目建设资金、防火资金、自然保护地资金、乡村振兴资金、企业和社会团体资金等多渠道项目资金，在科学规划的基础上，逐步推进和完善各类基础设施。

五是完善制度、规范建设。要加强林区基础设施建设的法规、制度建设，明确建设目标、任务、进度及责任主体，规范建设和管理程序，保证林业基础设施建设和维护的资金投入，加大对破坏设施行为的处罚力度，确保天然林基础设施为林业生产提供全面、及时、可靠的功能保障。

天然林基础设施建设依据以下规范标准。

原国家林业局《国有林场基础设施建设标准》（2015年）。

原国家林业局《全国林业工作站体系建设规划》（林计发〔2002〕234号）。

《林区公路工程技术标准》（LY5104-98）。

三、天然林管护基础设施建设的主要内容

根据天然林保护修复需要，天然林区基础设施主要有以下内容。

林区交通、电力、通信设施：包括林区道路、电力设施、通信基站、通信线路、互联网、通信光缆、大数据平台等。

边界管控设施：界桩、责任牌、围栏。
护林防火专用设施：检查站、蓄水池、视频监控监测设备、防火道、护林房。
营林设施：场部、营林区、护林点、苗圃场。
生态监测设施：量水堰、气象站、监测站、监测样地、径流场、生化分析实验室等。
宣传设施：宣传碑牌、公示栏、电子围栏。
管护设备：包括交通设备（各类林业车辆）、通信、巡护终端、护身用品、防火灭火设备、防虫设备等。

1. 围栏

针对高速路、公路、城区周围等人类活动频繁地区的天然林，可以采用设置固定围栏等方式，阻断人们、牛羊随意穿越林区，减少对天然林的干扰破坏。这是一种传统有效的防护措施，能够发挥立竿见影的作用。主要问题是，简易围栏成本低、寿命短、易被破坏，高档围栏成本高、防护效果好、使用寿命长；容易阻断野生动物的迁徙通道，造成对野生动物的伤害，不利于野生动物保护。各地在建设围栏时要因地制宜，权衡利弊，确保围栏能够发挥最好的生态保护修复作用和效果。

2. 视频监控

通过在林区至高点和人员活动频繁的沟口、路口等主要通道设置视频监控摄像头，在各级政府主管部门布设监控平台（或监视电子屏），监控林区人员活动，及早发现火灾隐患，及时发现各种毁林盗伐等毁林违法行为，科学管控林区人们的生产生活动态，确保对森林的破坏、影响降到最低。设置视频监控，成本低、效率高，能够最大限度减少人员巡护的劳动强度，特别在人员稀少、交通不便的边远山区是一项广受欢迎的森林保护设施。摄像头的布设位置要科学合理，尽量布设在林区的至高点，以最大限度增加监控范围，布设在人员必然经过的沟口、路口，充分提高监控效率。鉴于摄像头需要供电支持，在供电线路布设时要尽量远离林木，加强配套绝缘物体的配置，加强巡查和排险，避免电线引发森林火灾。河北塞罕坝林场建成雷击火监测系统，红外探火雷达6个，视频监控探头43个，监测覆盖率95%以上。

3. 护林房

包括简易营林区、护林房、检查站、望火楼等。根据需要设计必要的功能。其中，营林区、检查站、望火楼需要具备生活功能，以保障护林人员长期值守。护林房是重要的天然林管护必备设施，是护林员办公、休息、储存护林防火设备重要设施，是宣传林业政策法规、落实护林责任的重要平台，是一线林业职工安排护林、抚育等林业生产主要依托。特别是由于护林工作需要全时段、全方位对辖区的森林监控管护，护林工作的长期性、特殊性使护林房建设相对于其他设施更加重要和必要。

护林房的建设布局应精心谋划和设计，要因地制宜，规划建设的主要目的是有利于护林人员的工作和休息，便于储存护林用品，处理巡护范围内有关事务。根据护林人员林业施工作业人员数量，设立不同规模、功能的护林房屋设施。单间护林房主要用于护林员或林业职工在林业生产中休息、办公的，以能够放置一张床和一套办公桌椅为宜，面积一般在$10m^2$左右。护林房设立的位置应在便于查看林区范围的制高点或沟口等交通要道的位置。对于村级护林点的建设，主要用于服务村内护林人员开会、培训和管理，同时放置护林灭火工具，建筑面积根据需要设计，一般应不低于20m²。

护林房的建设标准：可参照青海森林资源管护站房建设标准。鉴于目前河北经济状况，集体林区的管护房建设仍处于空白。个别县(市、区)(如秦皇岛海港区)为了森林防火需要建设了部分简易护林房，作为防火检查站，其中基本没有配备必要的设施设备。规范的管护用房必须满足以下功能：值班监控、护林信息记载传输、林业法规政策宣传教育、工具设备仓储、生活用房(居住、厨房、卫浴)等。护林站点的办公功能还应包括处理林权纠纷、签订护林协议、安排部署造林抚育等林业生产任务。

护林房产权应归集体或政府所有，建设资金渠道包括天然林管护补助、生态补偿资金、国家投入的林业基础设施专项资金等。建设标准一般应高于当地居民住房，确保质量和功能。

建设规模，在每个林区(县)，根据林区村分布情况、林区面积，按照每村一处布设，林区面积较大(大于5万亩)的可以按两个管护站点布设。对于人口密度较小的林区，可以按照主分结合的原则布设，即每个村建设一套功能完备的主要管护站，林区范围太大的可以增设功能简易的管护房(即以满足护林人员生活为主)。

在林区设置的必要的望火楼、护林房、检查站是林区传统必备的管护设施，这些设施既是广大森林管护人员的监控、办公、休息、处理毁林案件的主要场所，也是他们躲避风雨雷电、野兽袭击等各类风险危害的重要避风港。望火楼一般布设在林区的制高点，视野开阔、覆盖面广，能够尽量增加巡视范围。由于望火楼一般布设位置海拔高、交通不便、生活条件差。特别是有些重要林区如塞罕坝林场的望火楼都是需要每天24小时全时段监控，必须要配备保障护林员生产生活需要的设施，包括通电、通水、供暖、通信、网络、交通、饮食起居等必备设施的保障畅通。因此，为了充分保障护林人员发挥护林作用，在设计布设护林设施时应充分考虑护林人员的生产生活的需要，按照高标准、高质量、人性化的规划理念，布局建设望火楼、护林房、检查站，同时配备必要的工具和设备，以保障护林工作的正常运行。其中，电子围栏是近年来技术创新发明的集监控、宣传、提醒、警示于一体的电子设备，对于林区宣传护林防火、林业法律法规，增强全民的护林意识具有重要意义和作用。电子围栏一般成本较高，目前成本1万元左右，布设在林区交通要道、沟口、路边。

4. 碑牌、界桩

宣传碑主要布设在天然林、公益林区，表明林区的范围、面积、特点。由于多数天然林和公益林都纳入国家森林生态补偿范围，森林的破坏和减少关乎林农的切身利益，树立宣传牌主要目的是表明林有权、树有主，使广大林区群众增强保护天然林公益林的意识，提高天然林保护的自觉性，同时也是反映各级政府和林业主管部门履行保护责任和义务的重要标志。责任牌是主要针对护林员、林业主管部门、各级林长的责任范围布设的责任划分标志，明确责任区域图、四至范围、面积、责任人姓名、联系电话、林区特点等，主要目的：一是便于公众监督管护履职情况，二是便于群众对毁林违法行为的举报，畅通护林信息渠道。界桩是针对不同林地、林木权属，不同土地类别、不同林地类别、不同补偿方式及管理和经营方式的区分和界定，目的在于明确权属、明确地类、明确责任、明确红线，有利于科学界定天然林、公益林保护范围，对林业行政执法、检查考核等工作有重要的支撑作用。应布设界桩的林地边界包括公益林地、天然林林地、重点保护林地、特用林地、自然保护区核心区边界、国有林地、有争议林地、重要实验林地和监测用林地等。

5. 互联网大数据平台

在通信基站、线路等布设完备的基础上，构建天然林、公益林大数据信息平台。通过设置互联网、二维码大数据等形式，加强林区人员流动实时监控。通过对进入林区人员即时推送保护天然林、公益林、护林防火的宣传信息，利用现代科技手段，提升护林宣传效果。

江西把生态公益林与全省森林资源二类调查、林权制度改革相关数据有效对接，2010年底就完成了5100万亩公益林的地图扫描纠错、小班界限矢量化、数据建库、图表关联、系统集成等工作，建成了公益林地理信息系统，全面实现了生态公益林信息化管理。

6. 林路

林路是在林区布设建设的道路，是包括护林、防灭火、营林、造林等生产活动在内的必备设施。林区特别是天然林区，多处于深山、远山、偏僻、闭塞的边远穷困地区，交通设施长期滞后，建设成本高，投资需求量大，造成这些天然林区长期以来管护难、经营难、灭火难，管护人员难以到达。为此，林区道路的管理应当隶属林业部门规划、建设和管理，根据林业生产和森林保护的需要，适时开通和关闭，不能作为旅游道路随意使用。

林路的建设标准应根据林区生产需要的交通工具而设定。按照小汽车能够上下交汇错车的标准建设，一般路面设定宽度4m左右，能上下会车通过为宜。林路建设范围：一般不包括村村通道路、乡级及以上等级的道路。这些道路的建设应当隶属交通部门建设，由于资金渠道的限制，林业部门只分管林区内、交通部门难以顾及的林区道路建设，林区道路的密度以满足森林管护、经营等生产需要为标准布设。

目前，国家投资的林路建设主要面对国有林场，对集体林区的林路建设仍处于停滞状态，主要靠"村村通"。今后，集体天然林区林路的建设，应以从村居民点到林区作业队的道路规划、布局和建设作为今后林路的建设重点。道路建设标准包括水泥路面和砂石路面两种，涉及坡度较大的山地适当采取砂石路面，以增加地面摩擦力，便于冬季上山。

7. 水利、电力、通信等设配套施

水利、电力和通信设施建设是林业职工生产生活的必要保障，主要包括自来水供应设施、供电线路、通信基站和通信线路的布设等。这些设施应覆盖护林房、检查站、望火楼等林区范围，保障护林员及林业职工用水做饭、森林防灭火、通信联络、林区照明及各类电器的使用，保证林业生产的正常运行。在电线、通信线路布设时，要注意远离树木和地面，防止因线路破损造成森林火灾。对于没有通信信号的林区，应增设通信基站，尽快实现通信信号全覆盖，确保护林防火信号畅通。

8. 森林监测和科研设施

主要包括森林资源监测固定样地、森林生态定位监测站、气象站、坡面径流场、量水堰、监控设施、分析实验室等科研和生产数据采集设施设备。根据天然林资源管理和生态监测评价需要，科学布局，适度超前设计，高标准建设，确保设施有较长的使用寿命，以保证取得长期稳定可靠的观测数据。

在天然林基础设施建设中，要根据资金来源渠道和地方财力水平，区分轻重缓急，有计划有步骤推进各类基础设施的建设进度，既要注意保证质量、完备功能，又要注意节约成本，避免贪大求洋、盲目攀比，提高资金的投入效率。

四、基础设施的建设程序

一是根据需要精心设计。各类基础设施建设应聘请有资质的专业队伍设计和施工。检查站、护林房、望火楼等设施的设计要充分考虑护林人员的生活需要，对接现代城镇生活水平，满足吃饭、喝水、洗澡、取暖、上网、通信、照明、交通等基本生活需求，林路建设宽度尽量满足会车、防滑、耐用、安全等需要。其他设施要本着坚固、耐用、可持续的原则设计和建设。要根据资金允许限额和质量要求科学设计，避免豆腐渣工程。

二是严格按照国家和省有关要求，组织招投标。投资数额较大的工程设施还要在省有关部门指定的媒体(省招投标网)公示，通过公开招标，选择有实力、成本低的供应商施工建设。施工过程要安排专业人员监理，确保工作质量。

三是对交付使用的基础设施及时组织专业人员进行监测验收，验收合格后方可拨付资金。

四是注意加强各类林业基础设施的保护、维修和保养。将林业基础设施的保护纳入护林人员的管护职责范围。安排必要的设施维护经费，定期维修破损的设施，确保设施的正常使用和运转。

第五节　天然林保护模式

天然林保护模式主要指人们在森林管护实践中，探索提炼出来的对天然林、公益林保护的行之有效的管护方式方法。结合河北实际，我们总结了一些天然林保护模式，各地可以结合本地天然林管护现状和本地社会经济发展情况，因地制宜，选取适合本地的管护或保护模式，达到降低管护成本，确保天然林公益林建设成效之目的。

一、按对人们生产生活的影响方式划分

根据对林区人们的生活生产影响方式不同，天然林保护模式可划分为以下 5 种。

1. 移民搬迁保护

在天然林区由于林农生产生活需要，人口越多，对天然林的干扰破坏影响越大，越不利于天然林保护。通过移民搬迁，转移在天然林区生活的居民，减少林区人口密度，通过开辟新的产业，保障林农安居乐业，逐步脱离对天然林的依赖，可以使天然林得到休养生息，促进天然林的有效保护和恢复。

2. 产业禁入保护

根据天然林保护修复的需要，对影响天然林保护发展、使用天然林资源、占用天然林地搞开发建设的企业和项目，制定产业准入清单，强制关停采矿、木材加工、水泥企业等严重破坏天然林资源和环境的产业生产，严格禁止或限制利用天然林资源作为原料来源，严格限制占用天然林地兴建工程设施。科学调整林区的产业结构，充分利用天然林构建的

良好生态环境,加大生态旅游、生态修复、休闲度假、健康养生等生态产业、绿色产业发展力度,推动林区加快形成有助于修复天然林的产业环境。

3. 生态补偿保护

主要指通过公益林生态补偿、天然林停伐补助等国家政策,给予林农一定经济补偿,在保障林区林农必要的生产生活收入的同时,限制天然林的采伐和破坏。贫困地区要充分利用国家森林生态补偿政策,按照能划尽划的原则,将辖区内所有天然林包括灌木林都划入国家森林生态补偿范围,最大限度争取国家生态补偿政策的支持,富裕地区根据财力状况,在国家补偿的基础上,可以适度提高补偿标准,由政府财政安排一定规模的专项资金加大森林生态补偿力度,促进林农对天然林资源的保护和修复。

根据《国家级公益林管理办法》,公益林管理应该抓住公益林落界划定、动态调整、上报审批、责任落实、检查验收、政策兑现、公开公示、档案管理等关键环节,规范每个环节责任主体和管理程序,落实管理责任,确保国家级、省级公益林管护全覆盖,政策全面落实到位。

国家级公益林生态补偿政策落实的一般程序如下。

(1)任务落界。组织专业技术人员将国家下达的国家级公益林补偿任务落实到山头地块,落实到资金补偿的林权主体,核准补偿面积、边界,上图入库。

(2)公示。根据落界情况,将每个林权所有者的公益林面积、补偿资金等内容在乡村公示栏公示,公示时间一般不少于5个工作日。

(3)签订公益林生态补偿协议。由县级以上林业主管部门或者其委托的单位与林权所有者签订管护责任书或管护协议,明确公益林管护中各方的权利、义务和管护责任。

(4)检查验收。由县级以上林业主管部门检查验收,全面掌握管护情况。

(5)根据验收结果,兑现国家生态效益补偿资金。

(6)规范纳入生态补偿森林的政策落实和档案管理。对于停止天然林商业性采伐项目中管护补助政策落实的管理,按照落界—确权—公示—签订停伐协议和管护协议—验收—兑现管护补助的运转程序运行。

对于国有林场停止天然林商业性采伐项目中停伐补助政策的落实,应按以下程序进行:资金下达—县级林业主管部门或国有林场编年度实施方案—上报上级林业主管部门审批—组织方案实施—检查验收—兑现政策—立卷归档。

4. 天然林生态破坏赔偿

生态环境损害鉴定科学是随着习近平生态文明思想深化落实兴起的一门新兴学科。对于乱砍滥伐天然林资源如何追责赔偿,如何科学计量损失的生态建设投入价值,使责任者罪责相当,提高毁林者的违法成本,需要尽快形成一套统一、规范、全链条的生态环境损害司法鉴定和计量标准体系。2021年10月在河南郑州召开的黄河流域高质量发展与生态环境损害司法鉴定理论技术交流研讨会,专门研究了这个问题。中国科学院大学张元勋教授指出:生态环境损害鉴定科学主要研究人类活动可能对环境或生态系统造成的影响或破坏,并对破坏后果进行勘测、计量、分析、鉴定、评估,确定肇事者,科学量化生态破坏程度,核定造成的价值损失,修复需要的费用,提出生态修复方案,便于追究责任人责任。利用森林生态环境损害判定和度量技术,森林生态环境损害经济价值=损失森林资源资产价值+修复与恢复工程措施费用+生态补偿费用+受损期间生态服务功能损失价值量。

5. 公益宣传保护

创新保护理念，全面落实习近平生态文明思想，牢固树立"绿水青山就是金山银山"的理念，通过广播、电视、报纸、网络等多种媒体，广泛宣传天然林的生态、经济、教育、文化和社会价值，增强广大群众的爱林、护林意识，引导群众自觉加入护林和监管行列，在科学保护的基础上，在天然林区划定适度区域，开展生态教育、自然体验、生态旅游等活动，构建具有不同地区不同树种天然林特色的高品质、多样化生态产品和品牌。依托天然林区林场等基础设施，建设森林博物馆、标本馆，提升森林公共服务功能，发展和传承森林文化，形成全社会保护天然林的良好社会氛围。

二、按组织形式和管理机制划分

根据管护组织机构和管护机制的不同，可将天然林的管护方式划分为如下。

1. 村组集体管护

在河北天然林中，集体和个人所有的天然林达 302.6 万 hm^2，占全省天然林总量的 88%。目前，这些天然林的经营管理以集体或个人管理为主，一般采用村集体聘用护林员的形式管护森林。为了避免出现乱砍滥伐等破坏森林的现象发生，以保护为主，林业部门一般未安排抚育间伐项目和任务。国家实行停止天然林商业性采伐后，除管护措施外基本没有其他经营行为。受到技术力量的限制，也难以做到森林经营方案的编制，森林修复以自然恢复为主。这种管理方式的弊端：一是村组集体缺少林业专业技术人员，对森林的管理不规范、随意性较强，有些村干部不懂林业政策和法规，容易出现乱砍滥伐等破坏天然林的现象。二是村聘护林员多为本村村民，有些护林员碍于乡亲情面，对于毁林行为不敢管或视而不见，不利于发挥管护作用。三是缺乏林业发展长远规划，没有森林经营方案，天然林资源难以得到有效保护和修复。

2. 个人承包管护

河北个人承包到户的天然林地，主要是在20世纪末"四荒"拍卖时，由集体流转给个人的林地，以及在集体林权制度改革时，实行分山到户、分林到户流转给个人的天然林地。按照相关政策要求，这类天然林一般以个人经营管护为主，以生态效益为主。河北干旱少雨，森林的生长量较小，以发挥生态防护效益为主，难以与雨热丰沛的南方林区相比，难以产生明显的经济效益。由于林业生产周期长、投入多、见效慢的特点，河北的天然林和公益林等公益性林地不宜承包到个人进行分散经营管理。

一是个人承包林地的主要目的是取得经济利益，或以砍伐木材，或以采矿采石、占地，或以开展旅游等取得预期经济效益为目的，这就极易造成个人对承包的林地形成过度采伐或破坏的短期行为，监管不到位就造成森林资源的破坏。调查表明，不少林地承包者不愿将林地划入生态公益林。二是对于纳入天然林或公益林保护的林地，林权所有者大多不愿付诸太多的财力、物力、精力去保护和经营，有的将林地作为牧场收费放牧造成林地的破坏和退化。三是由于个人承包的林地分布分散、地块破碎，不利于森林的规模经营和管护，不利于森林整体生态防护功能的发挥。四是集体林地承包或划分到户后很难再收回。由于林地承包价格低，投入少，近年来林地承包价格大幅增加，集体若收回个人承包的林地需要付出原承包费数倍的费用，这对于没有收入来源的村组集体难以承受。五是林地承包合同不规范，造成林权纠纷不断增加。有的林地承包合同只是口头协议，村集体更换领导班子后，容易出现纠纷和矛盾。因此，应制定出台符合天然林、公益林规模化经营管理的政策措施，加大公益性森林的整合力度，促进公益林的规模化经营管护。推行政府收购公益林政策。对于以造林绿化、保护修复、生态产业为主要目的，真正投资森林生态建设的林地承包经营者，各级政府和主管部门要大力支持，相关林业项目应给予倾斜。鼓励社会资本参与天然林保护修复，改善森林环境。对于以承包林地为名，破坏天然林等森林资源，开展非法经营者，收回林地承包权，同时追究其法律责任。

3. 林场化管护

在河北现有天然林中，保护最好，经营管理规范、生态防护成效最好的天然林多在国有林场。实践证明，林场化管理机制是天然林保护修复最适合、最有效、最有前途的森林保护修复机制。这是天然林、公益林的保护修复规律和生产经营特点决定的。一是这些森林以生态公益为主，建设成效惠及森林周边上下游群众，受益群体不单一、不特定，不宜分散个体经营。二是对森林的保护修复投资大、见效慢，建设期长，需要政府财政长期稳定的资金投入，以维持森林保护修复及经营管理的正常运行。由于天然林区多处于贫困地区，县级财政比较困难，难以保障必要的森林管理投入开支，以天然林经营为主的公益性林场应当划归省市级政府，有稳定的财政投入作保障。三是天然林保护修复是一项专业性较强的林业工作。需要有专业的管理设施、专业稳定的管理队伍，以保障利于生产的可持续发展。实行林场化管护，有利于发挥林场专业化的管理优势，有长期稳定的经营管理队伍，能保障天然林保护修复各项措施落地实施。有经济实力的企业或个人，也可以选择组建家庭林场、合作制林场等多种管理模式，通过发展生态产业，促进天然林区生态经济良性循环，保障天然林可持续经营。

4. 第三方管护

指林权所有者通过向市场购买服务的形式，聘请或委托第三方管护或经营自己的森林。这种管护方式对于缺乏劳动力无能力管护森林的林场、个人或村组集体都是一种可采纳的管护机制。这种管护模式需要满足必备条件：一是聘请的管护主体具备天然林管护和经营的能力和资格，包括具备足够经过培训的管护人员，有必备的交通工具，具备一定的经济实力，具备林业经营管护的资格或资质。二是林权所有者具备支付管护费用的经济能力，对第三方专业能力、人员素质（包括年龄、学历、培训资质）有充分的了解。三是雇佣双方签订正式合同或协议，明确双方的责任、义务、权利和违约赔偿等，特别对于护林人员的工资、保险、社保等关键问题的责任主体加以明确界定。四是林权所有者要定期对聘请的第三方管护的成效进行监督、检查和考核。

目前，随着国家停止天然林商业性采伐政策的全面落实，河北天然林区出现了不少管护公司，对于这些公司的能力应该认真考察鉴别，防止出现以森林管护的合法外衣，从事破坏森林资源、侵占群众利益等违法行为的黑社会性质管护企业，或以骗取林业管护资金、项目资金为目的，缺乏人员、资金、技术和管理能力的皮包公司。此外，政府和林业部门要加强对第三方林业管护企业的监管，加强林业政策、法规和专业技术能力的制定和培训，各级林业主管部门或资源管理机构要加强对第三方管护企业的对接、指导和监督，规范森林管护行为和作业规范，及时移交和查处管护发现的各类毁林案件。

三、按封禁方式划分

根据天然林封禁方式不同,天然林保护模式可划分为以下几部分。

(一)全面封禁保护模式

保护范围 立地条件恶劣、植被盖度低于30%、林木郁闭度低于0.2、生态脆弱区的天然林;有稀有树种、珍贵树种和有保护价值的特殊林分的天然林;分布有国家保护动植物资源的林地。

保护要求 除管护人员外禁止其他人员进入,全面禁伐,禁止非法征占林地,禁止生产经营行为,封山禁牧、禁止采挖、狩猎等。

管护手段 包括护林员巡山管护,围栏封禁,设置视频监控系统,设立管护检查站等。

保护目标 通过全面禁止人类活动干扰,借助林地的自然恢复能力,恢复林草植被,恢复原有森林生态系统。

保护期限 根据林地的立地条件和封禁目的,因地制宜确定封禁期限。对于生态脆弱区的天然林地,封禁期至少应在20年以上,初步形成乔木林层,达到需要适当抚育的林况。对于需要特殊保护的天然林地应该实行长期封禁。

(二)部分封禁保护模式

保护范围 对于封育到期、林况仍不稳定的天然林地、需要抚育的天然林地以及非重点保护天然林地。

保护要求 严格控制征占天然林地,实行占补平衡。在继续封禁的同时,为提高森林质量,开展适度抚育和管理,禁止商业性采伐,可以进行小强度的抚育间伐,每次间伐后,林木郁闭度不得低于0.5;禁止经营性产业进入。减少其他人为干预。

管护手段 继续维持原有保护设施,落实护林员管护责任制、设置管护检查站、资源监测点,建立资源经营档案。

保护目标 优化天然林林分结构,提高天然林质量。确保管护责任落实到位,天然林资源不减少。

保护期限 10~20年。

(三)适度开放式保护模式

保护范围 相对稳定的中龄以上天然乔木林,郁闭度0.8以上,盖度90%以上的灌木林,接近城市或人口密集区规划用于人们休闲游乐的森林公园;风景名胜区的天然林地。

保护要求 严格控制征占天然林地,实行占补平衡。对天然乔木林,禁止商业性采伐,允许对林分开展适度间伐、提升改造,可以适当放宽产业准入,适度发展森林旅游、林下产品采集,适度发展养殖业。对灌木林,严禁全面割灌、放牧。

管护手段 落实护林员管护责任制,严格禁止乱砍滥伐,根据森林的承载能力,有限制开放旅游、康养等无害产业。避免超载或不合理开发造成森林破坏,设置资源监测和森林经营档案信息管理系统。

保护目标 确保天然林面积不减少,森林质量稳步提高,保护责任落实到位。

保护期限 长期。

第六章 天然林修复体系构建

天然林修复是国家《制度方案》提出的重要生态建设内容，主要任务是修复和提升天然林质量，优化天然林结构，增强天然林生态防护功能，提升和美化天然林景观，改善天然林区生态环境，为打造绿水青山奠定基础。

第一节 天然林修复现状

一、天然林修复的作用

针对因长期采伐破坏形成的退化天然林地，有必要采取科学有效的修复措施，加快天然林修复恢复进度。修复天然林有利于优化林分结构，不断提高林分生长量，加速天然林正向演替，促进森林面积和蓄积双增长，提升林分质量，提高林地生产力；有利于充分发挥森林的固碳释氧作用，提高森林碳汇能力；有利于提升森林保持水土和水源涵养能力，防止水土流失，遏制土地沙化，促进天然林生态功能恢复；有利于保护生物多样性、改善野生动植物生存环境、维护天然林生态系统的原真性和完整性，促进形成人与自然和谐共生的发展环境，满足人民群众日益增长的对优美生态环境的需要。开展天然林修复是贯彻落实党中央、国务院要求，践行"绿水青山就是金山银山"理念的重要举措。

二、河北天然林修复现状

对森林的科学经营和抚育管理是充分发挥森林生态和经济功能的必要措施和重要保证。长期以来，林业生产周期长、涉及面积大、范围广，从事林业生产的人员严重不足，导致河北大多数的天然林地缺乏科学经营和管理。由于地处偏远，交通不便，除国有林地外，集体天然林地普遍处于随意生长状态，常年疏于管理，形成了不少低质低效、功能退化的矮林，特别是山杨、桦木、柞树等天然萌生能力较强的树种，采伐后的伐根萌生多个丛枝，形成密度较大的幼林，若不及时定株抚育，清理干扰，极易形成密度较大的矮林。河北不少林区飞播形成的天然油松林，由于落种疏密不均、林分密度过大，影响了林木生长，亟须抚育间伐。

根据《河北省志(第17卷)(林业志)》(表6-1)统计，1953—1957年，全省森林抚育的面积仅为67441万hm^2，年均抚育面积1.3万hm^2左右。1958—1965年，全省共完成森林抚育463489hm^2，其中，国有林抚育58625hm^2，民营林抚育404864hm^2，年均抚育面积5.7万hm^2。1979—1985年，全省共完成森林抚育566254hm^2，其中，国有林抚育73196hm^2，民营林抚育493085hm^2，年均完成森林抚育80893hm^2。1986—1990年，全省完成森林抚育895909hm^2，其中，国有林抚育57886hm^2，民营林抚育838023hm^2，年均完成森林抚育179181hm^2。

表 6-1　1953—1990 年森林抚育面积统计表　　　　　　　　　　　单位：hm²

年份	合计	国有林	民营林
1953	7233	2652	4581
1954	18100	5847	12253
1955	30390	9079	21311
1956	8686	8686	—
1957	3032	3032	—
1958	12768	12768	—
1959	143976	10010	133966
1960	110467	6814	103653
1961	29938	3679	26259
1962	30241	4859	25382
1963	29340	4313	25027
1964	54033	8273	45760
1965	52726	7909	44817
1979	60267	15653	44614
1980	55000	12000	43000
1981	56683	7701	48982
1982	57270	9428	47842
1983	84400	10207	74193
1984	111267	10207	101060
1985	141367	8000	133367
1986	165600	11953	153647
1987	199387	6020	193367
1988	156267	8253	148014
1989	208187	14780	193407
1990	166468	16880	149588
合计	1993093	219003	1774090

据《茅荆坝林场志》记载，该场经营面积 2.02 万 hm²，其中，有林地 1.88 万 hm²。1950—1957 年抚育面积 210.4hm²，此期抚育以天然林为主，主要采用卫生伐，改善林分卫生状况。1958—1966 年，由于林场技术人员少，对森林抚育重视不够，9 年完成抚育面积 702hm²，许多应该抚育的林分没有得到及时抚育，造成天然林地内枯损木增多，林木病虫害严重，大面积天然林由于得不到及时经营管理濒临死亡。1972—1980 年，森林抚育逐渐受到重视，为了改善林分状况，增强抵御灾害能力，提高林分的生态经济效益，9 年完成森林抚育面积 6881.2hm²。1981—1990 年，茅荆坝林场对森林的抚育由天然林转向人

工林，10年抚育2584.13hm²。2010年后利用中央财政森林抚育补贴项目（抚育国家补贴100元/亩），2010—2016年共完成森林抚育9872.4hm²。森林抚育经营逐步走向规范化轨道。

木兰林场新丰分场通过科学合理的森林保护修复，实现了森林面积和蓄积量双增长。该场从建场1956—2020年60多年来，通过人工造林、封山育林、森林抚育和科学有效的经营管理，使林场的有林地面积、林木总蓄积量和森林覆盖率持续不断增加。有林地面积从1956年的1865hm²增加至5623.93hm²，增加面积3758.93hm²，增加了220%，林木总蓄积量从68886m³增加至582000m³，增加蓄积量513114m³，增加了745%，森林覆盖率从50.1%增加至97.9%，增加了47.8%（表6-2、图6-1）。

表6-2 木兰林场新丰分场森林资源变化情况

年份	经营面积(hm²)	有林地面积(hm²)	林木总蓄积量(m³)	森林覆盖率(%)
1956	3664.0	1865.0	68886.0	50.1
1975	6206.5	4177.3	237754.0	75.0
1985	6313.7	4499.7	214835.0	79.0
1990	6378.4	5070.0	239782.0	87.0
1994	6378.4	4816.8	262647.0	83.0
2000	6002.0	5094.6	307821.0	85.0
2010	6128.7	5398.9	425981.0	91.6
2015	6126.6	5623.9	568277.0	91.9
2020	6106.5	5976.7	582000.0	97.9

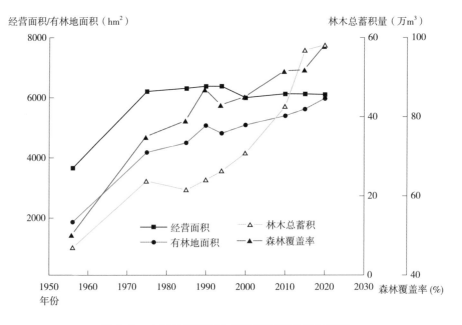

图6-1 木兰林场新丰分场森林资源变化曲线图

根据最新的全省森林资源二类调查结果，全省现有天然乔木林209.5万hm^2，其中，中幼龄林204.9万hm^2，占乔木林面积的97.8%。若按5年开展一次全面抚育，每年需要完成抚育41万hm^2。按10年抚育一次，每年需要抚育20万hm^2。

根据全省现有天然林资源现状，除乔木林外，还有疏林地3.9万hm^2，灌木林地131.4万hm^2，共计135.3万hm^2，需要通过采取补植补造、引针入阔、引乔入灌、平茬复壮、封山育林等修复措施，全面提高这些天然林的质量、功能和效益。

在"十三五"期间，河北每年获得国家投入森林抚育专项资金2亿元，投资标准为100元/亩，每年完成森林抚育面积300万亩。国家投资远远难以满足抚育作业需要，不足部分需要地方财政自筹资金或集体自筹才能完成目标任务。进入"十四五"后，全省每年安排抚育任务300万亩，森林抚育投资标准提高到200元/亩，每年实际需要投入6亿元，才能完成下达的森林抚育任务。国家每年下达的森林抚育资金减少到1.2亿元，省财政安排每年投入1亿元，省级以上财政每年投入森林抚育资金合计2.2亿元，市县级财政需要每年投入3.8亿元，才能完成下达的森林抚育任务。这对经济欠发达的林区市(县)而言，难度很大。况且，以森林抚育投资200元/亩的偏低投资标准，很难完成预期任务。

三、存在的问题

要保证天然林修复的质量和成效，必须认真剖析现行森林抚育和经营工作存在的问题。调查表明，制约森林抚育和修复工作的主要问题和障碍包括以下几个方面。

一是投资标准偏低。目前，国家下达的森林抚育补贴标准为200元/亩。根据调查，河北实际完成一亩林地的抚育任务，至少需要1~3个工日，而林区的用工费用达100~200元/日，实际需要300~500元/亩，若聘用第三方施工，还需要考虑营林公司的盈利因素，因此，森林抚育应根据工作难度将投资标准提高到500元/亩以上。尤其是河北以中幼龄林为主，抚育基本没有经济收益，是公益项目，应以实际成本设定补贴标准。同时，对于补植补造、退化林分改造、灌木林平茬复壮、引针入阔、引乔入灌、封山育林等不同修复措施，应在充分调研的基础上，考虑物价上涨等因素，分别核定投资标准，确保各项抚育措施能够落地实施，能够有利于调动林权所有者保护修复天然林的积极性。

二是林业技术人员缺乏。由于林区地处偏远，工资待遇低、生产生活条件差，造成林区基层林业技术人员严重缺乏，即使是县级林业部门，林学专业的大学生也是凤毛麟角，这对于基层林业生产造成很大影响，使林业调查、设计、验收等工作无法顺利进行，由于林业生产周期长，特别是天然林经营抚育等修复工作，涉及作业面广、专业性强、劳动强度大，很难吸引林业专业毕业生参与进来。在一定程度上制约了天然林修复工作的顺利推进。社会上成立的有些林业公司，缺乏林业专业技术人员，很难达到抚育修复效果。

三是现行管理体制难以调动国有林场的积极性。经过国有林场改革后大多数都改为公益一类事业单位。实行财政基本保障后，承揽的林业投资项目必须通过招投标，面向社会招标施工，作为林权主体的林场却不能自行施工，增加职工收入，直接影响了国有林场争取林业资金和项目的积极性。如何最大限度调动国有林场的积极性，充分发挥国有林场专业技术人员多、管理规范、可持续的经营技术和经验丰富等综合优势，整合天然林资源、保护修复任务、林权主体、经营主体等各方要素，平衡好各方利益关系，充分调动各方积极性，是天然林保护修复工作面临的急需解决的问题。

四是林区劳动力大幅减少。随着城市化进程的加快脱贫攻坚和移民搬迁，林区的年轻劳动力大多搬迁到县城以上的城镇生活和就业，特别随着国家天然林全面禁伐后，人们对森林的生存依赖逐渐减少，林区留下来的主要是老弱妇幼，很难承担繁重的林业生产任务，对天然林保护修复工作造成一定不利影响。

五是对集体天然林修复工作欠账多，任务重、监管难度大。近年来，由于集体林范围大，缺乏稳定、专业的经营管理队伍，缺乏资金和技术，使得大多数集体天然林未编制森林经营方案，处于无序经营管理状态，国家实行天然林禁伐后，多处于封禁状态。

六是天然林修复缺乏长远规划。天然林的修复工作需要长期规划、持续推进，需要有稳定的制度体系、完善的技术支撑和充分的资金投入加以保障。河北目前在天然林保护修复规划编制、制度体系完善等方面处于起步阶段，还不能满足天然林保护修复工作需要。

第二节 天然林修复的内容、原则、依据和程序

一、天然林修复的主要内容

天然林修复主要包括：一是对现有天然次生林修复，包括抚育间伐、补植补造、低效林或退化林改造、封山育林，病虫害防治、林分质量提升（包括引针入阔、引乔入灌、珍稀物种引进、珍贵树种培育等）。针对不同地区、不同树种、不同林龄、不同密度的天然林，因林而异采取不同的抚育修复模式，主要目的在于解决因森林密度过大、森林抚育不及时造成的林分结构不合理、不健康，森林生长量下降，出现森林病虫害、林分质量退化、森林生态功能降低等问题。二是对被破坏、占用的天然林地实施的修复，主要包括天然林改经济林地、开矿、开垦、放牧、引水、通电、修路、建设风电、光伏发电等基本建设占用和破坏天然林地的修复。三是因火灾、病虫害、干旱洪涝等自然灾害造成破坏的天然林修复。

二、天然林修复应遵循的原则

一是因地制宜、因林而异的原则。天然林修复必须针对不同天然林地类型、林分现状及主要问题采取不同的修复模式，以促进林分快速恢复森林植被，增加森林生物多样性、稳定性，修复后形成的林分结构最优、功能最优、效益最佳，成本最低为原则。科学确定天然林地的修复方式和强度。

二是自然修复为主、人工干预为辅的原则。经过长期的自然封育，依靠自然的力量，自然生长形成的天然林是生物多样性最好，稳定性最强的森林生态系统。针对有的天然林受到人为干预、破坏的程度不同，完全依靠自然修复需要经历一个较长的时间阶段，为了加快森林的修复进度，缩短森林功能修复时间，需要辅以补植补造、客土造林等人工干预措施，增加树种等生物多样性，改善林地立地条件和林木生长环境，提高森林修复的效率。

三是生态效益为主，兼顾经济效益和社会效益。为了尽快提高天然林生态防护功能，修复工作必须坚持有利于优化森林资源结构，提高林地生产力；有利于维护森林生态系统

稳定，提高森林生态系统整体功能；有利于保护生物多样性，改善野生动植物的栖息环境。同时，注意适当兼顾群众经济收益，针对生态脆弱区经济林林地恢复天然林或公益林的问题，引导农民改变传统的生产方式，对于板栗、核桃等经济林经营，采取保留林下植被，改进采收方式，允许林农采收果品，采用逐步过渡的方式，增加林草植被盖度，修复森林的生态防护功能。避免"一刀切"、全面清除经济林、重造生态林的过激做法，防止出现新的社会矛盾。

四是国家投入为主、社会投入为辅，多渠道筹集修复资金的原则。天然林实行全面保护后，其经营的主导功能与公益林相同，天然林修复的主要目的是恢复森林的生态功能，提高森林生态效益，属于社会公益事业，因此，在筹措修复资金时，应以国家和各级政府为主，个人和社会投入为辅。鼓励企业、社会团体投资参与天然林修复事业。同时，鼓励通过碳汇交易、林权抵押贷款、利用国家政策性低息贷款等形式多渠道筹措天然林修复资金，确保按规划如期完成天然林修复的任务目标。

五是兼顾国有林和集体林的原则。近年来，全省森林抚育的任务主要安排在国有林场，由于集体林监管难度大，造成集体天然林的森林抚育等修复工作滞后，有些集体天然林出现生长停滞和病虫害等结构功能退化的现象。针对集体天然林占全省天然林总量80%以上的现状，今后应加大集体天然林修复力度，将森林抚育等国家安排的修复任务向集体天然林倾斜，加强集体林修复经营的技术指导，规范集体林经营方案编制和森林抚育间伐等作业程序，加快提升集体天然林质量和生态防护功能。

六是遵从天然林演替规律，长周期修复，可持续经营的原则。林业生产的特点之一就是周期长、见效慢。天然林生态功能的修复和见效相比林产品生产而言需要更长的时间。因此，天然林区林业部门必须牢固树立长周期、可持续的经营修复观念，在做规划、编方案、组织设计施工各环节，做好打持久战的准备，积极遵循天然林生长演替规律，有计划、有步骤、一步一个脚印稳步推进天然林修复工作。各级林业部门制定的天然林经营规划、编制的经营方案要经过专家论证，批准实施后，不得随意更改，更不能朝令夕改，要上任接着下任干，持之以恒地将规划和方案确定的修复措施落地落实，确保修复目标的如期实现。科学开展抚育间伐，避免过度间伐，造成林分结构失衡，森林功能下降。对低质低效林改造也要循序渐进，维护森林功能相对稳定。对灌木林修复要注意遵从自然规律，认真研究灌木林在水土保持、水源涵养、林产品生产等方面的生态经济功能，注意保护森林生物多样性，防止大面积割灌造乔木林的现象。

三、天然林修复的主要依据

天然林修复工作是一项长期、复杂的系统工程，涉及面广、政策性强，关系广大林权所有者的切身利益，关系国家和政府林业生态建设目标的实现。因此，天然林修复工作必须严格按照国家和省制定的有关法律法规，有关的技术规定和规程、有关的规划、方案、设计有序推进。各级天然林保护机构要成为指导基层做好天然林修复工作的导师，成为行业的专家里手，成为森林经营的明白人，必须深入研究天然林修复经营的各项政策规定，熟练掌握政策标准、界限和技术要领，做到管理指导有的放矢，科学精准。为此，应充分了解和掌握以下依据。

一是现行林业法律法规、制度、办法的有关规定，包括《森林法》（2020修订版），《中华人民共和国森林法实施条例》；国务院批准《森林采伐更新管理办法》（2011.1修订）；国家林业局、财政部《国家级公益林管理办法》《国家级公益林区划界定办法》（林资发〔2017〕34号）；中共中央办公厅、国务院办公厅《天然林保护修复制度方案》（2019.1）；国家林业局《森林经营方案编制与实施纲要（试行）》（林资发〔2006〕227号）；国家林业局《关于进一步完善集体林采伐管理的意见》（林资〔2014〕61号）。

二是有关技术规程和规定，包括《生态公益林建设技术规程》（GB/T18337.3）；《造林技术规程》（GB/T 15776）；《森林抚育规程》（GB/T 15781）；《森林采伐作业规程》（LY/T 1646）；《低效林改造技术规程》（LY/T 1690）；《森林经营方案编制与实施规范》（LY/T 2007）。

三是经政府或林业主管部门审批的规划、森林经营方案等具备一定法律效力的设计、文件，包括《全国森林经营规划(2016—2050年)》《河北省森林经营规划（2016—2050年）》《全国天然林保护修复中长期规划》以及经有关部门批准的不同森林经营单位的森林经营方案，天然林修复作业设计等。

森林经营方案是针对某一特定区域森林的森林现状，在全面调查的基础上，在森林经理期(5年或10年)内设计确定的每个小班地块的经营修复措施，对森林修复具有一定的法律效力。森林修复的作业设计是依据《森林经营方案》编制的能够具体实施的作业方法、措施、间伐强度、方法步骤、投资来源、建设标准等内容的修复实施文件，是验收、审计的重要依据。

四、天然林修复经营的特点

根据天然林以取得生态效益的主要修复目标要求，天然林修复要把握以下特点。

一是抚育周期长。为了减少人们的破坏和干扰，充分发挥天然林的生态防护功能，与人工林相比，天然林的抚育周期较长，一般按10年抚育一次，生态脆弱区可以延长到15~20年抚育一次，甚至不抚育。二是修复方式以自然封育修复为主，人工促进为辅，增加森林的生物多样性和群落多样性，减少生态破坏。三是停止天然林商业性采伐。鉴于目前河北天然林蓄积量低，抚育间伐时，严格禁止伐大留小，严禁出商品材。四是禁止全面割灌造林。充分保护和发挥灌木林的生态防护功能，严禁全面割灌造林。可以通过低密度造林等修复方式，引乔入灌，形成乔灌混交林，提高林分质量。五是天然林修复必须严格履行作业设计、施工及验收等监督管理程序，防止因措施不当破坏天然林资源。

五、天然林修复的关键环节和主要程序

天然林修复工作是一项长期、艰巨的工作，需要长远谋划，周密部署，强化措施、落实责任、保障投入、科技支撑，才能确保修复进度和质量。为了增强天然林修复工作的规范性、针对性，提高修复效果，应认真抓住以下修复关键环节。

1. 编制天然林修复规划

科学编制天然林修复规划是开展天然林修复工作的基础。天然林修复规划的编制主体应该是县级以上林业主管部门，按照上级天然林保护修复规划确定的修复目标和任务，编

制本地的天然林修复规划。规划期限一般10~15年。规划编制应选择有经验的专业人员或有资质和专业能力的林业规划设计单位承担。先要摸清资源底数，根据森林资源调查结果，充分掌握规划范围内天然林现状，包括地类结构、树种结构、林龄结构、单位蓄积、林分密度、森林覆盖率和植被盖度等森林资源情况，以及林区内的水土流失、病虫害、森林火灾等灾害情况，各类基本建设占地、滥伐破坏、核实疑似图斑情况等，分门别类摸清需要修复天然林的不同类型的任务底数，有的放矢地确定修复措施，规划目标和投资规模，保障规划的可操作性。

2. 科学编制天然林修复实施方案

森林经营方案既是森林经营主体根据森林经营规划编制的能够具体指导经营者落实森林抚育经营措施的实施方案，又是组织森林经营活动、安排林业生产的依据，也是林业主管部门管理、检查和监督森林经营活动的重要依据。编制和实施森林经营方案是林权所有者的一项法定职责。天然林修复方案也是天然林的经营方案，是指导天然林修复工作的主要依据。天然林修复方案是针对一定区域天然林现状，编制的符合森林生长演替规律，以提升森林质量、修复森林生态功能为目的森林经营管理规划。经过批准实施的天然林修复方案是具有一定法律约束力的刚性的文件，林业生产经营必须严格执行，不得随意更改。

编案主体：是指拥有森林资源资产的所有权或经营权、处置权，经营界限明确，产权明晰，有一定经营规模和相对稳定的经营期限，能自主决策和实施森林经营，为满足天然林修复需求而直接参与经济活动的经营单位、经济实体，包括国有林业局(场、圃)、自然保护区、森林公园、集体林场、非公有制森林经营单位等。

天然林修复期限：一般为一个森林经理周期，由于天然林以修复生态功能、发挥生态效益为主，一般为10年以上，立地条件较差的天然林地修复经理期可以延长到15~20年。

天然林修复实施方案的编制流程如下。

天然林经营主体根据天然林修复需要，聘请技术力量雄厚的林业专业调查设计队伍编制天然林修复实施方案。根据原国家林业局《森林经营方案编制与实施纲要（试行）》（林资发〔2006〕227号），方案编制一般按下列程序进行。

（1）编案准备。包括组织准备，基础资料收集及编案相关调查，确定技术经济指标，编写工作方案和技术方案。

（2）组织经理调查。聘请有资质的林业调查设计单位对编案单位的天然林资源和经营情况开展全面调查，摸清天然林区内地类结构、每个林班、小班的林分树种、林龄结构、密度、郁闭度、平均胸径、平均树高、单位蓄积量、生态功能；调查森林经营档案资料、人口、劳动力、社会经济情况等主要问题，为方案编制奠定基础。

（3）系统评价。认真分析每个小班地块的林分现状和问题，因地制宜，制定科学有效的修复措施，包括补植补造、封禁、透光伐、卫生伐等抚育间伐、客土、加固等基础工程。对上一经理期森林经营方案执行情况进行总结，对本经理期的经营环境、森林资源现状、修复需求和经营管理要求等方面进行系统分析，科学确定修复目标、任务，时间节点，主要修复模式，编案深度与广度及重点内容，以及天然林修复实施方案需要解决的主要问题。

（4）修复决策。在系统分析的基础上，按不同侧重点提出若干备选方案，对每个备选方案进行投入产出分析、生态与社会影响评估，选出最佳方案。

（5）公众参与。广泛征求管理部门、经营单位和其他利益相关者的意见，以适当调整后的最佳方案作为规划设计的依据。

（6）规划设计。在最佳方案控制下，进行各项经营规划设计，编写方案文本。

（7）评审定稿。按照森林经营方案管理的相关要求，聘请有关专家进行方案成果评审，并根据评审意见进行修改、定稿。

（8）报批。天然林修复实施方案编制完成后，必须报上级林业主管部门审批。审批后的方案就具备了法定的约束力。天然林的各类修复经营活动必须严格按照批准的方案实施。

3. 编制年度作业设计

由于天然林修复方案编制的内容相对宏观，主要是针对某一区域所有天然林的修复任务、目标、措施、投资的规划和布局，特别对于范围较大（10万亩以上）、劳动力和施工能力不足的林权主体，很难一次完成，需要分阶段、分区域逐步推进，在规划的经理期内完成。在年度施工中，应该对修复方案进行分解设计，根据劳力、资金落实情况，将每个年度天然林的修复任务、目标、投资、修复措施等要求具体落实到每个小班地块，包括间伐强度、采伐蓄积量、主要修复模式和施工要点、完成期限等内容进行施工作业设计。作业设计是指导年度修复工作的重要依据，需要由县级以上林业部门审批后实施。天然林修复作业设计编制应参照公益林经营有关技术规定和标准进行。具体内容包括以下几点。

根据森林功能区经营目标的不同分别确定经营技术与培育、管护措施，维持和提高天然林的保护价值和生态功能。

依据《全国森林资源经营管理分区施策导则》，明确编案单位内严格保护、重点保护和保护经营3种经营管理类型组的经营对象和经营管护措施，设计经营技术指标和管理目标体系。

依照生态公益林建设的系列技术标准，规划设计天然林的造林、抚育和更新改造等任务。

重点保护天然林区的更新造林，应充分利用自然力进行生态修复。一般天然林区可以限量规划抚育间伐、低效林改造和更新采伐，引进乡土珍贵树种，提高天然林的经济产出潜力。人工促进的天然林应采取保护天然幼树、幼苗等措施，增强自然属性。重点保护区和特殊保护区天然林的经营措施应严格控制，除保持森林健康的措施外，尽量减少人为干扰。

天然林管护应结合实际，因地制宜，采取集中管护、分片承包或个人自护等方式，制订管护方案，落实管护责任。

4. 科学组织施工

由于天然林修复是一项林业专业技术性较强的工作。为了确保天然林修复工作质量，避免出现乱砍滥伐天然林资源的现象发生，森林经营主体应在施工前组织施工人员开展技术培训，确保施工人员把握技术要点，考核合格后方可上岗施工。无能力自己施工的森林经营主体，可以通过招标等方式，聘请具备林业施工资质的第三方企业组织施工，规定目标、任务、投资、完成时限，签订合同或协议，明确双方权利、义务、责任。实行修复责任人和施工单制度，修复施工人员施工完工后要签字确认。林业主管部门应加强对天然林修复施工的技术指导和监管，对天然林修复施工全过程监理，确保工程质量。

5. 及时验收

对完成施工的天然林修复工程，要组织专业队伍及时验收。验收人员应按时提交验收报告，并签字盖章，作为兑现投资的依据。对于施工不合格的，应适当扣减工程投资。出现违法毁林的要追究相关责任人的责任。

6. 建立和完善天然林修复经营档案

天然林保护修复经营档案是承载森林历史变迁的重要佐证。塞罕坝经过林场职工60多年的接续奋斗形成的今天的建设成就，充分说明了天然林的修复经营是一个漫长的过程，在修复经营过程中相关的各类档案资料都具有重要的历史文化价值，需要永久收藏保存，随着历史的发展逐步升值。针对每个小班地块的森林经营档案，都关系到天然林生长演替的过程和成效，对于今后总结不同类型天然林修复经营的经验和教训，改进修复措施，推进天然林可持续、高质量发展具有特别重要的意义。各级林业部门和森林经营主体对此应高度重视，规范管理，做到每个小班地块、每个树种、地类都要建立完善的经营修复档案，逐步实现天然林管理数量化、信息化、精细化、规范化的终极目标。

第三节 天然林修复模式

根据河北天然林资源现状，针对河北不同地区、不同类型、不同主导树种天然林的特点，要因地制宜科学确定不同天然林的修复方式。根据各地林业生产实践，主要有以下修复模式。

一、封山育林模式

封山育林是林业系统经过长期以来林业生产实践总结形成的成本低、见效快、符合森林修复规律的最佳修复方式。其优势表现为：一是封山育林是最直接的自然经营模式，通过封育容易形成混交林。二是有利于生物多样性，增加林分的抗逆行和稳定性。三是由于避免了人为干扰，形成的枯落物量大，有利于涵养水源保持水土。据郭泉水对燕山东部封禁林分调查，未封禁集体油松林内枯落物储量为 $0.8t/hm^2$，栎林内为 $0.4t/hm^2$，山杏灌木林为 $0.8t/hm^2$，而相邻的山海关林场长期封禁的林分，油松林内枯落物储量为 $28.5\sim42.1t/hm^2$，栎林内为 $32t/hm^2$，山杏林内为 $4t/hm^2$。长期封禁林分的枯落物储量分别是未封禁林分的 $36\sim53$ 倍、80 倍、10 倍，可见封山育林对水源涵养和水土保持的作用极大。特别对长期放牧的荒山或林地，封山育林是最佳修复模式。

长期以来，河北天然林区不少地区牛羊散放上山的现象长期存在，使山区森林植被难以恢复，水土流失长期得不到有效治理，有的地区长期造林不见林，形成荒山秃岭、洪涝灾害频发的生态脆弱区，原有的天然林退化成质量低劣的疏林地和灌木林，严重影响了林地生态防护功能的发挥。放牧成为河北破坏天然林的主要危害。林牧矛盾是包括河北在内的北方天然林区长期制约林业发展，一直想解决却难以解决的问题。为此，《森林法》第三十九条规定，"禁止在幼林地砍柴、放牧"。河北制定出台了《河北省封山育林条例》，保定、承德也分别出台了本市的封山育林条例，目的是加大封山育林力度，加快恢复森林植被。但是，由于处罚力度小，违法成本低，加之脱贫攻坚的需要，各地对封山育林抓得不紧，造成部分地区出现放牧反弹，严重影响了森林植被恢复和天然林修复进程。为此，对于由于放牧造成的宜林荒山和中幼龄天然林地的天然林修复，一是制度禁牧。完善法规制度，增加处罚条款和处罚标准，将造林和修复的成本纳入违法放牧者的责任范围，提高违法处罚成本，使放牧者由被动禁牧到不能放牧。二是舍饲禁牧。改革畜牧业生产方式，改放牧为舍饲圈养，推广集约化、科学化、现代化、规模化饲养方式，降低成本，提高效益。三是考核禁牧。把禁牧作为衡量林区管护工作优劣的重要评判指标，对护林员责任区出现放牧的林区，对相关护林员实行处罚。四是设施禁牧。对于宜林荒山、幼龄林地实行全面封山禁牧，通过设置围栏、检查站、舍饲圈养等形式，防止牛羊上山。五是限载禁牧。林区政府要加强林业和畜牧部门协调，科学规划、统筹谋划，根据不同森林的畜牧承载力，森林的修复情况，有计划放开畜牧管制。六是执法禁牧。加大违法放牧的处罚力度，增强执法力量和林业执法震慑，增强人们的自觉守法意识。

针对植被条件较差、灌木林盖度不足30%的灌木林地，郁闭度不足0.2的疏林地，具备封育条件的荒山、飞播造林地，人工补植补造促进天然林地，幼龄林地，因过渡放牧造成功能退化的天然林地，充分利用林地的自我修复能力，通过安排专职护林员、设置围栏、监控等设施，对林地实行死封死禁，防止放牧、采挖、旅游等人为干扰，逐步恢复林地的各类树木植被。针对全省山区立地条件，封禁时限应不少于10年。封育后可有效恢复植被，枯落物的厚度和盖度明显增加，林下植被层和群落多样性恢复较好，林地土壤质量得到较快恢复，整个植被群落的水土保持和水源涵养等生态功能进一步增强。

二、矮林改造模式

矮林是我国天然次生林中比较常见的森林类型，主要是由萌芽、萌蘖发展起来的林分，具有抚育难、更新难的特点。按照发育阶段不同，矮林可分为老龄矮林、中龄矮林和幼龄矮林。

针对经过多次采伐后形成的逐步退化的天然次生矮林，如柞树、桦树次生林，采伐后萌生的林木株数达到300~500株/亩及以上的，可以采取不同的间伐定株方式，一是通过分期间伐定株的方式，留下目标树，逐步培育形成由不同目标树为主导的阔叶混交林。二是实行皆伐改造的方式，在最小限度破坏立地环境的情况下，通过人工营造实生苗或引进珍贵树种作为目的树种，加快林分结构的优化调整。三是对于足够优质的实生幼树的林分，可以通过人工抚育辅助自然封育的方式，分期间伐矮林，主要通过自然恢复能力，逐步优化林分结构，增强林分的生态功能和经济效益。

三、抚育间伐模式

河北天然林多为采伐萌生的次生林，密度大、蓄积量低、生长量低。据第九次全国资源清查结果，河北天然林面积最大的栎类天然林单位蓄积量仅为$29m^3/hm^2$，在全国属于单位蓄积量最低省份，亟须通过抚育间伐，改善林分结构，提高林木蓄积生长。针对郁闭度较大(0.7以上)林分卫生状况较差的幼龄天然林，通过修枝、定干和幼林抚育间伐，增加林分通透性，提高林分的生物多样性及生态经济功能。幼龄林的间伐期可以适当缩短到3~5年，根据不同树种的生长快慢特点，可以设计不同的抚育间伐期限。密度过大的中龄乔木天然林，如山杨、桦树、核桃楸，平均胸径15cm以上，在超过100株/亩的林分中，可以通过分期间伐的方式，每5年间伐一次，提高林分蓄积和林分质量，增加生物多样性。飞播造林形成的油松天然林，经过长期封育形成了密度过大、开始枯死等退化现象的天然林，可以通过分期逐步间伐的方式，逐步提升林分质量。

经过适度的抚育间伐，能够加速林木生长，促进植被更新，有利于恢复碳储量，提高森林碳汇；能够调整水文生态功能，促进水循环，有利于树木吸收水分，保持水土，增强森林蓄水能力；有利于增加林分物种多样性，提高森林生态系统的稳定性。

四、补植补造模式

针对经过人们长期采伐、放牧形成的郁闭度低于0.2的天然疏林地和灌木盖度低于30%的灌木林地或宜林荒山，通过人工造林或补植等的方式，增加适生乔木树种，加快林草植被的恢复，优化树种结构和林草植被结构，提升林地生产力和天然林质量。

五、引针入阔模式

针对林况不好、立地条件适宜的柞树、山杨、桦树等天然次生阔叶林，可以通过引进油松、云杉、落叶松等针叶林，发展针阔混交林，提高天然林的林分抗逆性和生物多样性，增强其生态功能。如木兰林场在天然白桦次生林中引进的红松长势良好，适合当地气候和土壤，通过引进红松等珍稀树种，可以优化天然林林分结构，有效提升天然林质量。

在隆化茅荆坝林场20世纪50年代引进的红松，张家口怀来官厅林场和赤城大海陀自然保护区20世纪70年代引种的华山松都取得了成功的经验，实践证明，在次生阔叶林中引进针叶树，形成针阔叶混交林，对改善林分结构，加速枯枝落叶的分解，增大土壤总孔隙度，提高林地生物多样性和稳定性，增强水土保持能力，提升森林生态防护功能具有十分明显的作用。建议在全省北部适宜地区可以加大红松、华山松等树种引进力度，增加河北树种多样性，优化林分结构，提升天然林质量。

六、灌木林平茬复壮模式

对出现植株衰老、生长缓慢退化的灌木林，如平榛、柠条等天然灌木林。在不破坏地表土层、保持林分生态功能稳定的前提下，利用根部萌蘖能力，科学确定平茬年限、强度、时间，适时进行平茬复壮。通过平茬复壮，可以有效改善生长状况，延长灌木寿命，提升天然灌木林的长势，增强其涵养水源、防沙固沙功能。如围场平榛林平茬后，萌发的枝条少而粗壮，不易郁闭，有利于通风透光，平榛林年年结实，经营者年年收成。

七、引乔入灌模式

针对立地条件适合乔木生长而缺乏乔木林树种的天然灌木林地，通过小规模割灌人工造林或补植乔木树种，逐渐将灌木林改造提升为乔木林，或乔灌混交林，提高林分质量和生态经济功能。

禁止大面积割除原生灌木植被或乔木林生长线以上灌木林地实施人工造林。结合本地实际，科学确定补植的乔木林树种和种植密度。乔木树种补植密度详见《河北省林业和草原局关于科学开展灌木林地造林绿化的指导意见》（冀林草字〔2022〕46号）中的灌木林地造林绿化主要树种最低密度参考表（表6-3）。

表6-3　灌木林地造林绿化主要树种最低密度参考表（乔木部分）

序号	树种	适宜生境或特性	培育目的	最低初植密度（株、丛/亩）
1	油松	喜光，耐寒，不耐盐碱	水源涵养、水土保持	37
2	樟子松	沙地、山地、丘陵，喜光，耐旱	防风固沙、用材林	37
3	侧柏	喜光，有一定耐阴能力，耐旱，也耐多湿，较耐寒，抗盐性强，对土壤要求不严格	水源涵养、水土保持	37
4	云杉	中低山阴坡和半阴坡、丘陵，耐阴、稍耐阴，喜冷湿	水土保持、水源涵养、防风固沙	28
5	华北落叶松	喜光，适应性强，生长快，抗病力强	防护、水源涵养	37
6	紫椴、糠椴	山地中下部、沟谷等，喜光也稍耐阴，深根性树种，喜土层深厚、湿润、排水良好土壤	水源涵养	33
7	黄连木	石灰岩山地生长最好，喜光，幼时稍耐阴，喜温暖，不耐寒，耐旱、耐瘠薄，微酸性	水土保持	28
8	核桃楸	山地中下部、溪流、沟谷、路旁等，深根性树种，喜光，耐寒，不耐阴，耐寒和积水	水源涵养	21
9	白桦	喜光，耐严寒，对土壤适应性强，喜酸性土，沼泽地	水土保持	29
10	栎类	石质山地，喜光	水土保持	29
11	白榆	喜光，耐寒，耐旱，能适应干凉气候，喜肥沃、湿润排水良好的土壤，不耐水湿	水源涵养	27
12	皂荚	喜光稍耐阴，喜温暖湿润气候及深厚肥沃湿润土壤	水土保持	28
13	国槐	喜光略耐阴，喜干冷气候，喜深厚排水良好的砂质壤土	水源涵养	28
14	刺槐	喜光，不耐阴，喜较干燥而凉爽气候，耐旱、耐瘠薄土壤，不耐积水	水土保持、木质能源	37
15	臭椿	喜光，适应性强，耐寒、耐旱、耐瘠薄，但不耐水湿耐中度盐碱	水土保持	25
16	楝树	喜光，不耐阴，喜温暖湿润气候，耐寒力不强，对土壤要求不严	水土保持	25

（续）

序号	树种	适宜生境或特性	培育目的	最低初植密度（株、丛/亩）
17	元宝槭	弱喜光，耐半阴，喜温凉气候及肥沃、湿润而排水良好的土壤，有一定耐旱力	水土保持、护路、景观	26
18	文冠果	喜光，耐寒，耐旱，耐盐碱，不耐水湿	水土保持	37
19	大枣	喜光，对气候、土壤适应性较强，喜干冷气候，耐旱，耐瘠薄	林果、水土保持	25
20	杏扁	喜光，对气候、土壤适应性较强，喜干冷气候，耐旱，耐瘠薄	林果、水土保持	25
21	欧李	喜阳坡沙地、山地灌丛、缓坡、丘陵区、梯田向阳面分布最多	林果、水土保持	25
22	白蜡树	喜光，稍耐阴，喜温暖湿润气候，颇耐寒，喜湿耐涝，也耐旱，对土壤要求不严	水土保持、林副特产品	21
23	楸树	喜光，喜温暖湿润气候，不耐寒，不耐旱，不耐水湿，喜深厚、湿润、肥沃、疏松的土壤	水土保持、景观	20

八、灌木林抚育提升模式

针对山皂荚、黄栌、鹅耳枥、酸枣等树种，在立地条件适宜，经过一定时期的封育情况下，形成具备改造为乔木林条件的天然灌木林，经过定株、间伐、抚育和嫁接改造提升，合理调整林分结构，逐步培育成林况较好、功能齐全的天然乔木林，提高森林的生态经济价值。

太行山区酸枣嫁接大枣以及野皂荚灌木林嫁接改造为乔木林，不仅可提高森林覆盖率，增加单位面积生长量，提高森林蓄积量，加速森林系统的植物演替，丰富植物资源，提高水土保持和涵养水源的能力，也可提高林地的经济效益。

九、天然珍稀树种培育模式

针对存在零散分布的黄檗、水曲柳、五角枫、椴树、云杉等珍贵树种，适宜红松等珍贵树种生长的天然林区，或有漆树、杜松、花楸等树种的天然林区，可以采取封育保护和人工补植引种相结合的方式，将这些珍贵树种或珍稀树种作为目的树种，进行重点保护和培育，逐步改善森林环境，优化林种结构和群落结构，增加森林的生物多样性，在提高森林的生态价值的同时，提升森林的经济价值。如木兰林场引种的黄檗长势良好。

十、大径级天然林保护封禁模式

目前，河北进入成熟林、过熟林阶段的大径级天然林越来越少。这些稀有天然林群落经过长时间的历史变迁，由于受到人类破坏干扰少，形成的群落结构相对完整，具有独特性和珍稀性，有较高的历史文化和科研价值，必须严禁采伐和破坏，可以划定重点保护区严格保护。

针对超过 100 年或林龄较大、径级较大、分布稀少的天然原生森林、风景名胜区的古树林、具有一定历史价值的大径级人工林，应按照古树的保护方式，实行精细化保护模式，对每株树设定二维码、定位地理坐标，挖掘记载历史和近年的保护修复措施。实行每株树健康监控，保护原有森林群落的生态环境，减少人为干扰，确保每株树都能健康生长。

十一、退化天然林改造模式

退化林分主要包括：长期封禁缺乏抚育经营，形成密度过大的矮林或退化林分。进入自然成熟期的林分，由于林木生理机能衰退，生长逐渐衰竭，造成心材腐朽风折，防护效能降低，形成的退化林分；由于樵采过度，可更新的优质种源严重缺乏，导致森林出现逆行演替而产生的退化天然林；由于发生森林病虫害，森林火灾、干旱洪涝等自然灾害，形成了病残木，导致退化的天然林等。

退化林修复和改造的总原则是调整和优化林分结构，改善森林环境，消除退化问题和隐患，促进林分健康生长。对于长期缺乏抚育经营的天然次生林或经过长期封育形成的密度过大且出现退化现象的天然林，可以通过分期间伐的方式，逐步调整林分结构，提升林分质量；对于因密度过大、长期无抚育，出现大面积枯死木、林分病虫害严重、林分单位蓄积量小、停止生长的山杨、桦木等阔叶林，可以通过人工引种针叶树、实生阔叶树等方式，提升森林质量。对于老化、重度退化的乔木林，以更新修复为主；对林木稀疏、林中空地较多的天然林可采用全面补造修复。对近熟、成熟和过熟的退化林分，可采取群状择伐、单株择伐等方式进行采伐，并根据林分实际情况进行补植补造。对樵采过度形成的退化林分，根据林分内林隙的大小与分布，采用均匀补植、局部补植和带状更新的方式。对遭受自然灾害、林业有害生物危害的林分，采取卫生伐，根据受害情况，伐除受害林木，彻底清除病(虫)源木，调整林分树种结构、层次结构和林分密度，增强林分稳定性，改善林分生境。

对退化林分改造后，森林向正向演替，森林的生产力、健康水平、生态功能提高，形成层次结构完整、功能多样的森林群落，增强森林的生态防护功能。

十二、人工林(或经济林)恢复天然林(公益林)的修复模式

主要针对自然保护区、森林公园、风景名胜区、地质公园等地理区位重要地区，以及陡坡山地、水土流失严重地区、水源涵养区、风沙危害区等生态脆弱地区营造的经济林、用材林等以取得经济效益为目的的人工林，通过封禁、补植补造、树种改造等措施，恢复林地原生植被，改变原有的森林经营方式，转变为以恢复森林生态功能、提高其生态防护效益为目的的公益林或天然林的修复模式。改造对象主要包括：山区 25°以上、植被盖度低、水土流失严重的生态脆弱区种植板栗、核桃、大枣、苹果等经济林。由于这些被蚕食的天然林地多处于山林的山坡下部，改种板栗等经济林后，林下植被被全面清理，极易造

成水土流失或滑坡等地质灾害。通过天然林修复的目的是修复破碎的森林景观，修复林地防止水土流失功能，增强林地的水源涵养能力。主要区域有燕山地区板栗产区，包括兴隆、宽城、承德、秦皇岛青龙、抚宁、唐山迁西、迁安、遵化；太行山区板栗核桃大枣产区，包括保定涞源、涞水、易县、阜平等，石家庄赞皇、井陉、平山、行唐、灵寿等，邢台信都区、沙河、临城、内丘、邯郸武安、涉县。针对将天然林改造为经济林从而破坏森林生态问题，兴隆、青龙等地政府出台了恢复林地植被的有关文件。

十三、矿山破坏天然林地修复模式

主要针对有占用林地开采铁矿、煤矿、石灰石矿、花岗岩矿、石英石矿等矿山开采的地区，禁采后修复治理的问题。由于矿山开采后对于林地产生了深度、结构性的破坏，林地修复难度大、成本高、技术要求复杂。修复工作不仅要实施客土培基等基础工程，还要通过创面整理、水泥浇筑加固等方式防止地质灾害，最后才能种植恢复林草植被，修复过程需要时间较长。因此，要本着谁破坏、谁治理的原则，全面落实开矿者的修复责任和义务，严禁形成个人开矿、政府买单、个人受益、政府和社会受害的无成本破坏的治理方式。林业部门要制定矿山林地修复技术规范和操作程序，严格按照设计、施工、验收、交付的修复建设程序实施。延长修复维护时间，将修复施工后的维护时间延迟10年甚至长期，全面落实破坏者终生担责的修复管理机制。

十四、开垦天然林地修复模式

近年来，由于不合理的土地整理和非法开发，经常造成河北山区天然林地被开垦、破坏的现象。有些山区土地整理后，由于缺乏水利配套设施，几年后就被弃荒，形成新的荒山，成为山区水土流失和洪涝灾害的重大隐患。为此，一是慎重审批山区土地整理占地项目，严格按照国土"三调"形成的一张图，禁止占用天然林地搞土地整理。二是落实已经占用林地者森林修复责任，实行谁破坏谁修复。三是通过人工造林与封山育林相结合的方式修复被开垦的天然林地，加快修复天然林植被，提升林地的水土保持能力。

十五、基本建设征占用林地周边天然林修复模式

实施风电、光伏发电、旅游设施、高速公路、铁路项目对占用林地周边的天然林造成严重破坏的，需要落实占用者的修复责任，支付必要的修复资金、保障一定的修复维护时间，制定科学的修复措施实施方案，经验收达标后方可交工。随着劳动成本的不断提高，现行森林植被恢复费的征收标准已经远远不能满足需要，应该根据森林修复成本，建立植被恢复费动态增长机制，定期提高森林植被恢复费征收标准，同时增加林地占用者长期修复的责任和义务。一是严格限制各类建设项目占用天然林地。必须占用的国家重点建设项目，要认真做好环境影响评价，避免对天然林群落造成不可修复的生态破坏。在重点天然林区严格禁止占用天然林地。二是完善林地征占用制度和办法，占用天然林、公益林林地的实行占补平衡，提高生态恢复费征收标准，增加林地占用成本。规范修复责任、义务、程序。三是制定谁破坏、谁治理政策，全面落实天然林地破坏和占用者的生态修复责任，延长修复尽责期限，确保被破坏的林地修复落实到位。

十六、受灾天然林地修复模式

对于因森林火灾、森林病虫害、干旱洪涝等自然灾害遭到破坏的天然林的修复，按照因地制宜、因害设防，清除病腐木、风倒木、枯立木等因灾损毁的林木，通过科学整地、补植补造、迹地更新、封山育林等人为干预等措施，增加植被盖度，优化林分结构，提高森林的稳定性和抗逆性，修复天然林、公益林的生态防护功能。

天然林质量评价标准。修复后天然林质量的评价应按照以下标准进行。

林分稳定性：混交林比例高，树种结构合理，林分正向演替，二代更新明显，主林层、演替层、更新层分解明显。

林分质量：郁闭度 0.6 左右，单位面积蓄积量、平均胸径、平均树高高于全省同一类型林分平均值，符合树种生长规律，无病虫害，林分生长健康茂盛。

生物多样性：树种多，动植物种类多，动物食物链完整，有珍稀物种。

森林环境的整体性：无裸露山体，无破碎开发地块，森林规模较大，生态群落完整。

森林生态功能：水土保持能力强，流域常年有水流出，负氧离子高，空气质量指数、存在明显改善的小气候（降水较周边多、气温差异明显）。

第七章 天然林资源和生态功能监测评价体系构建

森林监测包括森林资源动态监测和森林生态功能监测。森林监测是林业行业的基础工作，监测成果是指导各项林业生产、管理活动，制定林业生产计划、林业发展规划的重要依据。确保天然林保护修复工作的精准实施，做好天然林资源和生态功能动态监测，摸清底数和变化动态，是科学落实《天然林保护修复制度方案》，有的放矢地制定《河北省天然林保护修复规划》及县级天然林保护修复实施方案，合理确定规划和年度保护修复措施、任务、目标的重要依托。

第一节 天然林监测的现状

一、天然林资源和生态功能监测的重大意义

对天然林资源动态和生态功能监测是林业部门对森林经营管理从粗放管理到精细化、集约化、数量化、规范化管理的必经之路。当前随着科技水平的不断提高，特别是人们对天然林资源及生态功能的越加关注，传统粗放的林业生产和管理方式将越来越难以满足生产和管理的需要，对天然林资源的精准化、规范化管理已经成为现代林业的发展方向。而体现对森林资源动态、生态功能变化趋势的各类监测数据将成为今后天然林保护修复生产和管理的主要依据和重要保障。

一是天然林和公益林都是国家为生态文明建设而设立的森林生态效益补偿的对象。森林面积的增减直接关系到国家对天然林和公益林生态补偿资金的增减变化，关系到广大林农的切身利益，必须要有准确的资源变化数据作为发放补贴资金的依据。

二是监测数据是反映林业建设成果，安排林业生产，争取项目资金的重要依据。保护修复形成的天然林、公益林资源和生态功能的变化动态表明了通过国家投入取得的产出效益。仅通过传统的定性描述很难说明问题，必须通过数量化的各项生态功能观测指标的变化监测来体现。根据2014—2018年开展的第九次全国森林资源清查和林地林木资源价值核算专题调查结果，全国林地面积3.24亿hm^2，活立木蓄积量185.05亿m^3，我国森林植被总碳储量91.86亿t，年涵养水源6289.50亿m^3，年固土87.48亿t，年滞尘61.58亿t，年吸收大气污染物0.4亿t。林地资产价值9.54万亿元，林木资产价值15.52万亿元，林地、林木总价值25.05万亿元，较第八次森林资源清查期末2013年总价值净增3.76万亿元，增长17.66%。监测结果不仅反映了林业建设成果，为安排林业建设项目资金提供了依据，同时也是指导林业部门科学开展天然林保护修复工作的重要支撑，是把天然林保护修复等林业生产从传统的粗放管理上升到现代化精准管理的重要基础。

三是对天然林资源和生态的动态监测是考核各级政府开展天然林保护修复工作成效、

自然资源资产审计以及国家森林生态效益补偿等政策措施落实的重要依据。

四是通过科学的监测工作,可以及时发现和解决天然林保护修复工作中存在的差距、短板和问题,指导有关部门及时采取可行的对策措施,有的放矢开展工作。

五是监测队伍是林业人才队伍培育的摇篮。通过天然林监测队伍的培养和打造,能够培养锻炼出一批懂专业、知林情、会经营管理森林的专业技术队伍,为全省林业的可持续发展奠定人才基础。

六是对天然林监测工作是建立林业大数据的基础,是体现林业部门专业化管理水平的试金石、指向标。如涉及每个小班地块的面积、蓄积、树种组成、责任人、生态功能、采取的保护修复措施、经营轨迹等监测信息,是否精细,管理是否到位,充分体现了该地区的天然林管理水平。因此,天然林监测工作是落实中央《天然林保护修复制度方案》的基础和手段,是衡量天然林保护修复成效的标准、尺度,是考核评价的重要依据、是体现林业部门地位作用的主要支撑。搞好天然林资源和生态功能监测工作具有特别重要的意义。

二、天然林监测的特点

森林资源监测特点与森林生态系统的结构和分布密切相关,天然林监测的主要特点表现在:一是涉及范围广、监测难度大。河北天然林面积达345万hm^2,占全省森林资源一半以上,分布在全省太行山、燕山、坝上等主要林区。涉及丘陵、山区、高原不同地貌类型,监测范围内经济落后、基础设施差、交通通信不便对监测工作造成很大难度。二是监测内容多。包括对天然林从小班地块到省、市、县、乡不同级别主体的数量、结构、质量资源动态监测,以及水源涵养、水土保持、调节气候、净化大气、防风固沙、生物多样性等生态功能的监测。三是专业性强。监测工作涉及土地利用、林学、卫星遥感、生化分析、土壤、大数据、互联网、野生动物、植物分类等多个专业,必须有具备专业学历的专业人员实施监测操作。四是持续时间长。天然林监测工作是一项为生产服务的基础工作,特别是由于林业生产周期长,天然林保护修复的时间更长,这就需要将森林监测作为一项必不可少的常规林业基础工作对待,在监测队伍建设、监测人员配备、监测设施建设等方面都要建立长效机制,保持监测数据的连续性。五是公益性。天然林监测是一项公益性为主的基础设施建设事业,投入多、见效慢,若保障监测工作的连续性,必须有足够的人员、设施设备来保障,必须由政府承担,这是生态文明建设和乡村振兴发展的需要。

三、天然林监测概况

河北天然林监测工作目前以森林资源监测为主,主要包括森林资源连续清查(5年一次)、森林资源二类调查(不定期)、森林资源重点监测指标监测调查(每年一次),监测内容主要包括林地面积、蓄积量,森林覆盖率,不同树种、不同地类、不同林龄面积与蓄积量。1978年河北森林资源连续清查体系开始建立,首先在高原、山区、丘陵的55个县(市、区)建立山区副总体,总面积119762km^2,以4km×4km的间距布设面积为0.06hm^2的正方形样地7449块,以优势法确定样地地类。森林资源清查形成的成果包括河北森林资源清查成果分析报告、成果统计表、卫星遥感影像图、森林分布图、样地因子和样木因子数据库等。

河北开展森林生态功能监测起步较晚，目前还没有形成健全规范的森林生态监测体系，全省只有2个生态监测站，包括小五台森林生态监测站，丰宁大滩沙化治理生态监测站。近期，国家批复新增了崇礼生态监测站，目前正在建设中。监测站点少，监测内容和监测指标不统一，监测设施设备还不完备，难以形成代表全省天然生态功能和效益的监测成果，缺乏对森林生态安全风险预测预警能力。此外，中国科学院、北京大学、河北农业大学分别在元氏、塞罕坝、木兰林场布设了一些森林生态监测站点，各自为战，监测数据和成果难以做到互通共享。目前，河北缺乏全面、准确、详实、连续的森林生态功能监测数据，无法测算各地林业建设的投入产出效益，难以对多年来林业生态建设成效给出客观评价，使全省林业生态建设始终处于粗放管理状态。

森林监测队伍主要以河北省林业调查规划设计院为主，张家口、承德、木兰围场国有林场管理局、塞罕坝机械林场总场等5家执有调查规划设计资质的监测队伍，总人数不足300人。围场、丰宁、兴隆、平泉、承德、滦平、隆化等有县级林业调查队，每个县（市、区）3~15人不等。在开展全省森林资源清查等大型资源监测任务时，还需要从县林业局、林业站、国有林场中抽调部分林业技术骨干参与森林资源调查。如2016年，全省共抽调58人，参与调查监测，超过调查总人数158人的1/3。

监测资金来源主要包括省财政森林资源重要监测指标监测项目600多万元，其他监测经费不足300万元，总监测资金不足1000万元。

河北天然林监测工作目前主要依靠其他森林监测项目投入，监测内容主要包括国家要求的一类森林资源清查和二类调查需要的监测内容及指标。

整体看，河北天然林监测工作还处于起步阶段，一是监测内容单一，森林生态功能指标的监测基本还处于起步阶段，未形成可用的监测成果，监测站点少，特别是生态监测站点，远远不能形成对全省有说服力的监测成果。除森林资源清查外，缺乏对全省森林资源全面动态跟踪的监测数据。监测不连续、不系统、采集数据价值低、管理分散，数据垄断。二是监测队伍不健全。省局有队伍，多数天然林区市县没有监测队伍；监测专业技术力量严重不足，除林业专业人才外，遥感、计算机、土壤及生化分析、动植物分类、大数据等其他相关专业人才缺乏，队伍不稳定、不成体系，难以保障监测工作的正常运行。三是监测基础设施严重滞后。监测站点严重不足，仅有的几个生态监测站点缺乏必要的设施设备，难以形成可靠的监测数据采集能力。四是天然林监测缺乏固定的资金来源。投入严重不足，难以保障监测工作长期可持续运行。五是天然林监测的制度、办法、技术规范和标准不健全，造成监测工作缺乏必要的制度、政策保障，缺乏规范的技术标准和规程指导。

第二节　天然林监测体系构建

作为在生物多样性、生态稳定性占优势的天然林生态系统，在人类活动的干扰下时刻都在发生着进化或退化的演替，在人口密度较大的现代社会，人类活动对天然林的干扰活动更加强烈。为了及时准确掌握天然林生态系统的资源、生态功能变化动态，及时开展天然林资源和生态功能的监测工作十分必要。天然林监测工作是天然林保护修复体系的重要内容，通过监测和评价，可以准确掌握天然林资源状况、变化动态、生态功能和效益情况，同时，也能及时发现和解决天然林保护修复中存在的问题，以便科学采取应对措施，确保天然林资源按照科学合理的途径演替进化。

天然林监测是天然林保护修复的基础工作，资源底数、质量现状、功能效益发挥情况是天然林保护修复的主要依据。目前，全国天然林监测工作刚刚起步，以王兵为代表的林业科研有关专家对天然林保护修复生态监测区划和布局进行了深入研究，对科学布局全国天然林监测体系奠定了基础。目前，国家还缺乏全面规范的天然林监测评价指标、标准和方法体系，个别地区在效益评价等方面做了一些探索，但仍不够系统和完善。河北目前这项工作仍处于空白，为了提高天然林保护修复工作的系统性、针对性和可行性，确保天然林保护修复成效和预期规划目标的实现，组织专业力量，建立科学精准、可持续的天然林资源和生态功能监测和评价体系已经成为天然林保护修复工作的当务之急。

一、监测体系构建原则和目标

1. 建设原则

统筹规划、合理布局的原则　天然林监测站点的布设要密切结合天然林保护修复工作的需要，宏观监测和微观监测相结合，扩大覆盖面，增强代表性，做到科学布局、全面覆盖，确保监测数据的准确、详实、可靠。

监测队伍专业、稳定、可持续的原则　天然林监测工作涉及范围广、专业性强、工作难度大，是支撑林业发展必备的公益事业，需要组建一支保障有力、人员稳定、专业高效的职业化、公益性监测机构和队伍，构建专业化、网络化、信息化、全覆盖的天然林监测、评价和管理体系，及时提供详实可靠的森林监测信息，为林业生产和管理提供依据，为林业健康发展提供有力支撑和保障。

监测内容数量化、动态化、连续性的原则　天然林监测内容包括资源动态和生态功能动态，这些监测内容需要通过标准化、程序化、智能化的数量化指标来定期采集和计量，以保障监测数据的可比性，通过对比分析，及时发现和解决天然林保护修复工作中出现的问题。

监测经费以政府投入为主、社会投入为辅的原则　鉴于天然林监测工作投入多、见效慢、公益为主的特点，天然林监测工作应以中央或省级政府为主导，监测投资以省级财政为主，将天然林监测项目作为林业基础设施建设项目，列入省级财政预算。同时，整合科技、水利、国土、乡村振兴等不同渠道资金，保障监测队伍和监测配套设施设备的建设、维护和使用。

示范引领、由点到面，逐步实现全覆盖的原则　针对河北天然林监测工作基础差，底子薄的现状，在统筹规划的基础上，先在承德等重点天然林区开展试点，根据试点经验，逐步拓展到全省天然林区。

2. 监测体系建设目标

根据河北实际，建议利用10~15年，建成省、市、县各级森林监测机构队伍健全，监测内容齐全(包括资源动态、生态功能、社会经济效益)，监测站点布局科学合理、全覆盖，监测设施设备功能完备，监测投入有保障，监测的制度办法、标准、规程完备，数据采集处理及时高效，监测成果传输便捷、互联互通、管理规范、与自然资源"一张图"和国土空间基础信息平台对接、泛在可及的现代天然林监测体系。

二、监测体系构建主要依据

《森林法》第二十七条规定"国家建立森林资源调查监测制度，对全国森林资源现状及变化情况进行调查、监测和评价，并定期公布。"

中共中央办公厅，国务院办公厅印发《天然林保护修复制度方案》规定"完善天然林保护修复效益监测评估制度。制定天然林保护修复效益监测评估技术规程，逐步完善骨干监测站建设，指导基础监测站提升监测能力。定期发布全国和地方天然林保护修复效益监测评估报告。建立全国天然林数据库。"

中共中央办公厅，国务院办公厅印发《关于进一步加强生物多样性保护的意见》规定"目标设定到2025年，持续推进生物多样性保护优先区域和国家战略区域的本底调查与评估，构建国家生物多样性监测网络和相对稳定的生物多样性保护空间格局；基本建立生物多样性保护相关政策、法规、制度、标准和监测体系。到2035年，生物多样性保护政策、法规、制度、标准和监测体系全面完善，形成统一有序的全国生物多样性保护空间格局。"

天然林监测体系构建还可以依据以下规程规范。

《国家林草生态综合监测评价技术规程》；
《森林资源年度监测技术规程》（DB31/T 1293-2021）；
《森林资源连续清查技术规程》（GB/T 38590-2020）；
《森林生态系统服务功能评估规范》（GB/T 38582-2020）；
《森林生态系统长期定位观测指标体系》（GB/T 35377-2017）；
《土地利用现状分类》（GB/T 21010-2017）；
《森林生态系统长期定位观测方法》（GB/T 33027-2016）；
《森林生态系统长期定位观测研究站建设规范》（GB/T 40051-2021）；
《遥感影像平面图制作规范》（GB/T 15968-2016）；
《森林植被状况监测技术规范》（GB/T 30363-2013）；
《森林资源规划设计调查技术规程》（GB/T 26424-2010）；

三、天然林监测体系的组成

根据天然林保护修复建设需要，天然林监测主要包括天然林资源监测、天然林生态功能监测和林区社会经济监测。天然林监测体系构成要素主要包括：稳定专业的监测机构和监测队伍，健全的监测站点及监测设施设备，规范的监测制度保障和监测工作管理办法，完备的天然林监测指标体系、监测技术规程及操作规范，有保障的监测专项资金，规范有序的监测成果统计报告制度等。监测成果应作为考核评价天然林保护修复工作成效的主要依据，也是制定地方天然林保护修复规划、林业发展规划、社会经济发展规划和生态建设发展规划的重要依据，具有刚性的法律地位和约束力。

监测机构和队伍建设是搞好监测工作的根本保障。没有稳定专业的监测队伍，监测工作就无法开展。监测指标体系的建立是监测工作的核心内容，也是决定监测设施设备布设种类和数量的基础,监测站点的布设和监测设施设备建设是也监测工作的重要保障,包括森林资源监测样地布设和森林生态功能监测站点布设,应根据监测内容和指标的需要,科学布设监测站点,能够满足监测内容需要,布局合理,全覆盖。

　　天然林(公益林)监测体系构建的关键环节:天然林监测制度、办法的制定—监测队伍组建、监测站点(监测样地)的布设、监测设施设备的建设—监测经费的筹措—天然林资源监测、生态功能监测、社会经济效益监测—监测数据的采集、分析—监测数据汇总、分析评价—形成监测成果大数据共享平台—监测成果用于天然林保护修复任务目标的制定、生态补偿政策兑现、管护责任的落实、天然林生态产业发展等(图7-1)。

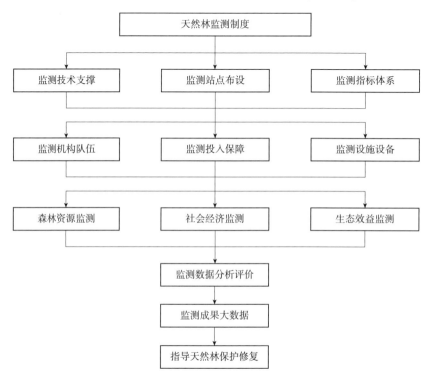

图7-1　天然林监测体系构建图

四、监测队伍组建

　　设立长期稳定的天然林监测评价机构是天然林保护修复工作的重要保障。根据天然林监测任务重、劳动强度大、专业性强、持续时间长,以及森林生态监测的社会公益性特点,各级政府和林业部门应充分认识到天然林监测工作是一项具有公益性、长期性、复杂性、专业性、系统性的科技含量较高的基础工作,必须建立一支稳定、专业、敬业的专业化队伍以保障监测工作的顺利运行。应按照水利部门的做法,参照水文局的管理机构和体制组建森林监测机构和队伍,根据监测需要设立省、市、县各级监测队伍,承担森林资源、生态功能效益监测评价工作。每个林区县都应配备一支专业化监测队伍,定期监测采集天然林数据,及时汇总做出详实准确分析评价,形成可靠监测成果,为科学保护修复提高科学依据。森林监测机构应为公益一类事业单位，队伍的规模根据森林面积和监测任务确定，确保能够完成监测任务。全省森林监测队伍建设应由省主管部门统一组建，由省林业和草原局统一管理，由省直管到市(县)级监测队。各级监测队伍应分工合作，县级监测队伍主要负责监测样地的数据采集和生态监测点的数据采集；市级监测队伍负责县级监测工作的协调管理和市级监测共享平台的建设；省级监测队伍负责全省监测站点的规划、建设和监督管理，负责全省数据汇总、分析，全省监测成果的形成及全省监测数据共享平台建设和维护，承担省级以上重要森林监测和调查任务，负责全省森林监测队伍的管理、协调、考核。监测人员应根据监测内容和专业需要，招聘所需专业大学本科及以上毕业生。监测队伍规模：省级监测队伍应在200人左右，市级在30~50人，县级10~20人。鼓励利用社会资本建设森林监测队伍，通过必要的资格审查、注册备案登记后，参与全省森林监测工作，监测成果纳入全省监测大数据统一管理，接受林业部门监督和管理。针对当前机构编制报批困难的实际，也可以依托技术力量较强的国有林场。将监测工作作为林场的常规工作，精心设计、长远谋划、定期监测、定期评价，为天然林保护修复和质量精准提升奠定良好基础。

监测经费来源：监测人员经费和森林资源监测、森林生态监测需要的常规监测经费由省级财政统一安排。重点生态工程项目监测任务根据项目资金来源和建设需要，可在项目资金列支。其他社会团体来源的生态监测项目由社会资金承担。

为了将天然林监测工作纳入正轨，应将天然林资源和生态效益监测作为天然林保护修复工作的重要内容，纳入天然林保护规划，专门设立监测专项资金，用于监测设备、监测人员经费、监测设施建设，保障监测工作常态化运行。对于纳入国家停止天然林商业性采伐补助范围的国有林场，可以利用停伐补助资金用于天然林监测工作。

第三节　天然林监测的内容、指标和评价标准

一、天然林监测内容的确定

科学确定天然林监测内容、指标和评价标准是天然林监测体系建立的基础。2021年中国林业科学研究院刘世荣等专家提出了中国天然林资源保护工程综合评价指标体系和评估方法，对规范天然林监测和评价具有十分重要的指导意义。随着《制度方案》的实施，新时期天然林保护工作将不再以天然林资源保护工程的形式出现，代之以天然林、公益林管理并轨后，突破了原有的以重点国有林区为主的天然林保护，拓展到包括集体天然林在内的所有天然林保护修复，形成以重点区域重点生态工程为龙头，带动各级党委、政府正确履行天然林保护修复责任，促进了各级天然林保护修复体系的建立。因此，天然林监测工作应该包括涉及天然林资源变化动态，生态功能变化动态和天然林区产业结构调整后对林区人们的生产生活方式的改变等全方位各项内容。天然林监测主要内容包括如下。

1. 天然林资源监测

通过对天然林数量、质量、分布、构成地类结构等内容的监测，以及对天然林树种更

新情况、群落结构、森林健康状况等天然林资源动态变化情况的充分掌握,为天然林保护修复提供依据。鉴于天然林是经过长期的森林植被演替形成的稳定群落,在天然林资源和草地资源的界限划分中,要充分考虑当地的原生植被,应将已退化为草地或灌木林、具备修复为天然林的林地资源纳入天然林资源监测范围,通过保护修复措施,加快天然林资源恢复。在国土空间管控上,自然资源部门应尊重林业部门的地类划分标准,适当放宽林地和草地的地类界限限制,以保障土地资源发挥最大的生态和经济效益为原则,动态管理土地资源的主导用途,避免因人为划定草地,限制修复措施的落实。

2. 森林生态功能监测

参照《森林生态系统服务功能评估规范》(GB-T 38582-2020),通过对天然林包括固碳能力、保持土壤、涵养水源、防风固沙、净化大气、调节气候、生物多样性保护、森林的旅游服务、健康养生等生态服务功能监测和效益评价,全面掌握天然林的生态防护功能和效益发挥情况,为天然林保护修复工作提供依据,为充分利用天然林生态服务功能开发森林生态产品,发展生态产业提供技术支持。

3. 林产品生产监测

通过对天然林包括木材生产、食用菌、药材、果品、种子、苗木等可利用林产品总量监测,准确确定各类可利用林产品规模、数量,科学确定森林的承载能力,避免过度采收造成森林资源的枯竭,为有序开发利用提供依据。

4. 天然林、公益林资源保护监测

主要包括征占用、火灾、采伐、放牧、开垦、变更等不同原因造成天然林、公益林面积减少;管护机构、队伍、管护基础设施建设等管护要素的增减变化。

5. 天然林修复监测

包括补植补造、森林抚育、低质林改造、灌木林提升等不同修复措施目标任务完成情况,修复成效,修复投资及来源等。通过修复监测,确定修复成效,筛选科学高效修复模式,提高林业生产效率。

6. 林区社会经济发展监测

通过对林区产业结构、林区人口结构、劳动力结构、生产生活方式、收入来源及收入水平、林业就业状况、就业观念、林业投资等内容的监测,可以分析林区生态产业发展潜力,为优化林区产业结构,提升天然林保护修复及生态产业发展水平,提供科学依据。主要监测内容见图7-2。

二、监测和评价指标体系的确定

根据《防护林体系生态效益监测技术规程》(LY/T 2497 2015)、《林业生态工程生态效益评价技术规程》(DB11/T 1099-2014)、《防护林体系生态效益评价规程》(LY/T 2093-2013)。《森林生态系统服务功能评估规范》(GB/T 38582-2020)、《自然资源(森林)资产评价技术规范》(LY/T 2735-2016)等有关技术规定,天然林监测指标主要包括以下几点。

1. 资源指标

总量指标 天然林(公益林、天然商品林)面积、蓄积量、森林覆盖率;生态补偿面积,未补偿面积。

结构指标 地类结构：其中乔木林、灌木林、疏林地面积等。树种结构：不同天然林树种面积、蓄积量、密度、郁闭度、平均胸径、平均树高、单位面积蓄积量，不同树种面积比例。林龄结构：林区内树种的年龄分布比例(按未、幼、中、成、过)，参照国家规定的不同树种林龄划分标准。权属结构：指国有、集体、个人等不同权属天然林面积比例。

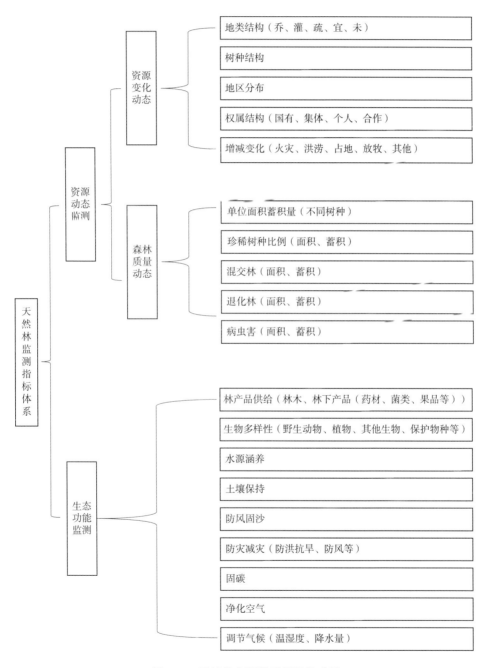

图 7-2 天然林主要监测指标构成图

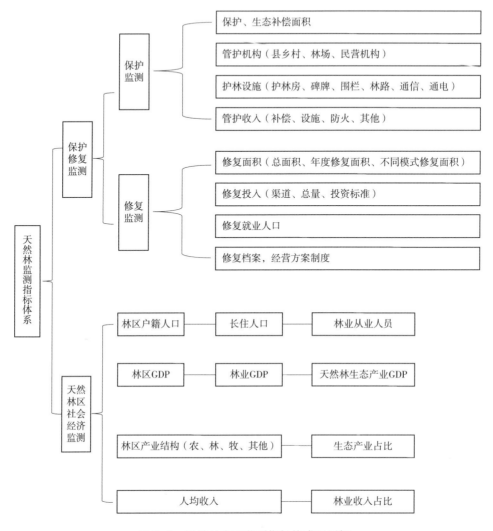

图 7-2 天然林主要监测指标构成图(续)

资源变化指标 主要指标：天然林面积增量、天然林蓄积增量、森林覆盖率增量。质量指标：平均树高、平均胸径、单位面积蓄积量，乔木林面积与比例(占天然林面积的比例，以下同理)，珍稀树种面积与比例，混交林面积及比例，退化林分面积及比例，林下幼树种类及数量，病虫害发生面积灌木林盖度，生物群落分布，野生动物，植物，其他生物种群数量等。

2. 天然林保护修复评价指标

天然林保护指标 纳入保护天然林面积(指划入生态补偿范围、签订管护协议、落实管护责任、纳入网格化管护体系，实现了有效保护的天然林面积)，未纳入保护天然林面积。

管护设施建设指标 现有护林房面积，覆盖范围；现有责任碑牌数量及覆盖范围；现有界桩数量及围护面积、长度，视频监控覆盖面积及比例；现有林区林路、电、通信、水等基础设施数量；新建管护设施数量。

护林员 人数、人均管护面积、工资标准、劳动保障、平均年龄、教育水平、培训人次。

天然林保护修复资金投入指标 投资量及来源渠道、不同修复方式(中幼龄林抚育、封山育林、退化林改造、补植补造、灌木林提升等)单位面积投资标准；其中天然林保护资金，生态补偿资金，经营修复资金(抚育、补植、造林、改造)。

天然林损毁指标 指考核评价期内的天然林损毁总面积，其中天然林火灾面积、放牧面积、占地面积、开垦面积(包括将天然林、公益林改造成经济林面积，将林地改造成耕地面积等)。

修复任务完成指标 修复完成总面积，年度抚育面积、封育面积、改造面积、造林面积，编制实施《森林经营方案》的面积。

3. 生态功能指标

依托林区生态监测站和监测点，可以及时全面采集林区的生态监测因子，获取天然林生态功能和效益监测指标，主要包括天然林固碳释氧、生物多样性、水土保持、水源涵养、净化空气、调节气候等。

水源涵养量主要指标包括，减少土壤流失面积，改良林地土壤氮、磷、钾增量；固碳量(为了量测方便，建议采用生物量法)；风蚀面积；净化空气(滞尘、吸收污染物量)，负氧离子增量；气候调节，林区温湿度的调节量(与原有水平比、与林区外环境比)、降水量变化；生物多样性，包括树种、草本、菌类、动物等各类物种数量、生物量。

根据国家生态价值核算标准，分别小班地块全面计量天然林生态防护功能效益的价值量和林产品产量及价值。

4. 林区产业及社会经济指标

参照《天然林资源保护工程社会经济效益监测与评价指标》(LY/T 1756-2008)，天然林区产业和社会经济监测指标主要包括：定期监测天然林的权属、所有者、管护队伍、机构、责任单位、经营措施、利用方式、资金投入、基础设施、产业类型、人均收入、生态补偿、管护机制、支持政策动态变化等情况。

林区人口数量、劳动力数量、人口密度；

林区GDP：其中农业产值、林业产值、其他产业产值。

森林生态产业产值(碳汇产值、各类生态功能产值、生态旅游、康养、自然教育、生物产品等产值)、天然林保护修复及服务业产值。

林业主要产业结构(第一、第二、第三产业产值结构)，产业结构调整变化(结构比例变化)。

林区人均收入，主要收入来源，对森林生态产业的依存度。

森林生态补偿覆盖范围(户数、占比)、补偿资金量。

林业投入产出效率(投入量与产出价值之比)。

三、天然林保护修复考核评价标准

科学评价一个地区天然林保护修复任务完成和责任落实情况，必须有一个符合实际的天然林评价标准体系用于考核各级主体的保护修复责任落实情况。天然林评价标准体系的建立应立足当地的林地资源和天然林资源现状，根据天然林资源总量、林分结构和质量水平，生态防护功能和效益发挥情况，科学界定和评价特定地区天然林的管理水平等级及保护修复成效。具体评价标准主要包括如下内容。

1. 天然林资源评价标准

天然林资源总量评价标准：林业发展规划和天然林保护修复规划目标中确定的森林覆盖率，天然林面积、蓄积量目标就是天然林资源总量的评价标准。监测评价期内天然林资源面积、蓄积量与规划目标比较形成的差距或目标完成率，就是天然林资源考核评价的主要依据。在考核期末与期初对比形成天然林面积增量、蓄积量增量，体现了天然林保护修复的总体成效。

天然林质量评价标准：即林地类型结构比例，按照资源监测天然林面积中不同地类面积所占比例——乔木林、灌木林、其他林地（疏林地、未成林、迹地等）比例，可以作为对该地区的天然林质量的评价标准。一般来说，乔木林所占比例越高，说明天然林的林地生产力和生态防护效益越高，林地利用结构越合理。单位面积蓄积量越大，说明森林质量越高，林龄结构越均衡、林分质量越合理，所能发挥的林地生产力越大。

在天然林地资源中，根据不同地类、不同树种面积、蓄积量及结构比例，珍稀树种所占比例越高，森林价值越高；在天然林龄偏低的情况下，林龄结构中龄林和成熟林所占比例越高，天然林质量越好。

天然林乔木林的单位面积蓄积量、蓄积增长量，天然灌木林覆盖率，都是科学评价天然林质量的重要标准。

目前，还需要在充分调查的基础上，根据河北天然林区域分布和不同树种特点科学制定《河北省天然林质量分级评价标准》，分别不同地类、不同树种、不同龄组、不同区域、不同修复方式，按照混交、复层、异龄、健康状况、单位蓄积量、密度、盖度、平均树高、平均胸径等因素制定天然林质量等级量化标准。

2. 天然林生态功能评价标准

天然林生态功能评价标准主要包括各类天然林生态功能监测指标的变化量，以及按照国家发展改革委员会、国家统计局《生态产品总值核算规范》测算的天然林生态产品价值：包括固碳释氧、涵养水源、保育土壤、净化大气环境、积累营养物质、森林防护、生物多样性等森林生态产品数量及核算价值，利用天然林的生态产品价值，评价天然林生态功能和效益发挥水平，评价天然林保护修复投入产出效率。

3. 天然林保护评价标准

天然林损毁面积是天然林保护的主要评价指标，损毁面积越大，表明保护工作越不力。通过调查汇总占地、采伐、火灾、开垦、放牧等各类原因造成的天然林面积的损失，全面掌握天然林减少的数量。

按照国家对天然林全面保护的要求，天然林应全部纳入国家生态补偿范围。因此，在评价天然林保护政策落实情况时，应该把天然林生态补偿覆盖率作为对天然林保护的重要评价标准，补偿覆盖率越高，对保护工作越有利。

毁林面积能够说明被考核地区林区治安和天然林保护现状，也体现了该地区打击毁林违法行为的执法力度。经过现地抽查，可以分别确定因乱砍滥伐、放牧、火灾等案件发生的毁林数量和面积，作为考核评价的主要依据和标准。

4. 天然林修复评价标准

按照森林经营方案确定经营周期测算，年度天然林修复面积占应修复天然林面积的比例越高，说明天然林修复措施落实越到位。天然林单位面积蓄积量，低质低效林或退化林分占比、天然林病虫害发生率等也应作为天然林修复成效的评价指标。

5. 管理评价标准

建立健全天然林管理机构队伍（包括资源监管人员、行政执法人员、护林员），资金投入有保障，管护责任分解落实到位，生态补偿政策落实及时到位，管护设施健全，管理体制机制科学高效，档案齐全、任务目标完成良好。

天然林资源管理机构和管护队伍建设标准：机构健全（资源管理、资源监测、经营机构）、队伍配置合理、管理规范，森林经营组织化程度高，经营机构稳定健全。

资金管理使用标准：涉及资金年度天然林保护修复投入资金总量、资金到位率、森林生态效益补偿覆盖率。

森林管护评价标准：管护协议签订率，停伐协议签订率、护林员履职尽责率、天然林面积增减量、各类毁林案件数量、毁林面积，包括森林火灾数量、火灾面积。

管护设施评价标准：管护设施设备总量、覆盖率，单位面积管护设施设备数量（包括护林房、围栏、界桩、林路、通信基站、视频监控、监测点、交通工具、智能巡护、通信工具等）。

天然林档案管理标准：天然林资源档案、保护档案、护林员档案、资金档案、修复档案（包括经营方案、作业设计、验收等档案）齐全，管理规范。

管护机制评价标准：管理机制灵活高效，能够调动各级管理主体、管护人员和林权者积极性。

保障措施评价标准：包括组织领导、资金投入、科技支撑、人员培训、监管措施等内容。

森林生态产业发展标准：森林生态产业产值增量，生态产品种类，森林生态产品需求市场规模，天然林资源流转面积，森林生态产业产值总量、增量、林业就业人口增量，林区人均收入增量等。

第四节 天然林监测方法、程序和制度

一、监测站点的布设和监测方法

（一）监测站点布设

1. 天然林（公益林）资源监测

监测样地是天然林资源监测现地调查的重点，是准确监测天然林资源变化动态的主要载体，林分状况、固碳、生物多样性等监测指标数据采集主要通过样地调查取得。也可利用现有森林资源清查样地等现有监测体系，适当增加监测内容，以提高森林监测评价的针对性。一般可以依托全省森林资源连续清查监测体系、森林资源二类调查构建的森林资源

监测体系。

森林资源连续清查监测体系：主要依靠国家统一布设的森林资源监测固定样地，按地形图4km×4km网格线交点处量测的面积0.06hm²，布设的7449个山区森林监测固定样地。由国家统一安排，每5年开展一次监测。固定样地的位置、边界都有明显标记。资源监测的因子和内容可以根据天然林、公益林管理的需要适当增加。一般由省林业规划设计院牵头，抽调承德、张家口和塞罕坝机械林场、木兰围场国有林场、塞罕坝林场及有关重点县（市、区）的林业调查规划专业队伍开展调查监测。

森林资源二类调查，也称森林经理调查，主要目的为森林经营方案的编制提供依据，二类调查的样地布设以小班为单位布设临时样地为主，样地数量根据小班面积的大小确定，以能够代表小班资源整体现状为标准，在每个小班布设n个面积为0.06hm²的监测样地。样地数量一般为小班面积的10%，面积太大的小班可以降低到小班面积的5%及以下。样地的布设要有代表性、数量合理。监测的内容主要包括林分生长情况、更新情况、资源面积、蓄积变化情况、林分结构等。

2. 天然林生态监测站点的布设

监测站点的布设　可以根据财力和监测队伍建设状况，科学规划，有计划有步骤地推进，逐步增加监测站点数量，完善监测基础设施，提高监测数据的覆盖面、代表性、连续性及利用价值。理论上讲，布设的生态监测站点越多，监测覆盖面越大，采集的天然林、公益林的监测数据越多，数据的科技含量越高，对生产的指导性越强。根据河北天然林、公益林的不同地区、不同地貌、不同植被类型、不同主要树种及林分结构应分别布设不同的森林生态监测站点，有针对性地监测林地的水土保持、水源涵养、空气质量（包括负氧离子）、生物多样性、森林演替规律等内容。监测站点的布设应该涵盖每个天然林地区、各类不同类型天然林地，达到应设尽设，全面覆盖天然林、公益林区。大型综合性森林生态监测站可以分别在太行山、燕山、坝上等不同地貌类型布设，也可以分别在承德、张家口、保定、秦皇岛、唐山、石家庄、邢台、邯郸等设区市及重点天然林县如围场、丰宁、隆化、赤城等地布设；小型监测点可以根据监测队伍的监测能力，分类细化布设，也可以分别在不同流域系统布设监测点，形成对某一流域的系统有价值的监测数据。

径流场的布设　根据不同立地类型的天然林小班，选择有代表性的部位布设坡面径流场，定期观测林地降水和地表径流情况。在不同类型林分、不同坡面科学布设一定数量的径流场，观测林分地表径流、水土流失情况。每个径流场一般布设面积100m²左右。

林区流域量水堰的布设　为了准确掌握天然林在保持水土方面的生态功能，在天然林区的不同流域（尽量覆盖整个天然林区），布设一定数量的量水堰，定期观测天然林涵养水源的作用。量水堰应布设在林区不同流域汇水区域的沟口、不易被冲毁的位置，利用高标号水泥构筑，条件允许可以采取自动数据记录仪，定期监测记录水流数据。选择在林区不同流域沟口处建设量水堰，能够准确量测单位时间内出水量，通过计算可以准确确定一定范围林区内涵养水源的总径流量和水土流失量。可以计算出林区的土壤侵蚀情况。

设置自动气象站，监测大气、风、温度、湿度、空气质量、负氧离子、$PM_{2.5}$、PM_{10}等大气因子变化情况。

建立土壤分析实验室，定期分析森林土壤理化性质及土壤肥力变化情况。

(二)监测调查方法

1. 资源调查

包括目前实施的森林资源一类清查、二类调查,主要通过现地调查,摸清每个小班地块的资源保护情况。也可以利用卫星遥感图片,室内判读、实地核对相结合,掌控资源变化情况。目前,资源调查和监测的主要方法如下。

布设样地调查:按照一定比例布设一定数量有代表性的临时样地或固定样地,通过样地林分因子调查,推算森林资源密度、面积、蓄积、质量、结构、生物多样性等。

卫星遥感照片判读:通过近期卫星照片判读,确定森林资源的宏观林分因子,包括树种、面积、郁闭度等因子的变化。随着现代科技进步,卫星遥感技术越来越先进,卫星遥感图片分辨率越来越高,极大地解决了森林调查监测工作的劳动强度和工作效率。通过遥感图像判读可以确定许多森林监测指标数据,对于实现天然林的精准化、信息化、动态化管理提供了重要科技支撑。目前,对于天然林不同树种群落和地类变化动态等相对宏观的调查因子,卫星遥感照片判读具有较高的推广应有价值。对于涉及胸径、树高、森林蓄积量等监测指标的监测,还需要利用样地调查成果。

资源消长变化的监测,主要通过县级资源监测数据获得,此外还要通过查看林业主管部门占地、火灾、采伐、执法处罚等相关档案资料,定期搜集数据。

2. 生态功能监测

包括水土保持、固碳释氧、调节气候等生态因子监测等,需要区别不同类型的天然林特点,选择有一定代表性的地段分别布设一定数量的监测点。水源涵养效益监测可以采用小流域—小集水区—坡面径流场(或水量平衡场)$100m^2$($5m \times 20m$)三级控制系统,开展水土保持和水源涵养效益因子监测;针对森林碳汇、森林生物多样性的监测可以利用森林资源清查设置的固定标准地$600m^2$($20m \times 30m$),也可以根据研究林区需要,加密布设涵盖不同林地类型的标准地定期观测。同时,根据需要在不同林地类型设置一定数量的对比监测样地,针对森林的气候调节、降水、空气质量监测可以选择有代表性的区域设置小气候观测站、雨量测报点、负氧离子监测屏、污染空气监测设备,定期监测森林生态效益的动态变化。

3. 社会经济指标的监测

主要通过查阅地方社会经济统计资料结合进村入户现地调查,随机抽取林区有代表性的村、农户、企业进行调查。获取林区GDP、林业生态建设投资、森林生态补偿和天然林保护修复政策、林业产业结构动态变化、户籍人口、常住人口、劳动力数量及就业结构、林业就业人口、收入来源、林业收入及占比等,确定林区生态产业发展变化趋势。

二、监测工作程序

为了保障天然林监测数据的准确性、时效性、可比性、代表性,天然林监测工作应按照规范、严谨的工作流程进行,针对不同的监测内容和监测任务需求,制定周密的操作细则,确保监测工作有序、可持续运行。

1. 制定监测计划或监测工作方案,明确监测任务、目标和要求

天然林资源监测和生态功能指标监测性质不同,前者是普查性监测,涉及面广,需要人员多，后者以固定监测点、固定的监测人员为主，属于定点监测。根据监测时间、监测目标任务、监测的工作量，科学制定监测计划，科学安排监测内容、监测人员、监测数据采集时间、提交成果等，制定工作方案，周密部署，确保监测工作圆满完成。

2. 组建监测队伍，经培训合格后方可上岗

天然林生态功能监测，一般由固定监测站点的监测人员完成，监测人员、任务、时间都相对固定，监测人员应根据监测需要配备相关专业技术人员，上岗前要严格培训，建立健全监测制度，规范操作流程。

天然林资源动态监测，包括森林资源连续清查、二类调查、天然林资源动态监测、公益林资源动态监测，保护林地利用规划监测等，监测范围广、工作量大、需要人员多，监测人员、监测任务目标、监测技术要求有较大差异，应根据需要组建监测队伍，对监测人员必须开展岗前培训，经考核合格方可上岗工作，确保监测任务顺利完成。

3. 监测设施设备建设和维护

监测设施是完成监测的必备条件。特别是生态监测，应根据监测任务需要及时建设必要监测设施，已经建成的，要在采集数据前及时检查维护和完善监测设施设备，确保各类监测设施设备正常运转，能够在规定的时间节点采集需要的监测数据。由于天然林区分布广、条件差，有的监测点监测设备，特别是气象、水文自动监测设备，没有常驻监测人员，很容易受到风沙、野生动物或人为的破坏不能正常运行，应该建立报警装置，在中断运行后及时提醒监测人员及时检修维护，发现问题及时检修。

4. 数据采集

在监测数据采集时，必须制定规范的监测工作操作细则，严格按照技术细则要求采集数据，严格把控监测时间节点等关键环节，将采集数据的误差减少到最小限度，确保监测采集数据的精准可靠。建立监测数据采集责任制，各环节监测数据的采集处理人员必须签字确认，对于因操作失误或违反监测流程造成监测数据失真或错误的，要追究有关监测人员的责任。特别是生态监测工作要求时效性强、操作难度大、取样要求标准高，监测人员必须严格遵守操作规程实施监测。由于天然林、公益林都涉及对林权所有者的生态补偿，面积量测的误差会造成林权所有者补偿的损失，涉及林农的切身利益，因此在天然林、公益林林地资源动态监测中，采取遥感判图时也要规范操作流程，确保监测数据的准确无误。对于开展固定样地监测的，要确保找到固定样地的标志和边界，保证监测数据的可比性。

5. 数据处理

建立快捷高效的监测数据传输、处理平台。通过现代互联网、大数据和计算技术，将监测数据快速传输到监测信息中心汇总、计算处理。监测信息的采集、传输和处理必须建立严格的技术规范，精准的操作程序和规程，落实必要的责任制度，以确保监测信息准确、及时采集，标准化计算和处理，确保每年年底前形成规范可利用的监测成果。

6. 形成监测成果报告

天然林资源监测成果主要包括：天然林资源面积、蓄积量、增减变化、树种结构、林分结构和质量变化，变化的原因分析，天然林保护修复的问题和建议。

天然林生态效益监测成果包括：监测区域内天然林的水源涵养、减少土壤流失、土壤改良(增加氮、磷、钾等),净化空气(净化 SO_2、NO、$PM_{2.5}$、PM_{10}),气候调节,固碳释氧,生物多样性,防风固沙量等生态监测指标的动态变化、规律分析及价值评估等。

通过各类监测数据的采集、汇总、计算分析取得的数量化的监测成果,可以准确掌握被考核评价地区的资源总量、质量变化动态,生态防护功能发挥情况,森林资源保护与地方产业发展的相互影响,找出存在的主要问题及其原因所在,确定天然林资源保护修复的方向、路线、措施及对策,为天然林保护修复等生产管理决策提供科学依据。

规范监测成果的提交内容。一般来说,监测成果应该包括监测报告(包括监测参加人员、时间、范围、方法、成果、问题、建议)、监测数据报表、监测数据库、监测成果图。

天然林监测成果主要提供给天然林管理部门或机构,用于指导制定相关的对策措施。如利用天然林资源监测成果,可以及时调整国家生态补偿的范围和资金,对造成天然林损失的林权所有者减少或取消生态补偿,以保障天然林管理精准、及时、有效。

7. 建立天然林(公益林)监测大数据信息管理系统

建立细化到小班地块的可持续的天然林经营和修复大数据信息系统,包括能够反映每个小班地块的经营历程,能够充分反映每一块天然林地人力、物力和资金的投入,产品效益产出全过程信息数据,确保简便、易行、可操作,能达到实现即时查询天然林、公益林资源和生态功能现状动态的目的。

在国土空间一张图的基础上,依托省森林一类清查数据、二类调查结果、天然林监测成果、视频监控系统、各地天然林生态补偿、经营和管护的情况、互联网技术、护林员智能巡护系统,卫星遥感技术,建立省、市、县、乡、村多级天然林信息管理系统,实现天然林数据的实时更新、传输和利用。逐步建成天然林动态信息管理系统。

天然林大数据包含的内容如下。

天然林资源数据 完善的天然林监测数据应达到细化到小班的地类、权属、林种、树种、动植物、分布、面积、蓄积量、质量。天然林生态功能:固碳能力、涵养水源、保持水土、防风固沙、调节气候、生物多样性。生态补偿数据:公益林和天然商品林的补助标准、补偿面积、补助资金来源,保护修复措施。

天然林区社会经济数据 人口、林业从业人口(年龄、学历、收入)、林区各类产业结构类型、人均收入、收入来源渠道;主要林产品产量、产值,森林旅游产业收入、从业人员等;涉及天然林、公益林林农、林权所有者数据。

护林员数据 包括生态护林员、天然林护林员、公益林护林员及其他护林员数据。

天然林历史演变数据 森林经营历史数据。

天然林保护修复数据 国家投资、建设项目、规模、保护措施。

机构、队伍、设施设备数据 包括林业从业人员数量、构成,林业技术人员数量,监测设施、设备,管护设施、设备数量,使用现状及维护保养等数据。

天然林保护修复投入产出数据库 通过监测,详细记载天然林保护修复相关的各项投入,包括生态补偿、国家项目资金、各类人力、物力、财力等。同时,通过价值核算,科学统计天然林生态产值、林产品产值及其他相关经济和社会效益产出。

三、建立天然林监测制度

为了保障天然林监测、评价工作可持续规范化运行,应制定相关政策法规,加强监测工作的组织领导，建立健全天然林监测制度，规范监测机构队伍组建，监测资金保障，监测数据成果管理及责任追究等相关内容，保障监测工作的顺利开展。根据国家森林资源调查有关技术规程，结合天然林保护实际需要，制定《河北省天然林资源监测技术规范》、《河北省天然林生态效益监测技术规程》《河北省天然林监测工作考核评价办法》，规范操作流程和监测评价程序。对各级监测人员开展专业化培训，坚持培训合格后方可上岗，严格实行持证上岗制度，打造一支专业化森林监测评价队伍，确保森林监测工作科学严谨有序。

制定河北省天然林监测工作管理办法，规范监测站点布设，逐步扩大覆盖范围，建立健全监测设施设备。规范监测工作流程，严格规范监测数据采集、汇总、分析、上报、共享的程序，根据不同数据特点和生产需要，科学确定采集时间、次数。可先行试点，后续推广。

第八章 天然林生态产业体系构建

天然林资源面积大、范围广，人们在投入大量人力、物力、财力保护修复森林的同时，林区内有大量的居民需要有可持续的产业生计保障生活和就业。因此，应改革传统林业生产中"大木头主义"的观念，以及一禁就死、一放就乱的做法，科学辩证地处理天然林和公益林保护和利用的关系，在做好天然林保护修复的同时，将森林对人类可利用生态价值、经济价值和社会价值开发出来，科学构建以天然林为载体的生态产业体系，促进天然林健康、可持续发展。

建立科学、完备的森林生态产业是推动天然林保护修复走向可持续发展的必由之路。为了落实习近平生态文明思想，真正将绿水青山打造成金山银山，创建可持续发展的天然林保护修复体系，应将发展和打造以天然林保护修复为主的生态产业体系作为林业可持续发展的基础和出路，该保的保住，该管的管住，该放的放开，依托天然林保护修复打造的绿水青山，培育生态需求新的经济增长点，大力发展森林生态产业，形成林区的生态经济良性循环，使林区人民安居乐业。

天然林保护修复的目的不是为保护而保护、为修复而修复，其根本目的是为人民服务，为了给人们提供风调雨顺、安全可靠、舒适安逸、生态优美、丰富多彩的现代化生活。我们应科学认识天然林保护的内涵实质，要充分考虑长期生活在林区的广大群众的生产、生活需求、收入来源、产业就业，开发合理的新型森林生态产业，拓宽他们的就业渠道，增加收入来源，使林区百姓能够共享生态建设带来的丰硕成果，创造更加美好的新生活。因此，构建以天然林为主体的森林生态产业体系是维护提升森林生态功能，推动林业可持续发展的需要；是优化林区产业结构，抛弃落后的、污染的、破坏森林或森林生态环境的旧产业，开拓顺应天然林生长演变规律的生态产业的需要；是提升林区人民生活水平、加快林区林业发展、乡村振兴的需要；是充分利用和共享林业生态建设成果，充分体现天然林保护修复建设成效和价值的需要。

针对河北天然林资源存在的规模不大、质量不高、生态防护功能不强的现状，当前，全省天然林经营还处于扩大森林面积，增加森林蓄积量，提升森林质量和生态防护功能的休养生息阶段，为了给天然林保护修复提供良好的社会环境，现行的河北林区产业体系需要重新调整和重构。更新林区人们的就业观念，对于以放牧、非法采伐天然林、破坏林地及其他破坏森林资源为主导的产业体系要严格禁止，全面停止天然林商业性采伐，科学制定产业限制清单。为此，需要根据林区特点，构建顺应天然林保护修复，促进森林生态恢复的新型产业结构，从根本上解决林区人口的就业、创收和乡村振兴等一系列社会问题。针对国家生态文明建设要求和社会对"绿水青山"等森林生态消费意愿的提升，要以打造和创新森林生态环境，开发不同形态、形式多样的森林生态产品，构建以森林生态产业为主的新型林区产业体系，大力拓展规模化公益性林场建设，增加就业机会和就业渠道，扩大以天然林保护修复等为主的公益性林业职业队伍。

第一节 天然林区产业结构分析

一、林区产业现状

河北现行的天然林区产业结构主要包括：以木材、经济林果品、林下产品等林产品生产，以木材及林果产品为原料的林产加工产品生产，形成的林业产业体系；依托国家林业生态项目，以造林绿化、森林抚育、森林管护为主的天然林保护修复产业体系；依托林区良好生态环境形成的以森林旅游、森林康养、自然教育为主的森林生态产业体系；以种植业、畜牧业、食用菌为主要收入来源的农业产业体系；以矿山开采、加工为主要财政来源的工业体系。目前，天然林区林农的收入来源主要依靠林果产品的收入，农业和畜牧业的经营收入，以及外出打工取得的收入。党的十八大以来，为贯彻落实习近平生态文明思想，国家不断加强生态建设，实施了全面停止天然林商业性采伐，林区产业结构正在不断优化调整，破坏森林和环境的矿山开采、加工产业受到限制和压缩，以天然林保护修复为主的生态产业绿色产业方兴未艾，林区绿色产业结构正在逐步构建和形成。

据统计，2015年河北林业总产值1474亿元，其中包括营造林和种苗产值98.8亿元、森林旅游和林业服务产值89亿元等森林生态产业产值共187.8亿元，占林业总产值的12.6%。2020年全省林业总产值1404亿元，其中，以林业生态建设形成的森林生态产业产值达到267亿元，占林业总产值的19%。在森林生态产业产值中，营造林和种苗产值达168亿元，森林旅游和服务业产值99亿元。5年间，尽管受新冠肺炎疫情影响，林业总产值有所下降，但森林生态产业增加了近80亿元，占比增加了6.4%，可见森林生态产业正在发展壮大。一是依托脱贫攻坚兴起的以护林为主的生态护林员群体初步形成，目前，国家每年投入河北近3亿元专项资金，帮助林区招聘5万个生态护林员开展护林防火，加上公益林护林员、天然林护林员，初步形成了6万多人的护林队伍。二是森林生态的保护修复带动了林区生态产业的发展。如，塞罕坝林场通过森林保护修复，依托百万亩森林资源合理开发旅游、绿化苗木、林业碳汇、林下经济等绿色产业，建场以来，以累计18亿元的资金投入，实现了资产价值达到206亿元，年经济收入由不足10万元，增加到1.6亿元，在林场发展的辐射带动下，周边4万人受益，帮助2.2万贫困人口实现脱贫致富，实现了"绿水青山"与"金山银山"的有效对接。据统计，2021年河北林业总投资116.41亿元，其中用于造林、森林抚育等森林修复和质量提升投入84.36亿元，林业公共服务和保障投入20.77亿元，二者合计达105亿元，占林业总投资的90%以上，完成集体林造林面积206.93万亩，完成集体林抚育183.58万亩，带动林区农民95.6万人从事森林生态修复产业。三是森林碳汇产业刚刚兴起。丰宁大力发展碳汇经济，目前千松坝林场在碳排放权交易市场的交易量已经超过7万t，总金额超过250万元。2016年8月，塞罕坝林场首批造林碳汇项目18.28万t获国家发展和改革委员会批准，成为迄今为止全国签发的碳汇量最大的林业碳汇自愿减排项目。首批森林碳汇项目计入期为30年，其间预计产生净碳汇量470多万t。按碳汇交易市场行情和价格走势，造林碳汇和森林经营碳汇项目全部完成交易后，可带来超亿元的收入。2018年8月塞罕坝林场在北京环境交易所与北京兰诺世纪科技有限公司达成了首笔造林碳汇交易，交易量3.6万t。四是森林旅游业正在兴起。据统计，2021年全省林业总产值达1457亿元，其中第三产业101.43亿元，其中，森林旅游达73.75亿元，林业生态服务3.37亿元，林业公共服务11.37亿元，森林旅游和生态服务业已经初具规模。目前，全省森林公园发展至105处，其中，国家级28处。湿地公园55处，其中，国家级22处。以塞罕坝、雾灵山、白石山为代表的国有林场、森林公园、自然保护区经过长期保护，生态环境得到明显改善，成为知名休息度假产业基地。五是资源消耗型产业不断调减。河北是中国第一钢铁大省，铁矿和水泥原料石开采是破坏森林资源的重要因素。近年来，河北为治理大气污染、改善环境质量、化解过剩产能，从2013年起，开始实施"6643"工程，即到2017年削减6000t钢铁、6100t水泥、4000t标煤、3600万重量箱玻璃产能。截至2017年年底，已超额完成。2019年继续压减1400万t钢铁、900万t煤炭、300万t焦炭；以钢铁、水泥、平板玻璃、焦化、化工、制药等行业为重点，完成7家重点污染工业企业搬迁改造和关闭退出。如燕山等河北天然林区正是以上产业的主要原料来源，随着矿山开采的大幅压缩，产业结构调整已成大势所趋。

二、天然林区产业体系主要问题

一是产业结构不合理。目前全省天然林区主要产业结构包括天然林为依托的畜牧产业、食用菌产业、经济林产业、矿石开采业等，不利于天然林保护和恢复。据2020年3月调查，地处天然林区的曲阳范家庄，有14个行政村，人口9800人，区域面积40km^2，有一般护林员16人，年工资2400元/人；35个生态护林员，年工资8000元/人。现有90群羊，每群50~80只。护林员的收入不足放牧收入的10%，畜牧还是当地的主导产业之一，放牧仍是影响当地天然林保护修复的主要矛盾。以森林经营为主的绿色产业结构还未形成。据统计，承德本地从事农业生产的占60%，从事二、三产业的占10%，外出打工的占30%。在本地从事农业生产仍是当前农民就业的主要类型。林区人口主要依靠放牧、打工、农业为收入来源，对森林的收入依存度还不高。二是新形成的产业基础薄弱，原料来源、市场开发不稳定，未形成新的稳定可持续的经济增长点。如近年来在河北天然林区兴起的食用菌产业，生产香菇主要以栎类硬杂木为主要原料，柞树作为全省主要天然林资源遭受严重破坏，特别在以食用菌为主导产业的地区，食用菌的生产严重破坏了天然林资源，目前，在这些县很难找到成片的胸径较大的栎类林分。三是森林生态产业规模小，产业单一，对林区经济发展带动力不强。目前，由于森林质量和森林环境质量不高，全省的森林生态产业还是以营造林和种苗产业为主，森林旅游等产业规模还不够大，对京津冀人们的吸引力还不强，森林生态产品打造、基础需求市场培育还有很大差距。目前，林区从业人员以护林员为主，其中生态护林员工资待遇较高，也仅为每年1万元左右，难以满足基本生活需要。农民外出打工每天也能收入100元以上，林业从业人口还未形成主流。四是森林生态价值核算体系和森林生态效益监测体系还未建立，森林生态价值难以得到社会认可。目前，森林生态价值的评估测算体系还不健全，由于地区之间天然林规模质量差异大，基于详实、可靠的动态森林生态效益监测数据的森林生态价值评价计量体系还未建立，林业生态投入与森林生态价值产出之间的价值转化和形成机理还有待研究攻克，森林生态价值实现机制仍未形成，巨大的森林生态效益无法转化为经济效益。森林资源流转规模小，机制不健全，仍未形成资源流转的规模化交易市场。社会公认的森林资源资产的评价、交易体系未建立，限制和阻断了在银行贷款、抵押担保等资产流通渠道。亟需国家有关部门加快构建能够充分体现森林生态功能价值的监测和评估体系。五是森林生态补偿制度仍不完善，补偿标准低。目前，森林生态效益补偿和天然林管护补助仅为16元/亩·年，没有体现出森林的生态价值，不利于调动林农的积极性。针对不同天然林地的差异化生态补偿和不同地区之间的差异化生态补偿政策仍需要研究制定。六是以森林保护修复为主导产业的政策导向不明确，配套体制机制改革滞后。国有林场改革为一类事业单位后，发展动力不足。按有关规定，国家投资的林业项目必须通过面向社会招投标实施，具备专业队伍和施工能力的林场无法自行施工，限制了林场发展活力。集体林经营管理粗放，缺乏专业规范的森林经营管理队伍管理和运作，制约了集体天然林保护修复和健康发展。七是尽管林业投资有所增加，仍存在林业可持续投入不足，林业生态产业发展缺乏可持续投入渠道，天然林区经济发展动力不足。据统计，2021年中央对河北林业总投资仅34.1亿元，其中，每年稳定投入不足11亿元，包括2958万亩森林生态补偿4.2亿元；生态护林员资金2.99亿元，天然林停伐保护资金3.7亿元。而全省林区总人口1500多万人，涉及承德、张家口、保定等8市，50多个县（市、区），这些林业投资仅为杯水车薪，随着这些地区支柱产业的压减转型，森林生态产业体系的构建已经势在必行。八是林区经济基础薄弱。天然林区都是原来的贫困地区，交通、医疗、教育、通信等保障能力弱，基础设施滞后。发展森林旅游所需的吃、住、行、游、购、娱条件不足。

三、发展森林生态产业的有利条件

发展森林生态产业，河北有着得天独厚的有利条件，主要表现如下。

1. 有利的政策环境

国家一系列生态建设促进激励政策和生态工程规划的落地实施，为森林生态产业的蓬勃发展创造了条件。《全国重要生态系统保护和修复重大工程总体规划（2021—2035）》（简称双重规划）《天然林保护修复制度方案》及其他天然林保护相关规划的实施，将带动一批森林保护修复项目资金落地实施，助力生态产业的兴起。2021年中共中央办公厅、国务院办公厅印发了《关于深化生态保护补偿制度改革的意见》，对包括森林在内的生态补偿制度的完善明确了目标措施，为以天然林保护修复为主的生态产业的发展提供了长期可持续的生态资金保障。国家对生态产品价值实现机制的建立为森林生态产业发展奠定了基础。2021年4月中共中央办公厅、国务院办公厅印发了《关于建立健全生态产品价值实现机制的意见》，为加快推动建立健全生态产品价值实现机制，走出一条生态优先、绿色发展的新路指明了方向，提出了到2025年，生态产品价值实现的制度框架初步形成，比较科学的生态产品价值核算体系初步建立，生态保护补偿和生态环境损害赔偿政策制度逐步完善，生态产品价值实现的政府考核评估机制初步形成，生态产品"难度量、难抵押、难交易、难变现"等问题得到有效解决，保护生态环境的利益导向机制基本形成，生态优势转化为经济优势的能力明显增强。到2035年，完善的生态产品价值实现机制全面建立，具有中国特色的生态文明建设新模式全面形成，广泛形成绿色生产生活方式，为基本实现美丽中国建设目标提供有力支撑。

2. 有利的发展机遇

我国在格拉斯哥气候大会上关于碳达峰、碳中和的承诺，促使河北森林碳汇产业加快了发展步伐，包括塞罕坝林场、平泉的碳汇交易案例，初步显现了森林碳汇产业的巨大潜力和广阔前景。生态文明建设促使包括学校、家庭对自然科普教育需求大幅增加，宣教科普教育基地需求明显增长。作为陆地最大的生态系统和最多的生物多样性，森林特别是天然林将吸引更多的城市人口走向森林、亲近自然。

3. 有利的区位优势

河北毗邻京津，河北天然林区周边拥有1.1亿人口的消费群体，人们对森林生态产业的消费需求不断增大。随着人们对林区环境、水、空气、旅游消费需求的不断增加，京津冀地区有可观的消费人群和广大的潜在消费市场。近年来，河北天然林区高速公路、高铁等交通设施逐渐加密和完善。京哈高铁、京礼高铁的开通为人们快速出行提供了便利条件。随着人们生活水平不断提高，小汽车家庭普及率不断提升。统计数据显示，截至2017年年底，全国机动车保有量达3.1亿辆，其中，汽车2.17亿辆；机动车驾驶人达3.85亿人，其中，汽车驾驶人3.42亿人。2017年在公安交通管理部门新注册登记的机动车3352万辆，其中，新注册登记汽车2813万辆，均创历史新高。从小汽车普及率看，河北城市家庭小汽车普及率超过80%以上，农村小汽车普及率也超过30%，有的地区超过了50%以上，为人们走进林区旅游、度假、休闲奠定了基础。

4. 有利的产业基础

近年来通过森林保护修复，打造了一批森林休闲度假旅游基地。通过牢固树立"绿水青山就是金山银山"的理念，把加快森林旅游作为保护森林资源、传播森林文化、弘扬生态文明的重要抓手，充分调动社会各方面积极性，快速推进森林旅游发展。目前，全省共有森林公园105处，其中，国家级28处；湿地公园55处，其中，国家级22处。兴隆、平泉5个县(市、区)被授予国家级森林旅游示范地，太行山国家森林步道成为原国家林业局首次公布的国家级森林步道。以塞罕坝、雾灵山、白石山为代表的国有林场、森林公园、自然保护区经过长期保护，生态环境得到明显改善，成为知名休闲度假产业基地，森林旅游业已经初具规模。打造了一批集度假、游憩、疗养、保健、养老、娱乐于一体的森林康养基地。塞罕坝国家级森林公园等地被评为中国森林体验基地、雾灵山国家级自然保护区等地被评为中国森林养生基地，塞罕坝林场被评为全国森林小镇试点单位。近年来，通过省、市级旅游发展大会新建一批省级森林公园，续建现有国家级、省级森林公园；积极发展生态、体验、观光、休闲为主要内容的乡村旅游，为发展森林生态产业奠定了基础。

第二节 天然林区产业结构调整

天然林区合理的产业结构是天然林保护修复的基础保障。天然林区产业结构的调整，必须立足天然林保护修复的需要，调整破坏天然林的产业，依托天然林保护形成的优美生态环境，大力发展森林生态产业，构建新的经济增长点，逐步实现林区生态经济协调可持续发展。

林区传统产业结构，不是以保护森林为主导，忽视森林生态保护的重要性，主要以木材、林果产品的生产，取得经济效益为目的，忽视了森林资源的承载能力和生态防护功能，根据人们的意愿不加限制地采伐林木，开发利用林地资源用于放牧、开矿及其他产业开发，往往导致森林资源的破坏和森林生态防护功能的丧失，逐步演变成旱涝等自然灾害，造成林区生态经济发展不可持续。

森林生态产业是近年来在习近平生态文明思想指导下新兴起的林区产业，是根据森林生态系统演变规律和社会经济规律发展起来的，在森林生态系统承载能力之内，能够科学精准利用森林的功能效益，与森林环境和谐共生的，以生产满足人们高质量生活需求的森林生态产品为主要目的的现代林业产业体系。与传统林业产业相比森林生态产业的主要特点主要体现在：突出生态效益，兼顾经济、社会效益，主要产品是生态防护效益，产业结构是网状结构，自我平衡能力较强，景观生态呈现绿色、规模化，资源消耗实行减量化循环利用，生产者主要依靠专业化生态产业工人等（表8-1）。可见，相比而言，森林生态产业的发展更可持续。

表8-1 森林生态产业与传统林业产业的比较一览表

类别	传统林业产业	森林生态产业
产业目标	以生产经济效益最大化	生态经济社会效益协调共生
主要产品	有形的木材、林果产品	无形的森林生态防护效益
功能	林产品的所有权和使用权	利用森林的生态防护功能
产业结构	线性	网状
稳定性	对外部依赖	自我平衡能力较强
可持续能力	低	高
景观生态	灰色破碎	绿色、规模、和谐
资源消耗	掠夺式	减量化、循环利用
责任	对林产品质量负责	对森林可持续利用负责
管理机制	人为调节	生态调节
生产者	素质低	专业化生态产业工人
效益	局部高、短期高、总效低	见效慢、效益期长、总效高

福建、浙江、江西等地生态文明示范区建设的经验表明，发展森林生态产业是天然林区产业结构调整的方向。

一、产业结构调整的原则

天然林区产业结构调整应遵循以下原则。

坚持生态优先、保护优先，先保护后利用的原则。针对河北目前的天然林、公益林资源少、结构不合理、林分质量差、生态功能低的现状，保护修复天然林是当前的首要任务。经过一定时期的森林保护修复，森林生态功能恢复，具备了生态产业发展基础后，可以稳步有序发展森林生态产业。

坚持林区产业严格准入和优化结构相结合的原则。在天然林区实行严格的产业准入制度,坚决杜绝和淘汰高消耗、高污染、高排放的产业,对于非法征占用天然林地、过度消耗天然林资源的产业,破坏、开垦及变更天然林性质的产业,实行严格禁入。对不符合天然林保护目标的企业应限期关停并转。鼓励保护森林资源、修复天然林生态功能为主的生态产业发展壮大。

坚持保障人们生产生活、合理开发利用的原则。天然林保护修复要充分考虑林区人们的就业、生活及收入来源。在科学合理开发利用森林生态功能上做文章,吸引林区劳力大力发展以森林保护修复、森林旅游、农家乐、自然教育等绿色产业,多渠道增加林区农民收入。

坚持多渠道投入、全社会共建共享森林生态产品的原则。通过政府统筹规划和牵头带动,发展和改革委员会、农业农村部、生态环境部、乡村振兴局、林业和草原局多部门合力共建,社会公益团体、企业等多方参与的资金筹措机制,加快建立健全林区道路、通信、网络、水电、宾馆等人们生活需求的配套基础设施,吸引城市居民到林区休闲度假、健康养生等绿色生态消费,构建林区森林生态消费增长点。

坚持稳步推进、有计划、有步骤、有限度利用森林生态产品的原则。在森林生态产业发展过程中,要充分考虑森林保护修复的需要,根据森林的不同规模、不同生长阶段的承载能力,顺应森林生长演替规律,有计划、有限度、有条不紊地稳步推进森林生态产品的开发利用,避免片面追求速度、一哄而上、盲目扩大产业规模,超出森林生态承载力,造成新的森林破坏。特别对于森林旅游业要适度发展,避免搞破坏性开发。对于自然保护区等重点保护天然林区要严禁开发经营性产业。

二、实行准入产业清单制度,科学调整天然林区产业结构

随着生态文明的不断进步,各级政府和主管部门对天然林、公益林保护的意识不断增强,对林区产业的准入条件越来越严格,通过建立林区产业清单制度,退出占用、破坏、采伐和危害天然林、公益林以及森林环境的产业,鼓励有利于森林保护修复的环保、低能耗、低碳、绿色的产业进入,逐步形成符合林区发展需要的科学合理、绿色环保、良性循环的产业结构,可以有效助力天然林保护修复。对于列入生态红线的重点天然林保护区、自然保护区,实行更加严格的管控措施,禁止实施一切生产经营活动,为天然林保护修复创造良好的产业生态环境。

(一)退出产业清单

主要指开采矿山资源,占用林地、破坏森林环境、毁坏天然林木及森林植被的产业。主要包括如下。

1. 以生产钢铁、水泥、煤炭、玻璃等产品原料为主的矿石开采业

铁矿、石子、石材、石灰石、煤炭等矿石开采多在天然林区,由于多年的矿山开采对天然林资源造成了难以修复的破坏,不仅毁坏了天然林植被,而且对林地土壤、基岩造成了深度破坏,同时也造成矿山周围生态环境质量的急剧下降,空气污染重、水土流失严重,甚至造成地面塌陷,形成对环境不可修复的破坏。即使已经停止开采的矿山,生态修复难度相当大,修复成本也非常高,修复期也需要相当长的时间。这些产业的发展往往对天然林资源造成不可逆的破坏和影响。因此,除国家需要经过批准开采的矿山以外,林区

矿山开采业应该严格禁止和退出。

2. 以放牧为主的畜牧业

畜牧业是林区农村的重要经济来源。由于放牧成本低，见效快，不少农民将放牧作为主要的收入来源和创收的途径，因此，对天然林区林草植被造成了严重破坏。有的山区还将畜牧业作为地区主导产业，大力发展畜牧业，而对饲养方式不做限制，使放牧泛滥，山上林草植被越来越少，荒山秃岭随处可见，干旱和洪涝等自然灾害频发，生态环境越发脆弱。这也是许多林区常年造成林牧矛盾的主要原因，也是长久以来影响天然林保护修复、困扰林业部门的主要矛盾。为此，各地出台了不少制度和办法，河北出台了《河北省封山育林条例》，包括保定、承德等地在内的地方政府也出台了封山育林（禁牧）条例，对放牧做出了限制，主要目的是禁止在林地随意放牧，以免危害林木安全。但不少地区长期禁而不止，不断出现反弹，主要原因是林业行政执法不到位，地方政府禁牧责任落实不到位，缺乏封山禁牧的长效机制，对少数人放牧造成的山区生态环境危害的认识不到位。为此，一是通过林长制落实各级政府森林管护的主体责任，将林区禁牧作为考核各级政府的重要内容。二是加强政策引导，通过大力发展舍饲圈养，改革传统的畜牧生产方式。三是完善林业法制，要加大执法和处罚力度。提高放牧违法处罚标准，大幅增加违法成本。健全林业执法队伍，提升执法到位率。四是引导农民调整产业结构，实行产业转型，通过激励政策引导农民实行产业转移。

3. 以林木资源为原料的食用菌产业

近年来，食用菌产业作为林区农民脱贫致富的主要产业蓬勃兴起，蜂拥而上，在林区建设了不少食用菌大棚，主要培育香菇、平菇、花菇、滑子菇等食用菌。按食用菌在自然环境中生活的主要营养来源可划分为木生菌、草生菌、粪生菌、土生菌等。按原料来源分，可分为木材、草料、农副产品如棉籽皮、生物活体等类型。以草料、棉籽皮等为原料生产的食用菌市场价格低、效益差，而木材中的纤维素、木质素等成分是木生型食用菌的良好养分，如香菇与壳斗科、金缕梅科等树种的亲和力最强，利用这些树种栽种可获得高产，市场价格高、经济效益好。又如耳类的银耳、黑木耳等适宜在大戟科、漆科等树种上生活，而茯苓最适宜在松科树木上生活。选择合适的树种才能种好菇，或根据当地的树种资源确定食用菌栽培的品种，才能产生较高的经济效益。因此，林区农民广泛采购包括蒙古栎、栓皮栎等栎类木材作为原料用于生产香菇等食用菌。

栎类树种是河北最主要的天然林树种，近年来受到食用菌产业的冲击，使河北天然林资源遭到较大破坏。目前，在有些林区（县）天然栎类次生林多为幼龄林，有的地区由于天然林遭受多次采伐形成了灌木状的矮林。国家实行全面停止天然林商业性采伐后，木材原料来源渠道大幅减少，难以满足发展食用菌产业的需要，省内除全面保护的天然林外，依托森林抚育、果树修剪产生的枝丫材总量有限，难以满足食用菌产业的需要，此外，人工培育的原料林周期长、规模小，短期内难以满足原料供应。因此，为了使河北天然林得到休养生息，应严格限制以木材为原料的食用菌产业。

4. 以采挖天然林木为主的苗木业

近年来，由于不少城市为了改善环境，打造一次成林的城市森林公园，经常通过到天然林区采挖干形、树形良好的天然树种移到城市栽植，寻求一鸣惊人的效果。但由于天然林区多处于生态脆弱的山区,林木采挖后,苗木经营者以高价卖到城市后获取暴利,采挖后不仅造成新的水土流失,采挖施工、包装、运输过程中使天然林林区植被同时遭受严重破坏,也破坏了原本完好的林相。另一方面,在大树移植过程中,根系、树冠遭到破坏,加上新的环境不适应移植大树的生长,往往造成大树死亡。因此,全国绿化委员会和国家林业局早在2009年就下发了《关于禁止大树古树移植进城的通知》(全绿字〔2009〕8号),2014年全国绿化委员会、国家林业局又一次下发了《关于进一步规范树木移植管理的通知》(全绿字〔2014〕2号),指出"树木移植特别是大树古树移植弊病多、害处大,违背树木生长规律,撕裂历史和文化传承,败坏社会风气,滋生绿化腐败,影响党和政府形象。"同时,进一步明确了移植大树的危害:"破坏树木的原生环境和森林生态系统。大树移植不仅不增加森林资源,反而因为切根截冠减少了生物量,影响了生态效益发挥,降低了原生地的森林质量,甚至造成水土流失、生物多样性减少,长远看还在一定程度上削弱了森林可持续发展的后劲,是一种典型的'挖肉补疮''拆东垒西'之举。"

5. 以采伐天然林加工林木产品为主的木材加工业

20世纪末木片加工业的发展曾经造成河北天然林区大量森林资源被蚕食,造成了天然林资源快速建设,林分质量严重下降。国家林业局在2015年启动了全面停止天然林商业性采伐,目前,已经扩展到全国。全面保护天然林已经成为社会的共识。依托采伐天然林开展木材加工行业应该全面禁止生产。由于河北天然林普遍质量较差,中幼龄林为主,成熟成材的天然林属于稀缺资源,采伐天然林用于木材加工就会加剧天然林的破坏,对天然林保护产生直接不利影响,全面停止天然林商业性采伐后,失去了天然林木材来源。因此,淘汰和停止以天然林木材为原料的木材加工正当其时。各级林业部门应加强天然林采伐和抚育间伐管理,加大林业执法力度,严格检查木材加工企业的木材来源,确保本地天然林得到切实有效保护。

6. 占用天然林地、毁坏林木植被的光伏发电产业

严格控制天然林区发展光伏产业,主要原因:一是河北天然林地多处于山区,坡度大、土层薄,生态脆弱。由于光伏发电占地面积大,布设光伏后,大面积地面被遮盖,会严重影响林木植被的恢复和生长,同时由于布设光伏施工,修路、运输对森林植被又造成新的破坏和水土流失,因此,占用林地资源发展光伏产业会造成天然林资源破坏,严重影响天然林的保护修复。二是对于植被条件较差的灌木林地和山区宜林地,发展光伏也将加重水土流失。三是在山上铺上光伏后,还易形成光污染,破坏原有山地和天然林区的整体景观,不利于发展森林生态旅游。四是由于光伏设施有一定使用寿命,到期后会形成许多不易降解的固体废物,加重环境污染,因此,在天然林区应严格控制发展光伏产业。

7. 开垦破坏天然林地的土地整理

有些林区县利用林地搞土地整理项目,突破土地利用边界和生态红线,利用天然林地或公益林地等林地资源开发耕地,不仅破坏了原生林草植被,又形成新的水土流失,导致林区森林生态防护功能降低,影响了当地的生态平衡。因此,对于占用天然林地开展土地整理项目的产业应全面禁止。

8. 破坏天然林地发展经济林

在河北东部燕山地区和太行山区多为板栗、核桃等经济林树种的适生区。多年来,由于板栗、核桃市场价格高，市场需求好，吸引广大林区群众大规模发展种植板栗、核桃等经济林。为了提高产量，方便板栗的经营管理和果品采摘，人们往往将板栗树下的原生林草植被清除干净，不仅破坏了原有的森林植被，而且还使原有天然林群落破碎、景观破坏，严重影响天然林地的生态防护功能。特别是燕山天然林区，作为京津水源地的潘家口水库、密云水库等水源上游，多为山高坡陡的生态脆弱区，遇到强降水就会引发严重的洪涝灾害。应严格禁止毁天然林造经济林。各级政府和林业执法部门，应对毁天然林、公益林改种经济林的问题开展全面核查清理，修复遭到破坏的天然林地，恢复原有天然林地的生态防护功能。对于长期改天然林为经济林造成天然林资源破坏、生态防护功能丧失的林地，要本着谁破坏谁治理的原则，落实破坏者对天然林、公益林生态破坏形成的修复责任。

（二）允许有限制开发的产业

考虑到林区经济发展的需要，为了加快林区产业结构调整，促进林区农民增收、政府增加税收，应该在科学规划的基础上，适度留足地方产业发展空间，在不影响森林整体生态功能的前提下，允许利用部分林业用地或一般天然林地，建设必要的生态旅游基础设施或产业加工设施。改善森林生态产业发展条件，优化林区产业结构，促进林区生态、经济可持续协调发展。

1. 森林生态旅游业

对于处于保护修复期，天然林质量较差、森林植被不稳定的生态脆弱地区暂时应以休养生息为主，不具备开发森林旅游条件。对于森林质量较好，经过多年的保护修复，形成良好森林环境，森林生态防护功能较好、森林负氧离子较高的天然林区，可以适度发展森林旅游产业。在科学测算天然林承载能力的基础上，有计划有步骤地开发森林旅游产业，允许在不破坏森林资源的前提下，有限度地在林区建设部分宾馆、饭店、厕所、停车场、缆车等基础设施。鼓励利用已经搬迁的原有村镇的空心村、宅基地、原有的建筑用地用于相关基础设施建设。严格限制占用大面积天然林地用于基础设施建设的项目。

2. 交通、通信、电力等基础设施建设项目

对于列入国家和地方发展规划的道路、通信基站、电线基座等基础设施建设项目，在经过严格设计、审批的基础上，可以占用一般天然商品林、一般公益林。对于列入生态红线的重点保护区的天然林地不得占用。由于风电产业对天然林保护和环境影响范围大、时间长，应严格限制发展，特别在天然林区严控发展。

3. 野生林产品采收业

主要包括野生果品（山杏、山核桃、榛子、酸枣、野皂荚、橡子）、林下药材、野菜、野生食用菌、野生花卉等。要根据这些资源的修复能力实行有限制采收。建立休采期制度，在科学研究的基础上，根据这些资源的自然恢复能力和承载量，定期休采，在休采期，禁止采收林产品，避免由于过度采挖造成资源枯竭。在重点天然林保护区域禁止采收。

（三）鼓励发展的产业

鼓励发展以保护森林资源、提高森林质量、恢复森林生态功能为主要目的的天然林保护修复业。鼓励发展利用天然林保护修复形成的生态资源，开展生态产品开发利用、科学教育宣传，发展森林文化，利用森林生态环境开展森林康养等产业。大力发展以森林保护修复为主要目的的林业生态公司、林木管护企业、民营林场、森林生态企业等。

1. 森林保护修复业

由于河北天然林保护起步晚，天然林保护修复工作涉及范围广、周期长、见效慢，管护修复工作任务越来越重，仅靠护林员难以满足建设任务的需要。近年来，随着国家对天然林、公益林保护工作越来越重视，森林生态补偿制度不断完善和停止天然林商业性采伐项目、重点地区重点生态工程项目、国家储备林基地建设启动实施，保护修复投资不断增加，逐渐形成以天然林保护修复为主的新兴生态产业，吸引各地出现了不少专门从事造林、护林、抚育等森林保护修复工作的企业或公司，投入林区的森林管护和修复工作中去，为加快天然林保护修复工作创造了有利条件。但受到技术能力和管理水平的限制，有些公司本身不具备技术力量和承揽条件，缺乏监管，难以保证森林保护修复的质量和成效。因此，各地在鼓励天然林保护修复产业发展的同时，要出台政策和办法，加强这类企业的监管，确保参与天然林保护修复的企业或单位具备必要的专业水平和施工能力，做到管理规范、资质合法、力量具备、负责任、可持续，确保按要求完成天然林保护修复任务。

2. 森林碳汇产业

随着我国碳达峰、碳中和目标的确立，森林碳汇产业逐步区域活跃，发展前景广阔，吸引社会各类企业投入森林碳汇生产，河北天然林多为质量较差的幼龄林，灌木林139万 hm^2，占天然林面积比例超过30%。通过天然林保护修复发展森林碳汇有较大的发展空间，也为全省天然林提质增效，快速发展提供了融资和发展的机遇。

3. 森林自然教育及森林文化产业

国外专业研究证明，儿童需要玩伴，譬如：动物、水、泥巴、树丛、空地。他（她）们也可以在没有上述元素的环境中成长，用毛绒玩具、地毯、柏油马路或天井来替代自然。这样的孩子也会长大，可大人们日后不要惊讶他们在学习某些社会基本原则时很吃力。森林（自然）教育是以森林（大自然）为载体，让儿童通过在自然环境中进行一系列"有计划、有设计、有主题、有目的"的户外活动，提高自信心，并实现全面发展（包括运动、社交、情感、语言、认知等等）。森林（自然）教育是一种长期性教育方式，它最大限度地发挥大自然的优势，让儿童经过考察与探险，通过户外游戏及学习经验，感知大自然的神奇，以及建立对环境、对自然、对生命的尊重。研究表明：相比没有受过森林教育的儿童，受过森林（自然）教育的孩子在自信心、注意力、学习积极性、语言能力、交流能力、行为习惯、主动思考及身体素质方面更为突出（王小欣欣，2017）。在我国，森林（自然）教育的发展远远落后。2015年10月，我国首家森林幼儿园在广州建立，学费高达19.8万。韩国的森林幼儿园大体分为"国营森林幼儿园"和地方自治团体运营的"民间森林幼儿园"。据不完全统计，目前德国已有超过1500个森林幼儿园，孩子们每天在森林活动3~4个小时不等。在中国，只有5%的母亲说经常带孩子到大自然中探索。在中国，森林（自然）教育是一个新兴产业，随着人们生活条件的不断提高，走进森林，走进自然将逐步成为人们的必然需要，森林教育和森林文化产业发展潜力巨大。目前，发展森林（自然）教育：一是改善林区交通条件，完善吃、住、行、网、电暖等基础设施。二是在教育体制改革中，增加森林教育的课程设置。三是搭建林业部门与教育部门的桥梁，建设森林教育示范基地。森林教育的发展不仅可以充分利用森林的教育功能，而且可以盘活森林资源，提升森林资源的利用价值，为林权所有者提供创收的机会和来源，实行教育与林业发展双赢。

4. 森林休闲度假、健康养生产业

人类来自森林，现代文明社会由于受到城市生活范围的局限和环境污染的影响，不少人出现了包括鼻炎、睡眠障碍、高血压、高血脂、糖尿病等病症。而走进森林，在林区生活可以有效地缓解这些症状。因此，森林休闲度假、健康养生产业应运而生。目前，四川、广东、浙江、福建等地森林康养产业正在加快发展。近年来，河北通过旅游发展大会改善了林区的基础设施和生态环境，促进了森林康养产业发展。

5. 森林生态产品及加工业

森林生态产品是指在森林生态环境中，无人为干扰情况下，自然生长形成的被人们作为商品交易的纯净无污染的水、负氧离子空气、森林景观产品、森林文化产品、森林抚育附属产品、森林生物产品等，包括森林生态食品。根据《国家森林生态标志产品森林生态食品总则》（T/LYCY008-2020），森林生态食品是指：来自良好森林生态环境和健康的森林生态系统的绿色、安全、健康的各类可食用的产品。由于森林环境的特殊温湿气候调节，生产的原生森林产品价值远高于人工种植的产品，如食用菌、药材、野菜、蜂蜜、木材等森林产品深受城市居民的欢迎，用于满足人类追求高质量生活需求，作为林区特色生态产品，能够产生较高的经济创收价值，形成林区重要的支柱产业。但林下生物产品的采集必须根据森林的承载能力、可采量、采集人口密度等因素科学控制采集强度，严格控制生产规模，为森林这些可食用林下产品或生态产品提供休养生息的条件，避免掠夺性采集，造成森林生物或生态资源的枯竭或灭绝。

6. 珍稀物种培育

天然林是生物宝库，有不少国家保护、省级保护生物。通过深入研究模拟林区生态环境，可以通过人工培育驯化，增加珍稀树种（如黄檗、水曲柳、刺五加）、其他珍稀植物（如天女木兰、人参、蕨菜、黄花菜、金莲花等）、菌类（如桑黄、灵芝等）和野生动物（如梅花鹿、褐马鸡）的种群数量，给人类创造更高的可利用价值。特别是药用植物、珍稀树种的培育引种既可以增加森林的生物多样性，又可以增加林区人民的收入。因此，珍稀物种及产品培育也逐渐成为林区新的产业增长点。目前，梅花鹿、野鸡、野猪、野兔的特种养殖在一些地区有一定规模，促进了林区产业结构调整。

7. 森林资源资产交易流转

森林作为重要的自然资源和旅游资源越来越受到社会的关注，吸引一些企事业、社会团体或个人投资者购买林地用于培育森林，用于购买碳汇、储备森林旅游资源，打造高质量生活环境，期望能够实现未来较高的升值预期，形成森林资源资产交易市场。据统计，到2021年底河北实有处于流转状态的林地经营权流转面积698.15万亩，其中包括公益林流转面积222.36万亩，社会资本取得林地经营权面积125.47万亩。可见，在全省森林资源资产流转市场已经形成。鼓励天然林资源流转的主要目的是吸引天然林保护修复资金，弥补投资不足，加快天然林保护修复的质量和进度。为了确保流转者科学保护和合理利用森林资源，各级政府和林业部门要制定相关政策和法规，加强森林资源流转后经营的监管，流转者应及时签订天然林保护修复承诺书，防止借流转之名用于开矿、占地、采伐木材等毁林开发。对于违反规定破坏森林资源者，包而不治，造成森林植被长期不能恢复的，应责令取消流转合同，收回流转林地经营权，同时追究经营者责任。

8. 生态农业

通过利用现代生物和农业技术，高效利用现有耕地资源，实行设施化、集约化栽培技术，发展高附加值的精品农产品，为天然林保护创造休养生息环境。如浙江丽水，通过建设美丽乡村引回乡贤当"老板"，建设绿水青山吸聚资本催生新业态，打造生态景区"长"出绿色产业链。随着产业结构调整，该市一、三产业迎来巨变。多年来，该市深入实施生态精品现代农业"361"工程、"912"工程，不断深化农业供给侧结构性改革，全面推进"浙江（丽水）农业绿色发展先行示范区"创建，走出了一条"生产标准化、产品精品化、经营产业化、发展绿色化"的特色发展道路。2019年，全市形成菌、茶、果、蔬、药、畜牧、油茶、笋竹和渔业九大主导产业，培育了茶叶、食用菌、高效笋竹林3个百亿级产业，并打造"丽水山耕""丽水山居"区域公用品牌。其中，"丽水山耕"以97.89的品牌指数，蝉联中国区域农业品牌影响力排行榜榜首，2019年销售额84.4亿元，品牌溢价率30%以上。产业结构的调整升级加速了丽水第三产业的发展，让丽水真正尝到了旅游发展与生态建设互建互荣的巨大红利。

第三节　森林生态产品的类型

加快天然林生态产业的形成和发展，必须从宣传引导全社会认识、了解、消费使用森林生态产品入手。根据社会对森林生态产品的开发进程，当前人们比较关注的森林生态产品主要有以下几种。

一、天然林资源资产

随着人们对天然林资源的干预破坏，天然林资源的稀缺性越来越突出，尤其是一些濒危树种、珍贵树种的天然林群落的消失和减少，提高了这些资源的价值。随着城市化的加快，城市生活环境的缺陷越来越突出，人们对大自然的向往和回归将成为现代生活的方向。人们对天然林资源珍稀价值的认识和追求，使得天然林资源的价值必将水涨船高，加速天然林资源资产的需求市场形成和交易量的增长，天然林资源资产将会成为将来难得的奢侈品。

二、天然林区生态景观和森林旅游产品

美丽的森林景观，令人惬意的绿水青山，是将来旅游发展的重要依托。随着高速路网的加密、高铁的发展、小汽车的普及，到远离城市的山区森林中度假、度周末、休闲娱乐、健康养生成为今后社会发展的方向，人们对美好景观的向往是今后的重要消费需求。不少有远见的开发商看中了天然林景观的旅游开发潜力，风景优美的天然林景观也将成为将来的稀缺资源。因此，如何打造和构建优美的森林景观，提升天然林的价值将成为林权所有者追求的目标。2021年12月国务院印发《"十四五"旅游业发展规划》指出，"构建科学保护利用体系"要加速"创新资源保护利用模式"，推进以国家公园为主体的自然保护地

体系建设，形成自然生态系统保护的新体制、新模式。充分发挥国家公园教育、游栖等综合功能，在保护的前提下，对一些生态稳定性好、环境承载力强的森林、草原等自然空间依法依规进行科学规划，开展森林康养、自然教育、生态体验、户外运动，构建高品质、多样化的生态产品体系。

三、天然林碳汇产品

碳交易是一种允许企业购买或交换碳信用额度、为清除大气中的温室气体提供资金的一种解决方案。森林是陆地生态系统最大的碳储存库。据苏格兰皇家银行子公司 NatWest Markets 投资机构预测，2021 年国际气候融资市场规模达到 6400 亿美元。沃尔玛、亚马孙、雀巢、阿里巴巴和马辛德拉集团等公司承诺将大幅消减碳排放，并增加自然投资，发挥森林等自然资源的碳库作用。预计到 2025 年，全球森林碳抵消的需求量可能超过其供应量；到 2030 年，碳价格可能翻两番；到 2050 年，碳抵消市场可能达到每年 1250 亿~1500 亿美元的规模。随着我国为实现碳达峰、碳中和目标的努力推进，包括北京环境交易所、海峡股权交易中心(福建)、广州碳排放权交易所等碳汇交易市场初步形成(表 8-2)。森林碳汇价值将不断提高，各类企业对碳汇的需求不断增大，推动碳汇价值的上涨。优化森林结构、提升森林质量，创新和打造高质量的天然林碳汇产品，成为今后林业部门和林权所有者追求的目标。

表 8-2 提供林业碳汇产品的碳试点交易市场情况

启动时间	试点碳市场	交易平台名称	碳排放产品
2012.09.11	广州	广州碳排放权交易所	CDEA；CCER；PHCER
2013.11.28	北京	北京环境交易所	BEA；CCER；BCER
2016.12.23	福建	海峡股权交易中心(福建)	FJEA；CCER；FFCER

资料来源：前瞻产业研究院整理。

截至 2021 年 6 月，我国国际自愿碳减排标准(VCS)下林业碳汇项目数为 28 个，预计降低年二氧化碳排放量 948.6 万 t。随着森林碳汇成为实现"碳中和"的重要依托，森林保护修复带动森林碳汇量不断增加，中国核证自愿减排量(CCER)与国际自愿碳减排标准(VCS)下的林业碳汇交易规模有望不断上升(表 8-2、表 8-3)。

表 8-3 林业自愿碳减排标准(VCS)项目　　　　　　　　　　　　单位：t/年

项目 ID	项目名称	方法学	二氧化碳减排量
2343	浙江红树林造林工程	AR-AM0014	4020
2310	安徽造林工程	AR-ACM0003	607596
2082	黔北造林工程	AR-ACM0003	708123
2249	河南造林工程	AR-ACM0003	450033
2070	贵南造林工程	AR-ACM0003	645768
1935	湖北(砍转保)工程	VM0010	292309
1895	吉林造林工程	AR-ACM0003	546751
1865	贵州西关造林工程	AR-ACM0003	388420

资料来源：前瞻产业研究院整理。

四、天然林生态功能产品

包括森林涵养水源、保持水土、净化空气、调节气候、防风固沙等生态效益产品。目前，国家建立的生态效益补偿制度就是基于森林生态效益的社会需求的价值取向设立的生态消费行为。随着社会森林生态效益需求的增长，国家和地方政府都在建立健全森林生态效益补偿制度，针对林区群众普遍反映的森林生态补偿标准偏低的问题，建立动态调整的森林生态效益补偿标准将成为必然趋势，森林生态效益补偿应与林区林农放弃的林木采伐、产业调整、收入损失相匹配，使广大林农的收入水平与社会平均收入水平相当，或高于社会平均收入，促使全社会自觉投资于天然林保护修复。届时，不毛之地的宜林地将成为人们追求的竞相造林绿化美化的地方。

五、森林文化宣教产品

通过林区与学校或教育部门对接合作，可以吸引教学群体开展自然教育的实践课堂，拉近学校与自然保护的距离。天然林资源保护完好的国有林场具有得天独厚的优势。四川省林业和草原局、省发展和改革委员会等8部门联合印发了《关于推进全民自然教育发展的指导意见》，力争到2025年全民自然教育发展格局基本形成。目前，已经公示34处自然教育基地。2021年3月12日，国家林业和草原局和国家统计局联合发布了中国森林资源核算研究成果，"中国森林文化价值评估研究"项目成果是其中之一，该项目构建了森林文化价值评估指标体系，创建了"人与森林共生时间"理论和森林的文化价值评估方法，评估显示，全国森林文化价值约为3.1万亿元。并首次进行了省级森林的文化价值评估。

六、天然林生物多样性产品

包括木材、森林抚育间伐副产品（枝丫材）、林下药材、野菜、食用菌、野生果品（如山杏、榛子、沙棘、酸枣、野皂荚）、野生花卉、彩叶植物、野生动物、珍稀珍贵物种等。这是目前林区采收的主要产品。为了保护天然林，停止天然林商业性采伐后，天然林的木材生产成为禁入产业。其他林产品的采收在不同天然林区也受到不同程度限制，在重点天然林保护区，严禁进入。

通过天然林保护修复，吸引更多技术、资金、劳动力参与森林生态建设，经过一定时期的修复，可以生产以上多种类型森林生态产品，包括高质量、有吸引力的天然林资源资产，多功能森林生态产品，创造可观的商业价值，逐步构建起高质量、可持续的森林生态经济。

第四节　森林生态产业体系的构建

健康、可持续的森林生态产业体系，应该具备以下条件：具有一定规模可消费的森林生态产品生产能力、有足够的生态产品市场需求、可持续的资金投入、不断增长的生态、经济产品产出确保能够形成可流转的资金流、足够的林业劳动力、具备全社会公认的绿色GEP核算体制，具备规范的生态产品价值实现形式和标准、有完备的生态产品和森林资源流转交易市场平台。

一、制约森林生态产业发展的主要瓶颈

当前制约森林生态产业发展的主要瓶颈包括：一是天然林监测体系不健全，森林经营管理粗放。由于森林监测不精细，只有宏观数据，缺乏落实到小班地块的微观森林监测数据，造成林地管理分散，底数、边界不清，有的地区林权纠纷长期得不到解决，成为林地流转整合的障碍。二是由于天然林保护修复不及时、不到位，造成天然林区森林质量差，林分结构不合理，林地生产力低，缺乏吸引力，缺乏天然林资源流转需求。三是森林生态价值评价体系不健全，国家森林生态补偿政策还不完善。目前，森林生态产品价值形成机制还不成熟，森林生态价值还未得到社会认可。如何建立与社会经济发展、居民收入对接的森林生态补偿标准动态调整机制，成为森林生态价值提升的重要指向标，森林生态产品还未成为吸引社会投资的经济增长点。四是集体林权所有者和个体林农保守的小农经济思想，使其更倾向于将山林牢牢握在手中，以防范生活风险。较高期望值抬高了林地流转价格，影响了收购者林地流转的热情。五是缺乏可持续的生态产业资金流。特别是由于天然林保护修复时间长，在发挥效益前，需要大量资金投入，否则难以形成产业支撑。

二、森林生态产业体系建设的主要内容

（一）建立森林资源和生态产品大数据信息平台

在建立健全天然林资源、生态、经济监测体系的基础上，逐步实现对天然林精细化管理，彻底解决地块分散、边界不清、林权纠纷等遗留问题。定期采集天然林资源、生态效益、经济效益监测数据，包括天然林面积、蓄积量、蓄积量增长量、生物多样性、保持水土、涵养水源、净化空气、固碳、释放氧气、调节气候、防风固沙、防灾减灾等生态效益量化数据，木材、林下产品等经济效益监测数据，为科学评价天然林生态价值提供依据。同时，全面统计天然林区内社会经济发展和运行情况，包括林区人口、主要产业结构、森林生态产业产值、占比、人均收入、林业从业人员、林业劳动力、林业生态经济投资总量等社会经济数据。形成天然林区的资源、生态、社会经济动态数据平台。在建立完备的森林监测体系和社会经济监测的基础上，利用网格化监测手段，开展森林生态产品信息调查，摸清各类森林生态产品数量、质量、产业规模和布局等底数，形成森林生态产品目录清单。建立森林生态产品动态监测制度，及时跟踪掌握森林生态产品数量分布、质量等级、功能特点、权益归属、保护和开发利用情况等信息，建立开放共享的森林生态产品信息云平台。

（二）建立天然林生态产品价值计量标准

根据森林生态产品生产规模，社会消费需求趋势，参照国家制定的森林生态产业和生态产品核算标准和技术规范，由省发改、财政、统计、林业等部门联合制定适合河北省的森林生态产品价值计量标准和技术细则。森林生态产品价值计量可先行试点，根据市场需求和社会反映情况实行科学调整，定期向社会公布。

（三）构建森林生态产品需求市场

加大森林生态产品开发力度，通过召开森林旅游开发大会，举办森林旅游节、森林音乐会、林区冰雪运动会等形式，构建森林生态旅游产品。通过林区林场和学校对接，在林

区构建研学实习基地，构建自然教育第二课堂，引导学生离开手机和电视等电子产品，走向自然、热爱自然。通过林区与医院对接、与社区对接，引导人们走出喧嚣城市，走向森林，开展多种文化娱乐活动、健康养生活动，培育健康生活方式和消费观念，享受健康养生的森林环境，积极购买和消费森林生态产品。加大森林碳汇市场开发力度，吸引企业参与森林碳汇产品开发。加大森林生态产品科技研发力度，根据社会需求，研究推出高质量森林生态产品。采取多种行之有效的方式，拓展森林生态产品需求市场，通过示范引领、社会宣传、产销对接、林权交易、碳汇交易、互联网推介，向全社会推广拓展天然林生态产品需求市场，构建包括政府、企业、社会团体、城市居民在内的广泛收益的森林生态产品需求市场，为森林生态产品可持续生产创造条件。

（四）建立森林生态产品交易平台

据统计，在2021年河北林权流转中，农户家庭承包的林地经营权流转面积58.13万亩，集体经营的林地经营权流转面积5.3万亩，到2021年底，全省林地经营权流转面积698.15万亩（处于流转状态），其中，流转到国有单位林地面积32.18万亩，公益林流转面积222.36万亩。社会资本取得林地经营权面积125.47万亩。可见，林地作为主要森林资源资产，随着国家对森林生态效益补偿规模的不断增加，补助标准的不断提高，特别是国家碳达峰、碳中和目标的推出，人们对林地的收益期望越来越高，社会对林地的流转意愿不断增强。但目前还没有建立起包括林地在内的规范的森林资产和生态产品流转平台，影响了林业生态产业的健康发展。因此，要建立政府主导，龙头企业带动，依托互联网、大数据、生态产业招商会、各类宣传媒介等多种形式和渠道，建立包括碳汇、森林生态旅游、森林资源资产、森林绿色林产品、森林景观等生态产品的交易平台，引导和促进森林生态产品的流通和交易，盘活天然林资源资产和生态产品市场。同时，各级政府要认识森林资源和森林生态产品的特殊性，及时制定生态产业标准和法规制度规范，规范林业企业生产经营行为，避免违法经营造成森林资源的破坏。

（五）拓展森林生态产业投资渠道

据统计，2021年河北完成集体林抚育面积183.58万亩，按每亩200元的抚育投资标准计算，总投资仅为3.66亿元，由于投资标准低，投资总量不足，对于林区生态产业发展带动不足。针对森林生态产业资金投入不足，产业不可持续的问题，应进一步完善森林生态效益补偿政策，提高森林生态补偿标准，努力争取和实施国家重点林业生态工程项目，用足用好国家生态建设的扶持和激励政策，加快森林资源资产的交易市场和平台建设，大力推进森林生态产品的开发和推介，吸引和带动社会资本投资森林生态产业，增加企业和林业从业人员的生态建设收益，促使企业扩大生态产业市场规模，增加森林生态产业就业渠道，增加森林生态产业就业人口。对于投资发展森林生态产业取得显著成效的社会团体、企业和个人，制定优惠政策，实行国家林业生态项目资金倾斜政策，允许安排一定的林地占用指标，用于基础设施建设，激励其扩大产业规模。多渠道拓宽生态产业投资渠道，形成稳定的资金流、价值链，促进森林生态产业的可持续发展和良性循环。

（六）加强基础设施建设

要使森林生态产业由无形转化为有形可见的产业消费业态，林区配套基础设施建设是必不可少的消费保障，健全完备的基础设施能够提供吃、住、行、游、购、娱、医，解决人们在林区生态消费中需要的基本生活条件，延长人们在林区生活消费时间，拓展人们的生活空间，促进城乡生活高度融合，为林区经济发展和林区乡村振兴提供助力，增加新的经济增长点，同时，有利于吸引社会资本向森林生态产业投入，形成可持续的资金流，加速森林生态产业形成和产业规模的壮大，吸引更多人才、劳动力转向森林生态产业。

（七）创新天然林区产业政策

国有林场要改变传统林业依靠采伐木材生存的观念，政府要破除林场发展的禁锢，拓展发展思路，鼓励依托保护求发展，应制定鼓励国有林场在搞好保护的前提下，科学合理利用森林资源发展森林生态产品的支持政策，推动国有林场经营由生态保护向生态经济转型，提升林场建设活力和吸引力，放开林场职工手脚，增加贫困林场收入，拓展创收渠道，增加职工收入，创建吸引人才、留住人才的良好林业就业环境，促进林场生态经济良性循环。制定激励政策，不搞"一刀切"，对于基层一线林场的政府全额拨款事业单位，允许林场自己组织实施国家林业生态项目，鼓励他们与乡村民营林合作，承揽森林保护修复项目，增加林场收入，提高职工待遇，激发干事创业的动力。对于林区农村，结合乡村振兴，通过与科研院所的科技合作，研发适销对路的森林生态产品，提升林区农民文化素质。加强与城市社会对接、合作，完善配套设施，开办农家乐、培育特色农林产品，提升服务质量，满足人们吃、住、行、游、购、娱多种消费需求，积极培育林区新的生态产业经济增长点，促进林区产业转型升级。

（八）天然林生态产业体系良性循环的形成

政府生态产业支撑政策—天然林保护修复—森林生态产品开发—森林生态产品消费市场—提升和生态产品效益—增加生态产品投入（吸引社会投资）——天然林保护修复（完善配套基础设施）（图8-1）。

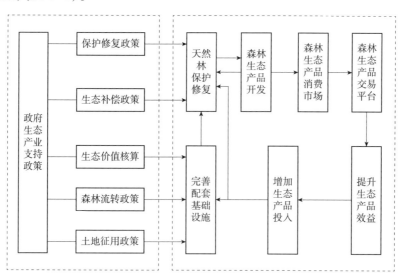

图8-1 天然林生态产业体系构建图

第九章 天然林保护修复科技支撑体系建设

第一节 天然林科技支撑作用和现状

一、科技支撑在天然林保护修复中的作用

天然林是森林生态系统的代表,是结构最复杂、生态功能最齐全,生态最稳定的森林生态系统,做好天然林保护修复工作,必须深入研究天然林的结构、功能、演替运行规律,生态、经济和社会价值,以此保障天然林保护修复工作,积极顺应森林演变的规律,有针对性地解决存在问题,有的放矢地做好保护修复工作。目前,受科技发展水平的限制,许多涉及天然林的奥秘还未解开,天然林中各种不同树种、植被、动物、微生物之间的关系、生态功能价值及生长演替规律还需深入研究。在天然林保护修复中如何分别轻重缓急科学高效地开展天然林保护修复工作,都离不开科技支撑。

天然林保护修复是一项涉及面积大、范围广、周期长、难度大的复杂的系统工程,利用传统的护林员巡山管护的办法,不仅成本高、劳动强度大、管护效率低,很难做到精细化管理,必须依靠现代科技手段支撑和保障,依靠科技创新改善落后传统的林业生产条件,引领林业发展,提高天然林保护修复的科技含量和生产效率。

林业系统干部职工的专业水平和科技素质也是决定天然林保护修复的主导因素。林业生产不只是伐木、栽树、护林,由于森林生态系统的复杂性,需要林业职工充分认识森林的生态、经济和社会价值,全面提高林业专业技术能力,才能胜任天然林保护修复工作。护林员也需要一定的林业专业素质。科技培训和科技推广普及工作任重道远。各级林业部门要彻底改变以往传统、粗放、落后的林业生产观念。树立精细化、数量化、网络化、标准化、规范化的现代林业生产理念,树立科技创新就是提高林业生产力的观念,将科技创新作为加快天然林保护修复工作的重要支撑,把科技投入、科技队伍建设、科技培训、科技创新、科技贡献率等纳入天然林保护修复工作的重要考核内容,充分发挥科技支撑的强大动力。

二、天然林科技支撑现状

当前,对以天然林为主的森林科学研究还不完善,还有许多未解之谜需要攻克。特别是对于河北而言,现有林业科技支撑水平还不能满足天然林保护修复的需要,与国内外林业先进科技水平相比还有较大差距。主要表现在:一是基层缺乏林业专业技术人员。林业职工的科技素质和专业水平差,国有林场林业专业人才严重缺乏,有的林场没有一名林业专业毕业的大学生,不具备编写森林经营方案、作业设计的能力,缺乏开展森林抚育等必备的林业技能。林业科研部门开发的森林资源管理软件,到基层没人会使用,造成上下脱

节，存在重科研，轻推广问题。二是针对天然林的基础研究和重大问题科技攻关不足。如河北天然林演替规律和特点、不同地区不同树种天然林结构和生态功能等林业基础理论研究不足，仍需要组织研究团队长期攻关。主要珍贵树种的资源分布情况、珍稀树种濒危机制及恢复途径，天然林生态功能自动化监测集成技术，天然林资源和生态功能大数据等科研课题都急需研究解决。三是林业科研实力不强。目前，现有的林业科研队伍不足，与四川、广东和东部沿海地区相比，河北缺乏有影响、有实力的林业科技带头人或林业科技团队。省内林业科研队伍多单打独斗，缺乏与各级林业生产和管理部门的纵向和横向联合，没有形成团队合作、联合攻关的合力。缺乏吸引高端人才参与林业科技研发的激励政策和机制。林业系统生产生活条件差，设施落后，待遇无保障，造成林业人才流失严重。四是林业科技创新投入不足。缺乏可持续的林业科研资金投入保障。特别是包括天然林保护在内的国家重点林业工程项目，缺乏必要的科技经费预算，难以形成源源不断有影响、高质量、高效益的林业科研成果推出，造成林业发展的后劲不足。五是天然林保护修复科技示范体系亟待建立，包括天然林保护示范区、天然林修复示范区、天然林自然演替示范区、天然林生态功能监测示范区、林业基础设施建设示范区、森林生态产业示范区等。目前，河北天然林区仍缺乏反映全省森林生态演替、物种演变、森林变迁以及展示天然林保护修复成效的物种标本、样本、动漫博物馆、科普馆。

第二节　天然林科技支撑体系的建设原则、目标和内容

一、天然林科技支撑体系的构建原则

1. 坚持人才第一，强化团队的原则

林业专业技术人才是科技支撑的第一要素，建立健全林业科技人才培养和引进机制，全面提升林业系统各级生产、管理、科研机构人员的专业技术素质，加强各级林业科研机构队伍建设，加强林业事业单位科技队伍建设，"选优培强"林业科技创新和攻关团队，为提升天然林保护修复水平奠定坚实基础。

2. 坚持立足长远、夯实基础的原则

天然林保护修复工作必须遵循天然林自然演替规律。目前，河北天然林经过多年的采伐破坏，立地条件和森林植被的群落结构已经发生了较大变化，有些珍稀树种濒临灭绝，如何营造适宜的环境，促使其种群逐步扩大，建立科学有效的修复技术模式，必须立足不同天然林种群的演替规律等基础理论研究，在此基础上逐步形成一套能够指导天然林保护修复的技术标准、规程、模式和应用成果。

3. 坚持拓展资金渠道、可持续保障的原则

天然林科技支撑需要时间长，资金保障到位与否直接关系科研项目的顺利进行，应树立科技是第一生产力的观念，安排必要的科技支撑资金用于提升天然林保护修复科技支撑能力和水平，发挥科技的事半功倍的效果。鼓励企业、社会团体、个人等社会资本参与天然林科研课题研究，解决科研投资不足问题。

4. 坚持国内领先、国际视野，高起点谋划、高标准推进的原则

要立足河北天然林资源总量少、质量差的实际，锚定国内外先进地区的森林经营水平，科学谋划天然林科研课题，兼顾基础理论研究和应用研究，统筹生态保护和林区增收，科技创新和科研攻关，解决天然林替代原料和产业发展，合理布局林区森林生态产业发展。

5. 坚持协同联动、合作共赢、联合攻关的原则

充分发挥基层林场、科研单位、天然林管理和技术支撑单位各自优势，分工合作，实行科研成果共建、共享，激发各方参与天然林科技创新的积极性。

二、天然林科技支撑发展目标

到 2030 年，建立起引领和支撑现代林业发展的科技创新、成果转化和服务保障体系。建立覆盖全省不同地区不同天然林类型的生态定位研究观测站，形成较为完善的天然林生态监测网络系统。建立天然林科技创新平台，组建天然林保护修复科技创新团队，实施一批天然林科技创新研发项目，形成一批具有国内先进水平的林业科技创新成果。修订河北天然林保护修复行业标准和技术规程，建立一批天然林保护修复示范区，全面提升各级天然林经营管理人员专业素质，建立科学规范的林业科技人员和林农培训体系。提高全省林业科技进步贡献率和科技成果转化率。

三、天然林科技支撑体系建设内容

主要包括：天然林科技可持续投入保障，林业科研人才培育和队伍建设，科技创新体系建设，科研攻关课题的选择和确定，科研设施的建设，科研成果和科技示范体系建设，科技评价体系的建设，科技创新激励机制等内容。

1. 可持续的科技资金投入保障

针对涉及天然林的科研工作多为基础理论研究和基础应用研究，如不同天然林群落演替规律研究，天然林生态功能监测等天然林科技工作都需要长期可持续的资金投入做保障。科技资金投入包括天然林科研课题投入、天然林科研设施投入、天然林科研人才培育投入、科技成果推广投入等。这些科研工作都需要长期稳定的资金。目前，河北天然林保护修复急需的科研成果，包括对天然林的监测评价，天然林演替规律、天然林生物多样性研究及开发利用等科研工作还是空白，需要下大力，长期足够的资金支撑加以保障，而目前全省的林业科技投入少、渠道窄、缺乏保障，严重影响着在天然林保护修复工作中科技支撑作用的发挥。

2. 科研人才培育和科研队伍建设

高素质的科研人才和队伍是科研工作的基础和保障。建设高素质的科研队伍必须从人才抓起，立足科学合理配备不同学科、不同年龄梯次结构科技人才，选优配强不同研究方向学术带头人，组建有竞争力的科研团队，确保天然林科研队伍可持续发展。同时，加强基层林业专业人才队伍建设，确保基层有足够的林业专业技术人才管理和指导天然林保护修复工作。

3. 科研设施设备建设

天然林科研工作，特别是天然林生态功能监测站点建设需要大量量水堰、径流场、气象站、林业生化分析实验室等设施，此外还需要必要的监测和测量设备，需要动态的遥感影像图片资料，这些都是天然林科研必备条件。

4. 科技创新和示范基地建设

由于天然林保护修复涉及面广，针对不同类型天然林的科研项目，必须有一定规模的科研基地用于取得一手科研调查数据和资料，研究的科研成果也需要一定规模的天然林区进行验证、示范和推广。建立一批有代表性、引领天然林科研方向的科技创新平台和天然林自然教育基地。

5. 科研激励机制和科学成果评价体系

目前，针对专业科研机构有一些奖励激励政策，对其他事业单位的专业技术人才缺乏必要的科研激励机制，严重限制了他们的科技创新热情和工作的积极性，导致大批专业技术人才难以发挥应有的科技创新作用。同时，对科研成果的评价标准不规范、不健全，有些科技人才急功近利，偏向短平快科研项目，对基础研究缺乏兴趣。需要建立适合天然林科学研究的长效激励机制，在工程项目安排中安排一定比例的科技创新推广奖励资金。鼓励科研队伍立足出大成果，扎根基层，全面可持续采集观测数据，真正形成有价值的天然林科研成果。

第三节 天然林保护修复面临的主要科研课题

天然林保护修复是一项功在当代利在千秋的公益事业，也是需要长远谋划、周密部署、稳步推进的科技含量较高的生态建设事业。为了确保这项工作精准、有效、可持续，必须从长计议，科学谋划和部署需要研究解决的技术难题，破除制约瓶颈和发展障碍，推动以天然林保护修复为主的森林生态建设事业健康发展。

根据《天然林保护修复制度方案》要求，结合我国林业科技的发展方向和天然林保护修复工作的需要，当前应加强以下科研课题的研究和攻关。

一、加强天然林监测评价研究，构建天然林资源和生态功能大数据共享平台

要做到科学精准地保护修复天然林，森林监测数据是关键，特别是落实到天然林每个小班地块、不同树种、不同天然林区域或流域的资源和生态功能数据是天然林保护管理的重要基础。当前，各级天然林相关动态数据是短板，需要在科学研究的基础上，首先建立健全全省森林资源监测体系和森林生态功能监测体系，从监测标准和指标入手，全方位、全覆盖、科学布设监测站点，充分利用最新的卫星遥感成果、光谱分析技术、互联网技术及地面固定样地监测体系，将森林资源的消长变化，天然林生态功能的动态变化，野生动物的增加，林区内人们对森林资源的经营修复行为，及其他利用生产生活活动等森林大数据及时采集反馈到大数据平台，实现对天然林区的全方位、全时段、全覆盖监控，科学把控森林的动态，把对天然林、公益林的危害减少到最低限度。

二、建立以天然林为主要研究对象的森林重点实验室

经过长期的干扰破坏,河北现有天然林生态系统的生态质量状况、演替规律、生态循环发生了巨大变化,目前,缺少全面、详实、准确、可利用的天然林研究数据和成果,以科学指导天然林保护修复。应加强以天然林为研究对象的林业重点实验室和创新平台建设,及时采集天然林中的水、土壤、大气进行量化分析,取得成效数据。根据现行天然林现状特点,研究不同森林群落中水、空气、碳、土壤、生物、能量等循环机理和规律特点,演变过程以及形成的森林环境对周边环境的影响和作用。深入研究河北天然林演变过程,特别是森林减少与自然灾害的相关性,科学计量森林在防灾减灾、维护生态安全中的地位作用。开展林业科技创新研究,大力研发天然林保护修复急需的实用技术,为林业高质量发展提供科技支撑。

三、加强天然林生态功能测算数据模型的研究

开展天然林生态评价预警和生态系统模拟、天然林生态系统退化趋势和风险评估、不同尺度与层级天然林生态保护修复成效评价。根据河北森林的现状和分布特点,针对不同地区,不同立地条件,不同地类(乔木林、灌木林、荒山),不同树种群落,不同林龄,不同修复方式形成的天然林的土壤因子(土壤氮、磷、钾含量变化,土壤流失,土壤侵蚀量),水文因子(包括径流量、蓄水量、径流时长等),气候因子(大气温度、湿度、降水量、蒸发量、降低风速、灾害天气等),生态结构(包括森林覆盖率、树种结构、林龄结构、生物多样性、森林蓄积量)等生态功能因子,建立类似立木材积表的森林生态功能因子动态变化数据模型,为科学计量林业生产的投入产出效益,精准计量森林生态价值提供精确、可靠的量化依据。这是林业的基础研究工作,需要设立长期研究课题,组建高素质的科研团队,与基层林业生产单位密切结合,一步一个脚印、久久为功,做出有价值成果,对于林业长远发展具有特别重要的意义。

四、加强天然林生态产品和生态价值研究,构建新型森林生态产业

通过对天然林碳汇、生物多样性、水土保持、防风固沙、净化空气、调节气候、人类休闲康养、野生动物栖息、水源涵养、防灾减灾等方面的生态功能和生态价值研究,科学精准计量天然林生态价值,与市场需求有机对接,研究开发森林生态产品,促使形成以生态产业为支柱的新的经济增长点,增加林区农民的增收渠道。通过对天然林 GEP 的研究,将森林的生态价值逐步纳入 GDP 核算范围,吸引社会资本投入林业生态建设,提升森林生态产业社会地位。逐步形成天然林保护修复、生态效益输出、生态产品消费、吸引社会投入、进一步加强天然林保护修复的良性循环,推动全省天然林资源不断增加,质量不断提高。

五、加强天然林对京津冀生态安全、人口和经济社会发展的影响研究

河北森林对京津的水源涵养、生态改善、社会经济协调发展的贡献和作用仅停留在定性描述。缺乏生态改善、防灾减灾、拓展生活空间、社会投入、产业调整、社会贡献等方

面详实可靠的科研数据支撑,难以体现河北天然林的生态价值。从天然林保护、产业发展限制造成的 GDP 减少、社会收入的降低,特别是对环京地区的社会经济、收入(包括护林员等林业职工收入)、生活水平造成的影响等方面进行深入连续量化的科学研究,提出适合京津冀地区的异地补偿和中央直接补偿的特殊生态补偿政策,促进河北社会经济可持续发展,助力京津冀协同发展。

六、加强天然灌木林生态功能和作用的研究

对天然灌木林的研究是长期以来被忽视的薄弱环节。作为地处生态脆弱地区的河北而言,天然灌木林对于京津冀地区的水源涵养区和生态支撑区建设具有特别重要的意义和作用。河北天然灌木林 131 万 hm^2,占全省天然林面积 345 万 hm^2 的近 40%,在河北生态建设中发挥着不可替代的功能和作用。天然灌木林的保护修复和质量提升一直是全省林业部门保护管理的短板,关注少、研究少、投入少、欠账多,经常出现破坏灌木林的现象,造成不少具有一定防护功能和经济价值的灌木林被毁,有些地区将灌木林作为放牧的草场,任由牛羊啃食、践踏,导致灌木林地退化成荒山,造成严重水土流失和生态破坏。加强灌木林的保护和研究已经刻不容缓。天然灌木林的分布特点,不同灌木树种的生态防护功能,开发利用价值,天然灌木林的修复技术和模式,天然灌木林的演替规律研究,天然灌木林的生态产品开发,天然林质量评价技术标准等都还是空白,缺乏必要的科技成果支撑。天然灌木林地的地类归属也需要有关部门在科学研究的基础上,提出科学的划定标准加以明确,避免因划归草地降低天然灌木林的保护等级和补偿标准。

七、加强以天然林为主体的基础理论研究和创新

包括天然林保护修复的科学内涵及建设路径,天然林生态系统演替规律,天然林生态功能监测与计量技术,天然林生态价值计量,人与天然林的关系,天然林保护在生态文明建设中的地位和作用,天然林承载能力,天然林质量评价标准研究。推进河北天然林生态系统结构功能、演替规律和内在机理研究,开展森林一体化保护和修复模式、天然林生态保护和修复工程效果评估技术规范、天然林生态调查监测评价预警和生态系统模拟、天然林生态系统退化趋势和风险评估、不同空间尺度天然林生态保护修复成效评价研究。

八、天然林保护修复亟须研究解决的技术问题及研究方向

包括不同树种、不同立地条件天然林生态演替规律研究;河北天然林生态效益自动化监测技术研究;河北天然林生态效益监测标准研究(水、土、气、碳、生等);不同天然林树种群落结构林分生物量和生产力研究;河北天然林(不同树种)碳汇变化动态研究;河北天然林在防灾减灾中的功能作用研究;河北天然林质量分级评价技术标准或规范研究;不同流域不同天然林群落水分动态、水量循环、动态平衡及水源涵养调蓄功能研究;河北天然林珍贵树种培育研究;河北天然林植物驯化与利用研究;河北不同天然林质量提升技术模式研究;封山育林在天然林修复中的作用和效益研究;河北天然林生态价值、生态产品开发研究;河北天然林、公益林生态功能动态大数据平台建设;河北森林生态效益补偿政策研究;河北天然林历史变迁及对京津冀自然灾害影响研究;天然林生态调查监测评价预

警和生态系统演替模拟；天然林生态系统退化趋势和风险评估；不同类型天然林生态保护修复成效评价；气候变化对我省天然林自然生态系统的影响；河北天然林、公益林高效管护机制研究；河北天然林规模化经营管理模式试验与示范；河北天然林保护配套政策制度研究；河北天然林、公益林立法研究；大力开展天然林保护和修复装备研制，着力补齐遥感监控、互联互通核心软件、高端设备等突出短板，提高天然林保护修复装备的机械化、自动化、智能化、一体化水平，降低装备成本，提升装备保障能力。

通过对以上研究课题的科技攻关，及时解决天然林可持续经营管理中存在的技术障碍和制度短板。对以上研究课题应分别轻重缓急，有计划分步骤进行，合理安排科研攻关顺序，科学确定课题完成的时间节点、目标、任务、预期成果。对于林业基础理论和需要长期观测数据的科研课题，要高层次谋划，高标准立项(尽量争取国家级科研层面)，要组建长期稳定的高水平的科研攻关团队，立足长远，通过深入扎实的研究攻关，形成在国内外领先、有影响力的科研成果，真正解决制约林业发展的重大问题。同时，要立足河北现状，以现有天然林为载体，创新和夯实现代林学理论基础，创新林业技术、提高科研效率、培育林业创新人才、创新经营理念、创新管理手段，消除障碍瓶颈，落实保障措施，达到全面提升天然林的生态、经济和社会效益之目的。

九、需要研究制定的有关天然林保护修复的技术规程、标准

包括天然林资源监测技术规程；天然林生态功能监测技术规程；天然林生态功能监测设施建设标准；天然林监测评价主要指标体系和标准体系；天然林监测队伍建设标准；天然林质量评价技术标准；天然林保护基础设施建设标准；天然林修复经营技术规程；天然林经营方案编写指南；天然林、公益林生态价值评价标准；天然林碳汇计量评价标准；天然林大数据建设标准；天然林生态产品生产标准；天然林自然教育基地建设标准。

第四节 加强天然林科技创新的主要途径

一、建立林业科技创新政策激励机制

针对河北林业科技实力不足的实际，要激发林业科技创新的活力应该做到：一是走出去。鼓励林业科技和管理人员主动走出去，到先进地区学习吸收国内外先进林业科技成果和其他领域先进高科技成果，鼓励林业科技人员走出去，找差距、找短板、学技术、学管理、学政策、学机制，构建河北林业科技创新体系。二是请进来。公开向社会招标林业创新科研课题，明确课题内容、投资总额、目标任务、程序流程、完成时限、团队要求，向全社会征集林业科研团队。利用优厚待遇广招林业科技栋士良才，聘请国内外林业科技领域有专长、技术领先的两院院士，科技带头人，建立河北的科技创新团队，针对天然林保护修复及林业生产、生态监测等亟须解决的问题，有计划、有步骤地谋划建立河北科技攻关和科技创新科研团队，稳步推进。确保林业科技创新的质量和产出效益，加快全省林业科技创新提档升级，尽快赶超国内外先进水平，打造全省林业高质量发展有竞争力的高地。三是加强科研院所的横向联合，特别是河北农业大学、林业科学研究院、科学研究

院、省直事业单位之间的密切合作，取长补短，充分利用全省天然林资源的研究平台，构建责任共担、利益共享、周密协作的利用科技创新和科研公关团队，将林业科研和林业专业人才培育结合起来，使林业人才在科研中涌现，毕业后能够有的放矢地融入和充实到林业行业中，指导林业生产，形成良性循环。四是创新林业科技投入机制。努力在省财政中增加林业科技投入的比例，为科研环境的打造创造良好条件；各级政府和林业部门积极吸引社会团体开展林业科研攻关，充分利用企业、社会团体的投资能力，研究解决林业生产面临的难题。五是加大科技创新政策激励机制的创建。要通过制定加大科技成果奖励、公开竞争、揭榜挂帅、公开招标、优厚待遇、专利保护等政策机制，广泛吸引林业科技专家团队参与河北林业科技创新。建立林业科技创新大会制度。针对林业科技发展规划和林业生产面临的问题，由政府或林业主管部门主导每年召开林业科技会议，公布研究进度和最新成果，表彰奖励突出贡献者，研究解决林业科技创新中存在的矛盾、障碍及问题。

二、多渠道筹集林业科技支撑资金

要拓展科研资金投入渠道，在努力争取财政投资的同时，积极争取社会资本投入林业科技创新，增强林业行业的发展后劲。一是积极争取林业科技专项资金。通过科技系统申报林业科研项目，争取国家和地方财政资金。二是充分利用林业工程项目资金。近年来，由于国家对天然林保护修复工作的重视，用于天然林保护的投资力度不断加大，包括及公益林生态补偿资金，天然商品林保护资金、停止天然林商业性采伐资金，天然林修复资金、中央森林抚育资金、中央财政储备林基地建设资金等，为天然林科研创新提供了有利条件。三是积极争取社会资金用于林业科技创新。通过与科研院所、企业、社会团体合作，吸引科研团队和科研资金投入全省林业科技创新，解决全省林业科技资金不足的问题。福建三明"十二五"以来用好林博会和"6·18"（中国·海峡项目成果交易会）等平台，实施校地合作项目313项、总投入42亿元，科研成果和科企技术对接455项、总投资69亿元。与北京林业大学、福建农林大学签订战略合作框架协议。与北京林业大学合作建成南方林区综合实践基地，有17个国家级科研项目落户、总投资1700万元。鼓励开展自主创新和技术改造，助推林业产业转型升级。全市累计取得新产品54个、专利214项；现有中国名牌产品1个、中国驰名商标10枚、省级品牌88个、国家地理标志产品6个，居全国前列。

三、林业科技普及和人才培养

实行培训上岗和持证上岗制度。对于不同林业生产和管理岗位职工，包括护林员，全面实施持证上岗制度，未经培训不得参与天然林保护修复相关工作。同时，各级林业部门根据不同岗位需要，编发林业职工、护林员应知应会手册，加强生产一线林业科技人才的培养和常规林业生产技能的普及。针对河北天然林保护修复缺乏林业科技力量的实际，加大基层科技人才培养，筛选一些有学历、有志向、有前途的年轻职工，通过委托培养的方式，输送到大专院校，进行有针对性的林业后继人才培养。同时，县级以上林业部门通过开展专题讲座、培训班、现场指导等多种形式，向国有、集体林权所有者和林业职工普及林业专业知识。对于已经验收的成熟的科研成果，要尽快形成技术标准和规范，结合天然林保护、修复、监测等不同林业生产特点，有针对性地制定管理办法、技术规范和标准、操作流程，引导林业生产逐步纳入规范化、制度化管理轨道，提高林业生产效率和管理成效。针对未来几年一大批 60 年代林业技术和管理干部逐步退休的现状，省级林业主管部门要科学测算，加强谋划，超前运作，与林业大专院校搞好对接，科学安排林业人才的培养计划。县级林业部门要针对本地的林业人才短板，有计划招聘补充林业专业技术人员，形成不同年龄层次，确保林业系统可持续发展。

四、加强天然林科研示范基地建设

科研示范是林业科技前沿和重要的林业科研平台，是林业科技成果推广普及的平台，是在天然林内有代表性的利用各种先进科技成果，观测、采集、计量、统计、分析、汇总成可利用的具有较高科技含量的科研成果的重要科研基地。各级林业部门要高度重视林业科研成果示范基地规划、布局和建设，使之成为本地重要的林业人才培养基地、科研成果的孵化基地、科研成果的推广基地、面向全社会宣传普及林业知识的宣教基地。特别是国有林场中有特色、有珍稀树种、保护较好、有代表性的天然林地都可以作为科研示范基地或教学示范基地，管理规范的集体天然林也可以作为科研示范基地。塞罕坝林场、木兰国有林场、平泉市林业和草原局都与国家林业和草原局合作或与北京林业大学合作，以提高森林质量为目标，开展了不同形式的森林可持续经营技术模式研究试点工作，积极开展森林经营技术示范与创新，取得明显成效。科研示范基地建设投资多、专业性强、持续时间长，必须统筹谋划，科学布局，有强大的科技团队管理和运作，有可持续的资金投入支撑，有固定持久的科研队伍观测和采集数据，承担科研和生产双重责任和义务。目前，河北的天然林科研示范基地还很少，观测数据还难以代表河北和华北的森林生态状况，还需要根据林业生产和科研的需要，筛选有代表性的天然林区增加科研示范基地数量。应根据需要，统一规划、布局和管理科研示范基地，全省的重点国有林场，特别是省直属的国有林场必须走在前列，提早布局科研示范基地建设。

第十章　天然林保护修复制度体系构建

　　天然林保护修复制度体系包括：天然林保护修复的政策、法律法规、体制机制、管理办法等规范性文件，是为天然林保护修复工作提供保驾护航的制度支撑和保障，是纠正偏差、破除障碍、激发活力、消除干扰、打击违法的有效措施，是指导天然林保护修复工作顺利推进的重要纲领。因此，加强天然林保护修复政策、法规、制度体系建设是建立健全天然林保护修复体系的重要内容和基础，各级政府和有关部门应针对存在的问题，认真研究，尽快构建完善天然林保护修复制度体系。

　　自国家1999年启动天然林资源保护工程以来，为了保障工程的顺利实施，国家林业主管部门制定了《天然林资源保护工程管理办法》等一系列的政策文件，2019年1月23日经中央全面深化改革委员会审议通过，中共中央办公厅、国务院办公厅印发了《天然林保护修复制度方案》，为天然林保护修复制度建设指明了方向。为推动天然林保护步入法制化管理轨道，2019年12月28日第十三届全国人民代表大会常务委员会第十五次会议修订了《森林法》，新《森林法》增加的第三十二条明确规定"国家实行天然林全面保护制度，严格限制天然林采伐，加强天然林管护能力建设，保护和修复天然林资源，逐步提高天然林生态功能。具体办法由国务院规定。"根据此规定，国家林业和草原局正在制订《天然林保护条例》。四川、湖北、陕西等地分别出台了本省的《天然林保护条例》。

　　根据《天然林保护修复制度方案》，要实现"建立全面保护、系统恢复、用途管控、权责明确的天然林保护修复制度体系，维护天然林生态系统的原真性、完整性，促进人与自然和谐共生，不断满足人民群众日益增长的优美生态环境需要"的建设目标，我们还有很长的路要走。应该密切结合各地天然林保护和管理工作实际，系统研究和解决制约天然林保护修复建设中的制度问题。

　　根据国家林业和草原局副局长李树铭对天然林保护修复方案的解读，方案提出了四项重大举措：一是完善天然林管护制度。在对全国所有天然林实行保护的基础上确定天然林保护重点区域，实行分区施策；建立天然林保护行政首长负责制和目标责任考核制；逐级分解落实天然林保护修复责任与任务；加强天然林管护站点建设、管护网络建设、灾害预警体系建设、护林员队伍建设和共管机制建设。二是建立天然林用途管制制度。全面停止天然林商业性采伐；对纳入保护重点区域的天然林，除维护生态系统健康的必要措施外，禁止其他生产经营活动；严管天然林地占用，严格控制天然林地转为其他用途；对保护重点区域的天然林地，除国防建设、国家重大工程项目建设特殊需要外，禁止占用。三是健全天然林修复制度。根据天然林演替和发育阶段，科学实施修复措施，遏制天然林分退化，提高天然林质量；强化天然中幼龄林抚育，促进形成地带性顶级群落；加强生态廊道建设；鼓励在废弃矿山、荒山荒地上逐步恢复天然植被；加强天然林修复科技支撑，加快完善天然林保护修复效益监测评估制度。四是落实天然林保护修复监管制度。将天然林保护修复成效列入领导干部自然资源资产离任审计事项，作为地方党委和政府及领导干部综合考核评价的重要依据；对破坏天然林、损害社会公共利益的行为，可以依法提起民事公益诉讼；建立天然林资源损害责任终身追究制。

另外，与天然林保护修复密切相关的政策措施陆续出台。为鼓励社会资本积极参与生态保护修复，2021年11月10日国务院办公厅发布《关于鼓励和支持社会资本参与生态保护修复的意见》（国办发〔2021〕40号）。根据要求，河北出台了《关于鼓励和支持社会资本参与生态保护修复的实施意见》。为深入贯彻习近平生态文明思想，2021年9月中央办公厅、国务院办公厅印发了《关于深化生态保护补偿制度改革的意见》（中办发〔2021〕50号）。为全面落实中央要求，2022年1月河北省委办公厅、省政府办公厅印发《关于深化生态保护补偿制度改革的实施意见》（冀办传〔2021〕80号）等。这些政策的出台为建立健全天然林保护修复制度奠定了基础。

第一节 天然林保护修复制度建设现状

自20世纪末国家启动天然林资源保护工程以来，河北一直未被纳入国家天然林资源保护工程范围，造成河北天然林保护起步晚、政策制度建设相对滞后。特别是长期以来河北缺少天然林保护管理的专门机构，缺乏对天然林保护修复政策、法规和制度体系进行深入系统研究，影响了相关政策制度的建设。2015年，河北被纳入国家停止天然林商业性采伐试点范围后，面对天然林落界管理的问题，2016年省林业主管部门成立了河北省天然林保护中心，通过制定《河北省停止天然林商业性采伐实施方案》《河北省天然商品林落界核定办法》《河北省天然林档案管理办法》，规范签订停止天然林商业性采伐协议和管护协议，县级停止天然林商业性采伐实施方案编制规范，指导有关市（县）建立健全了护林员管理办法，使全省天然林保护逐步走上规范化管理轨道。根据2019年国家出台的《天然林保护修复制度方案》，河北现有天然林保护修复制度建设还有不小差距。建设完善的河北天然林保护修复制度体系，还有很多需要深入研究和解决的政策机制问题。主要表现在以下方面。

1. 现行以护林员为主要力量的集体林管护经营体制亟待深入研究和改革

多年来，各级政府对国有林的经营管理都比较重视，在资金投入、职工待遇、基础设施建设、组织化管理等方面都远远好于集体林，从而成就了塞罕坝机械林场的"地球卫士"。而对集体林的经营管理不够重视，投入少、设施差、森林经营水平低导致森林质量差，有些集体林由于管护不善退化为荒山。对河北而言，接近90%的天然林为集体林。考虑到集体林范围大、监管难度大，一直未开展森林经营方案的编制工作，使集体天然林长期缺乏科学规范的经营管理。国有天然林的单位蓄积量是集体天然林的2倍，质量明显优于集体天然林。如何从政策、体制机制上，激发集体林的发展潜力，形成新的经济增长点，助力乡村振兴，已经成为天然林保护修复工作的当务之急。

长期以来，护林员管护一直是集体林的主要管理方式。护林员存在待遇低、变动大等实际问题，如康保丹清河，现有公益林3万亩，2019年有178个生态护林员，每年护林工资4300元/人，因待遇低促使不少护林员外出移民、打工，加上超龄等原因，到2021年生态护林员减少到113人，很难对集体林实施有效的管护经营和管理。集体天然林、集体公益林都是以生态效益为主要经营目的的公益性森林，依赖护林员管理的集体林管理机制很难达到预期效果，亟须建立一套稳定、长效、有保障、可持续的经营机制，建立一套投入稳定、技术有保障、人员固定的林业管理体制，组织构建类似国有林场的稳定森林经营主体，激发林业从业人员管护经营森林的积极性。

2. 符合天然林、公益林特点的林业投入产出评价和保障机制亟待建立

首先，林业投入不足问题一直是困扰基层林业部门和经营机构的难题，需要建立健全林业资金投入和保障政策，拓宽林业投资渠道，提高林业投资标准，全面增加和保障林业资金投入，以维持林业生产的正常运行。其次，森林经营投入产出核算不合理、不规范、不健全问题需要研究解决。传统林业以木材和林果产品生产为主，森林生态效益的产出计量、核算一直未得到充分关注。就河北而言，由于缺乏全面、系统、连续的森林生态监测数据，森林的生态防护效益的产出评价仍是全省林业发展的短板和缺陷，亟需研究建立符合林业生产特点，支撑森林可持续经营的林业投入产出核算体系，增加森林生态效益产出核算内容。然后，对于森林资源遭到破坏后造成违法损失的核定，也应将投入资金纳入追偿范围，提高违法成本，震慑毁林违法行为。最后，需要研究解决天然林、公益林资源流转不畅，林权流转市场需求不足，缺少林权流转平台等问题。

3. 应从政策制度上解决天然林经营管理粗放问题

目前，由于技术和资金条件的限制，全省天然林仍然存在底数不清、管理粗放等问题。表现在：天然林资源监测数据不准确，更新不及时；对天然林生态功能及效益评价，仍停留在定性描述、粗放管理状态。天然林生态监测处于起步阶段，监测站点少，缺乏代表性，无法提供准确、全面、可靠的天然林生态功能动态数据，难以对天然林保护修复成效给与科学准确的评价。基层林业部门缺乏林业专业技术人员，难以适应新时期森林精准化经营管理的需要。应积极适应新时代形势要求，尽快制定和完善森林监测评价的保障支撑政策，完善林业精细化管理制度体系，从构建规范、健全的森林监测队伍入手，完善各级天然林资源和生态效益监测体系，大力发展森林数据经济，规范森林数据监测采集、使用管理的政策支撑、资金投入、组织保障，确保森林监测工作能够长期可持续规范运行，打造森林智能数据共享平台，推动天然林资源和生态功能的数量化、动态化管理，逐步实现森林资源和生态数据共建共享。

4. 需要建立健全天然林保护修复政策激励和约束机制

在信贷、税收、生态产业扶持等方面，出台支持和激励政策，鼓励企业、社会团体及个人参与天然林保护修复，对于成效显著的，在不影响林区整体森林生态功能的前提下给予一定的开发空间，在天然林保护修复、森林质量提升等生态建设项目资金上给予一定奖励和倾斜；对于林权所有者长期承包占用天然林、公益林地，包而不管、随意放牧、开矿等破坏森林资源，造成林地退化的，应完善惩戒制度，追究林权所有者责任，建立收回机制，通过法定程序取消或收回林权所有者承包经营权。

5. 国有林场发展动力不足的问题

河北现行国有林场管理体制，特别是县级管理的国有林场，由于林区县级政府财力限制，对林场投资不足，职工待遇低、生产经营无保障，限制了林业职工干事创业的动力。有的国有林场由于待遇低、工作条件差长期招不到人，职工平均年龄已经到50多岁。特别是国有林场改一类公益事业单位后，国家安排的森林抚育、森林质量提升等林业建设项目必须走招投标程序，使林场自身的技术优势难以发挥，招标施工的第三方施工质量难以保障，在一定程度上影响了林场职工的工作积极性。尤其不少国有林场地处经济落后的边远深山区，如何改革现有管理体制，破除国有林场的发展困境，需要制定一系列科学有效的优惠政策和激励措施，破除发展瓶颈，增强发展活力，挖掘和提升国有林场在天然林保护修复工作中的示范带动作用，把国有林场作为各级林业部门干部锻炼培养的摇篮，打造高素质的林业干部队伍。

第二节 完善天然林保护修复制度的对策建议

天然林、公益林是以生态防护效益为主要目的的公益性森林，生产周期长、见效慢，分散经营不利于发挥森林的整体防护效益，不利于保护修复措施的有效落实。应研究建立与南方地区有区别的集体林权制度，积极探索适合北方生态脆弱区生态公益性森林的管理制度，根据河北生态气候特点和天然林生长条件，探索建立规模化、林场化、专业化、公益化的集体森林管理体制，加大政府投入力度，拓展和稳定投资渠道，提高森林经营管理者和林场工人的收入和生活保障，促进集体天然林和公益林可持续发展。

一、构建组织严密、保障完善、长期稳定的天然林经营管理机构队伍

针对林业生产周期长、范围广的特点，按照加强基层、减少内耗和职能交叉、科学分工、提高效率的原则，合理设置各级林业机构和人员编制，全面提高包括国有林、集体林、个人经营森林的组织化、专业化经营管理水平，实现森林有人管，效益有人测，责任有人担，违规有人究的森林经营监管格局。建立健全县级林业机构、乡级林业站，壮大林区基层林业技术力量，按照国土面积、森林资源面积、交通状况等基础条件，科学测算天然林保护、森林抚育和质量提升、资源和效益监测、配套基础设施建设、森林生态补偿政策落地等各项林业生产管理的工作量，以此为依据合理确定林业机构和人员编制。譬如，根据测算林业生产和管理的工作量，县、乡两级林业机构监管人员按照人均管理1万亩林草资源的工作量配置。其中，县级监管机构可以按照5万亩/人配置，对于100万亩以上林草资源的县(市、区)，应设置县、乡两级管理人员100人归县级林业部门统一管理，可以根据需要在县级主管部门安排20人管理人员，其余80人分散到各乡镇，也可根据不同季节林业生产需要，及时进行人员调配，组织落实保护、修复和监测任务。确保机构编制长期稳定、人员待遇不断提高，管理机制科学高效。

组建符合林业生产特点的专业高效的集体林经营管护队伍，是做好天然林保护修复工作的基础。河北现有集体天然林302.6万 hm^2，占天然林总量的88%。长期以来，集体天然林缺乏稳定的经营管理机构，仅依靠聘用临时的护林员管护很难满足林业生产需要。鉴于天然林保护修复和公益林经营管理的长期性、复杂性和生态建设的艰巨性，必须有一支稳定、专业、规范、高效的高素质队伍，长期负责森林经营管理和保护修复任务。因此，应尽快建立健全集体林管理机构和队伍的支撑和保障政策，根据不同地区集体林特点，采取科学有效的组织方式，构建起资金、人员、办公、设施保障完备、长期稳定的公益林业

经营机构(或公益林场),通过产业结构调整,专业培训,将林区长期从事农牧业的农民转向以生态修复生产生态产品为主的专业化林业工人,推动天然林区的可持续发展。推动护林员职业化、专业化管理,规范护林员职责界定、工资待遇、劳动保障、权利义务、职业培训,应建立健全护林员进入退出机制,加强集体林经营机构建设,逐步形成稳定可持续的集体林经营管理体系。

改革公益性国有林场管理机制,在保障其生产生活需要的基础上,对于国家下达的天然林保护修复等生态建设项目,允许他们发挥自身技术和管理优势自己组织实施,不需要通过招投标聘请第三方,同时允许他们开展多种经营,增加林场和职工收入,提高林场发展活力和动力。

二、建立天然林资源规模化流转经营机制

探索符合天然林、公益林特点的森林经营管理机制,规模经营管护成本低,干扰少,易形成森林生态防护的规模效益,应制定政策,通过林地市场流转、政府购买,组建专业合作社、集体林场、家庭林场等形式,聚集生产要素,提高集约化经营管理水平,扩大天然林、公益林经营规模,拓宽森林经营管护资金来源渠道,解决天然林经营管理碎片化、包而不治、分而不管、无能力保护修复和森林经营管护投资不足、不可持续等问题。

三、建立健全森林资源动态监测和森林生态功能效益监测、计量和评价制度

为了适应信息化、现代化、精准化经营管理森林的需要,应尽快研究制定符合河北林业实际的森林资源动态监测和森林生态功能效益动态监测的管理办法,构建天然林、公益林资源动态监测制度体系。根据监测工作需要,科学设立各级森林资源调查和生态监测队伍,合理配备森林监测专业人才,加强各级监测队伍建设管理,保障监测资金投入,加快森林监测基础设施建设,合理布局和搭建监测站点、监测数据平台,规范森林资源监测、生态功能监测、效益产出评价、价值核算技术规程、工作流程和成果应用。完善与乡村振兴、社会经济发展对接的规划体系,建立覆盖全省天然林、公益林,集监测、传输、统计、分析、发布于一体的森林生态效益监测评价和效益产出监测体系。

四、建立以森林生态产业为主导的政策激励制度

为了正确处理保护与利用的关系,激发林区发展活力,作为以生态效益为主的天然林、公益林区要拓宽发展思路,挖掘发展潜力,深刻领会和践行"绿水青山就是金山银山"理念,树立以发展促保护,以保护促发展的观念,制定涵盖生态产品的生产、森林生态价值计量核算、绿色生态产业税收减免、流转平台的建设、林区配套基础设施建设、生态产品消费市场开发的一系列支持政策,促进天然林区创新发展,激励林区调整产业结构,转型发展保护修复森林生态功能,发挥生态效益的绿色生态产业,鼓励企业和社会团体与国有林场、集体林场开展新型的互利共赢合作。加强林区基础设施建设,在依法合规、科学规划的基础上,在林区适度发展交通、通信、宾馆饭店等基础设施建设,提高林区接待能力,为人们进入林区旅游、度假、休闲、康养提供必要条件;打造风景优美的森林景观带,夯实森林生态产业基础,吸引更多社会消费者投资森林生态恢复,形成林区生态经济

良性循环。

创建鼓励森林生态产业发展的政策环境，采取多种形式培育碳汇、生态旅游、健康养生、休闲度假、自然教育等以森林生态功能为主体的绿色生态产品，通过拓展市场、增加消费需求、创建市场交易平台等措施，加快培育森林生态产业经济增长点。

五、建立林业生产投入产出核算制度

完善天然林、公益林等生态林的投入核算体系，全面计量森林经营投入的人力、物力、财力总量，减少低效率投入、无效投入和负效率投入，改革传统林业不计成本、不计投入、不计效率，只计算完成造林面积的粗放管理模式，对比成林效率和林业产出效益，减少不必要投入，提高林业生产的产出效益。充分利用林地的自然修复能力，加大封山育林比重，减少人工干预，促进和扩大天然林面积，增加天然林生物多样性和生态防护功能。建立健全天然林、公益林经营方案管理制度、森林档案管理制度。从建立经营档案入手，严格记录造林、抚育、护林等各项成本投入，建立森林经营大数据，为提升森林经营管理水平提供可靠依据。

针对天然林、公益林以生态效益为主导的公益属性，应进一步完善森林生态补偿制度，根据森林效益和贡献以及林区人们生产生活需要，提高生态补偿标准，增加民营林停伐补助，弥补林权所有者森林经营投入和收入损失，建立健全包含不同受益群体、不同地区及上下游之间的科学有效的生态补偿办法；制定配套的政策、法规，规范受益主体和投资主体，科学界定公益类森林的经营管理主体，明确中央、各级政府、受益地区、主管部门及林权所有者等不同相关主体在资金投入、基础设施、森林保护、修复经营、产品和效益的开发利用等方面的权利、义务和责任，以保障天然林、公益林长期稳定的资金投入，科学划定森林保护等级，为森林的可持续经营提供坚实保障。

六、制定《河北省天然林保护修复条例》，对破坏森林环境、损毁森林资源等违法行为加大处罚力度

近年来，随着国家加大对森林火灾的追责力度，各地普遍加强了森林防火工作，经费保障、设施设备配套建设、防火机构队伍等方面得到了普遍加强，对于天然林保护也产生了积极的促进作用。但天然林保护除防止森林火灾外，还有许多工作需要加强和规范，如放牧、建设项目占地、乱砍滥伐、土地整理、改造成经济林等行为对天然林、公益林都造成了不同程度的危害。有的地方政府为了留足占地空间，便于今后征用，人为将天然林划出保护范围，也对天然林保护修复造成不利影响，制约了森林整体生态功能的发挥。因此，应结合河北"首都水源涵养功能区和京津冀生态环境支撑区"功能定位，制定天然林保护条例，建立严格的天然林、公益林用途管制制度，科学划定天然林、公益林重点保护区，针对不同林地类型，精准确定保护等级，严格界定开发红线，将所有天然林、公益林都纳入生态保护和生态补偿范围，保障森林生态环境的原真和完整；严格天然林、公益林征占用审批程序，规范森林抚育经营活动，加大集体天然林经营机构队伍建设，加大森林生态产品开发力度，加快森林生态产业发展，促进林区生态经济良性循环，加强森林资源和生态功能监测，建立健全监测队伍，加强监测数据采集和成果应用；加大对破坏危害天然林、公益林违法行为的打击力度,将投入成本纳入损毁赔偿和处罚鉴定核算范围,提高违法成本,有效遏制各类毁林行为的发生。

第三节　天然林保护修复制度的实施方案

针对河北天然林资源现状和保护修复需要,根据国家《天然林保护修复制度方案》,在深入调研的基础上,提出了河北省天然林保护修复制度实施方案。

天然林是森林资源的主体和精华,是自然界中群落最稳定、生态功能最完备、生物多样性最丰富的陆地生态系统,是维护国土安全最重要的生态屏障。天然林保护修复是党中央、国务院作出的一项重大战略决策,是生态文明建设中一项具有根本性、全局性、关键性的重大任务。河北现有天然林 345 万 hm^2,对维护京津冀生态安全发挥着重要支撑作用。2015 年,河北被纳入国家全面停止天然林商业性采伐范围,加大了天然林保护力度,取得了初步成效。但由于全省天然林保护工作起步晚、投入少、保护制度不健全,天然林质量差、功能低、生态系统不稳定。为贯彻落实国家《天然林保护修复制度方案》(中办发〔2019〕39 号)精神,建立全省天然林保护修复制度体系,用最严格的制度保护修复天然林,制定如下实施方案。

一、总体要求

(一)指导思想

以习近平生态文明建设思想为指导,紧紧围绕统筹推进"五位一体"总体布局和"四个全面"战略布局,牢固树立"绿水青山就是金山银山"的理念,认真落实省委、省政府关于全省生态文明建设的决策部署,建立全面保护、系统恢复、用途管控、权责明确的天然林保护修复制度体系,维护天然林的原真性、完整性,促进人与自然和谐共生,为建设京津冀生态环境支撑区和美丽河北奠定良好生态基础。

(二)基本原则

坚持全面保护、突出重点的原则。把河北所有天然林都保护起来,科学划定天然林保护重点区域,实行天然林保护和公益林管理并轨。

坚持尊重自然、科学修复的原则。遵循天然林演替规律,以自然恢复为主,人工促进为辅,保育并举,改善天然林分结构,提高森林质量和生态功能。

坚持转型发展、保障民生的原则。推进国有林场转型发展,通过生态补偿,保障林权权利人合法权益,保障护林员待遇。

坚持政府主导、社会参与的原则。全面落实各级政府对天然林保护修复的主体责任,推进林权权利人依法尽责,引导鼓励公民及各类社会主体积极参与天然林保护修复。

(三)目标任务

到 2025 年,有效保护全省 345 万 hm^2 天然林资源,基本建立天然林保护修复法律制度体系、政策保障体系、技术标准体系和监督评价体系。

到 2035 年,对尚未纳入生态补偿范围的 112.6 万 hm^2 天然林实行生态补偿,实现天然林生态补偿全覆盖,逐步提高补偿标准。对 208.1 万 hm^2 天然乔木林,通过合理抚育、科学经营，实现林分质量根本好转；对 135 万 hm² 疏林地和灌木林地，通过补植补造、封育管护等人工辅助措施，改善林分结构，提高生态功能。实现全省 345 万 hm² 天然林全面系统修复，生物多样性科学保护，生态承载力显著提高。

到 21 世纪中叶，全面建成以天然林为主体的健康稳定、布局合理、功能完备的森林生态系统，满足人民对优美生态环境和优质生态产品、丰富林产品的需要，为京津冀生态环境协同发展、建设山清水秀的美丽河北提供有力支撑。

(四) 实施范围

河北天然林主要分布在燕山、太行山及坝上地区，涉及承德、张家口、保定、秦皇岛、唐山、石家庄、邢台、邯郸 8 个区(市)，78 个县(市、区)，134 个国有林场、41 个自然保护区。

二、重点任务

(一) 科学确定天然林保护重点区域

在对全省天然林实行全面保护的基础上，按照国家划定天然林保护重点区域的有关规定，依据全省国土空间规划划定的生态保护红线以及生态区位重要性、自然恢复能力、物种珍稀性、生态脆弱性等指标，制定全省天然林保护重点区域划定办法，确定保护重点区域，实行重点保护。

(二) 落实天然林保护责任

强化总体设计和责任落实，将天然林保护修复目标任务纳入全省社会经济发展规划和林长制管理，实行天然林保护目标责任考核制，实行目标、任务、资金、责任"四到市""四到县"，层层签订责任书。通过制定天然林保护修复规划、实施方案，逐级分解落实天然林保护责任和修复任务。天然林保护修复实行管护责任协议书制度。森林经营单位和其他林权权利人、经营主体按协议落实其经营管护区域内的天然林保护修复任务。

(三) 加强管护体系建设

天然林保护区建立覆盖县、乡、村的管护网络，科学划定管护责任区，构建包括森林公安、林业行政执法、扑火队、护林员、林权责任人在内的分工明确、执法有力、网格化、全覆盖的高效天然林管护体系。建立健全护林员管理、保障、培训、考核奖惩制度。创新管护机制，倡导公民、法人组织在专业化培训、资格认证的基础上，成立专业化天然林管护公司或民营林场，运用市场化机制，推行政府购买服务，逐步实行职业化、专业化管护，提高管护效率。结合巩固拓展脱贫攻坚成果与乡村振兴有效衔接，支持脱贫人员参加天然林护林员队伍。加强天然林区居民和社区共同参与天然林管护的机制建设。探索推进民营林股份制林场建设，推行天然林规模化管护修复。

(四) 加强专业技术队伍建设

天然林区地处边远，工作和生活条件恶劣，专业技术人才缺失是天然林保护和管理的主要障碍。制定待遇、科研相关优惠政策，吸引林业专业技术人才投入天然林保护修复工作。加强现有林业专业技术人员和林场工人培训，为天然林保护修复和可持续发展提供人才支撑。

(五)加强天然林管护能力建设

根据国家规划和投资安排,在充分调研,摸清底数的基础上,统筹安排全省国有林场管护用房、供电、饮水、通信、道路等基础设施建设。加强天然林管护站点标准化建设,科学布设管护站点,管护站点应当具备水、电、暖、通信、交通、防火设备等条件,满足护林员生产生活需要。提高护林员巡护装备水平,配备必要的交通、通信工具,提升护林员管护效率和应急处理能力。充分运用高新技术,构建全方位、多角度、高效运转、天地一体的天然林管护网络,实现天然林保护相关信息获取全面、共享充分、更新及时。健全天然林防火监测预警体系,加强天然林有害生物监测、预报、防治工作。

1. 落实修复措施

(1) 开展天然林系统修复

根据天然林的演替规律和发育阶段,针对不同天然林情况,因地制宜,科学确定修复措施。对于 208.1 万 hm^2 天然乔木林,根据不同林分质量确定不同修复措施。对于密度过大的天然次生林,采取分阶段抚育间伐的措施,科学定株,逐步达到合理密度;对于已经抚育间伐、达到合理密度的天然林要以自然封育为主;对于稀疏退化的天然林,开展人工促进、天然更新等措施,加快森林正向演替,逐步提高森林质量;加强中幼龄林抚育,调整林木竞争关系,促进形成地带性顶级群落。对于 3.8 万 hm^2 天然疏林地,通过补植补造、引针入阔,逐步修复成天然复层异龄林;对于 131.1 万 hm^2 天然灌木林,以封禁为主,人工促进为辅,改善林分结构,不断提高其生态和经济价值。严禁对天然林实行皆伐改造、全面割灌造林、水平沟整地、天然林改人工林、超强度间伐等破坏天然林环境和生物多样性的修复措施。编制天然林经营方案和作业设计,开展修复质量评价,规范天然林保护修复档案管理。

(2) 强化天然林修复科技支撑

组织开展天然林演替规律、退化天然林生态功能恢复、不同类型天然林质量评价、保护修复关键技术的科研攻关,对天然林封育、择伐、间伐、人工促进天然林更新等修复方式进行研究和示范,科学制定全省天然林质量评价指标体系和保护修复技术标准体系,开展技术集成和推广,加快天然林保护修复科技成果转化。大力开展天然林保护修复国际合作交流,积极引进国外先进理念和技术。

(3) 科学调整林区产业结构

严格限制以天然林资源为原料、破坏天然林资源的种养殖业、加工业。鼓励发展以天然林保护修复、生态旅游、自然教育等生态产品为主的生态产业,积极探索和创新天然林生态价值实现形式,培育新的经济增长点。

(4) 建立天然林保护修复监测评估制度

建立健全各级天然林监测队伍,科学布设天然林资源监测样地和生态功能监测站点,逐步实现标准化、全覆盖。建立以森林资源清查为基础、以天然林监测站点为主体、以其他生态监测站点为补充的天然林保护修复监测体系。定期采集和发布天然林信息和监测评估报告,建立天然林大数据。

2. 落实用途管控

(1) 建立天然林休养生息制度

全面停止天然林商业性采伐。对纳入保护重点区域的天然林，除森林防火、林业有害生物防治及建设必要的保护科研监测设施等维护天然林健康的措施外，禁止其他一切生产经营活动。

在天然林保护非重点区域实行以封山育林、自然恢复为主，人工促进为辅的措施，恢复林草植被。开展天然林抚育作业、补植补造、退化林分改造、近自然经营措施的，必须编制作业设计，经林业和草原主管部门审核批准后实施。依托国家储备林基地建设，培育大径材和珍贵树种，维护国家木材安全。

（2）严格控制天然林地占用

严格限制天然林地转为其他用途。除国防建设、国家重点工程项目建设特殊需要外，禁止占用保护重点区域的天然林地。

（3）建立天然林保护修复责任追究制度

将天然林保护修复成效列入领导干部自然资源资产离任审计事项，作为地方党委和政府及领导干部综合评价的重要参考；对破坏天然林、损害社会公共利益的行为，可以依法提起民事公益诉讼。建立天然林资源损害责任终身追究制。

三、需要制定的有关法规、政策制度

主要法规：《河北省天然林保护条例》《河北省公益林管理条例》《河北省护林员管理条例》。

主要政策：河北省天然林保护基础设施管理办法、河北省天然林保护修复资金管理办法、河北省天然林监测评价办法、河北省天然林保护修复项目管理办法、河北省天然林保护修复项目检查验收办法、河北省天然林保护修复任务目标考核办法、河北省关于加快天然林区生态产业发展的意见、河北省集体天然林管理办法。

第四节　天然林生态价值的实现形式

天然林生态价值的实现与否直接关系到天然林资源的可持续保护利用和发展。2021年4月26日中共中央办公厅、国务院办公厅印发了《关于建立健全生态产品价值实现机制的意见》，为建立健全生态产品价值实现机制，从制度层面破解绿水青山转化为金山银山的瓶颈制约，建立生态环境保护者受益、使用者付费、破坏者赔偿的利益导向机制，引导和倒逼形成绿色发展方式、生产方式和生活方式，实现生态环境保护与经济发展协同推进提供了依据，为天然林保护修复创造的生态产品的价值实现奠定了基础。本节主要针对天然林的生态产品价值实现有关问题进行了初步探讨，期望能够推动天然林保护修复的可持续发展。

一、天然林的生态公共服务价值

天然林的生态公共服务价值主要体现在以下几个方面。

一是天然林生态防护价值。天然林具有较高的生态防护功能，在改善生态环境，护卫国土生态安全方面能够发挥重要作用。

二是天然林的生态旅游价值。天然林依托其丰富多彩的景观资源、森林植被资源、青山绿水资源、负氧离子空气资源，能够给人们提供旅游度假、健康养生、休养生息的场所和环境，创造较高的森林生态旅游价值。

三是天然林具有较高的生物开发价值。由于天然林有较高的生物多样性，有丰富的木本植物、草本植物、药用植物、菌类、野生动物等生物资源，能够为人类提供食品、药品及工业原料等多种林产品，是人类生存的重要依托。我国诺贝尔奖获得者屠呦呦利用野生植物黄花蒿提取出救百万疟疾病人于水火的青蒿素，创造了巨大的社会经济价值。

四是天然林特有的生态资源价值。天然林中丰富的负氧离子空气、水资源、土壤资源、肥料资源具有较高的开发利用价值，对人类的生产生活将产生重要影响。

五是天然林的碳汇价值。森林是陆地生态系统最大的碳储备库。我国在联合国气候大会提出的"3060碳达峰碳中和"目标后，碳汇已经成为国内外大型碳排放企业争相交易的生态产品，碳汇产业已成为新的生态产业得到社会关注。河北天然林多为中幼龄林，通过天然林保护修复，能够大幅度提高全省森林碳汇储备，为发展森林碳汇产业提供有力支撑。

六是天然林资源资产价值。随着国家森林生态效益补偿制度逐步完善、森林生态补偿标准的逐步提高，社会对天然林功能作用认识的逐步深化，天然林将逐渐成为紧缺资源，人们对天然林资源的追捧将使天然林资源资产价值水涨船高。

二、森林生态价值实现形式

近年来，随着生态文明建设的不断推进，各地开始关注本地的森林生态价值评估。新闻媒体经常报道不同地区的森林生态价值量。但由于评价的依据、标准、方法、程序不同，造成测算出的森林生态价值差异较大，社会公众难以认同。国家环保部门曾经提出过"绿色GDP"的概念，但森林的生态服务价值始终未能纳入国民经济发展计划，使得社会对森林的生态服务价值只停留在舆论层面的支持和倡导，难以融入社会经济发展的大局。特别是近年来利用银行贷款发展国家储备林的建设过程中，对于森林产生的生态功能价值仍未得到金融系统认可，严重影响资金流形成和投资效益的测算，不利于森林的可持续发展。为此，根据社会经济发展现状，适时建立适合林业发展特点的森林生态价值实现机制，充分实现森林生态价值，使广大社会公众在森林保护修复中充分受益，促进全省林业逐步走向在保护中发展，在发展中保护的良性循环。

森林生态产品价值实现路径：森林资源监测—森林资源分级分类—森林生态产品认证和开发—森林生态资产核算与评估—完善森林生态产品交易市场和平台（包括碳汇交易市场）—完善森林生态补偿制度（提高占用赔偿和生态补偿标准）—建立鼓励加大生态产品生产投入和消费的制度—完善林区配套服务基础设施—规范生态产品市场管理。

根据各地的探索实践，我们初步研究和归纳了八种森林生态价值的实现形式。

一是树立生态产业的理念。把天然林保护修复发展为林区的新兴产业。将天然林保护修复、森林质量精准提升、森林防火等森林生态建设作为森林生态产业纳入国家经济和社会发展计划，列入政府财政预算，把森林管护、生产经营形成的森林生态价值纳入GDP核算范围，把每年的森林管护、抚育和经营管理、基础设施投入等都纳入森林价值的核算范围。根据森林保护修复的需要，逐步加大森林生态恢复投入力度，使林农逐步转变为以护林养林为主的生态产业工人。

二是完善森林资源和生态监测评价体系。建立完善的森林资源和生态监测体系，健全森林监测队伍，科学布设森林资源和生态监测站点，及时采集森林监测数据，定期发布监测结果，为科学评价森林效益提供科学依据。

三是完善森林资源资产价值核算。建立森林资源资产价值评价指标体系。结合河北的社会经济发展状况，认真研究适合本地的森林资源资产评价指标，在科学监测分析的基础上，确定不同类型天然林资源量化数据，并根据市场价值计算出价值量，在规范化和标准化的基础上，形成天然林资产价值数据向全社会发布。

四是建立标准化森林生态效益价值计量体系。由发展和改革、财政和林业等部门联合编制统一、规范的森林生态效益价值计量体系或评价技术规范，将森林的生态效益包括防风固沙、保持水土、涵养水源、调节气候、净化空气、固碳释氧、保护野生动物等生态功能，对不同地区、不同树种、不同龄级、径级的生态功能差异分别量化，建立森林生态效益标准化价值计量对照表。将森林生态功能价值作为森林资源调查监测的重要内容，逐个小班地块测算计量其生态功能价值，每年测算天然林生态价值，确保其便于操作、社会公认、对接经济发展，纳入 GDP 核算范围，作为考核地方政府天然林保护成效的重要指标。

五是科学测算天然林的生态旅游价值。目前，随着我国经济发展和居民收入水平提高，森林生态旅游人数逐年攀升，由此带动的吃、住、行、游、购、娱、厕等消费日益蓬勃，极大拓展了就业渠道，促进了林区酒店、餐饮、零售、交通、物流、房地产等服务业迅速发展，正在形成效益可观的生态旅游产业。森林旅游业的发展，推高了森林资源的市场价值，提高了森林资源流转中的市场价格，由此催生的森林生态旅游价值计量研究，应成为森林资源价值计量的重要课题。应根据不同地区生态旅游的发展现状，通过森林景区旅游辐射形成的餐饮、住宿、娱乐、零售、交通、物流等服务业收入以及游客人数、人均消费等内容，测算森林的游栖价值，纳入森林生态价值核算范围。

六是森林生态补偿制度。目前，我国主要通过森林生态补偿的方式，体现森林的生态价值。应尽快建立森林生态受益者补偿和森林景观使用者付费的机制，逐步提升森林资源的市场价值，使森林资源物有所值。对已经划入公益林的森林生态效益补偿标准从 2002 年 5 元/亩，调整到集体林 16 元/亩、国有林 10 元/亩，补助标准与社会经济发展水平相比仍明显偏低。需要尽快建立森林生态效益补偿标准的动态调整机制，充分调动广大林权所有者保护修复森林的积极性。同时，政府作为森林生态产品的主要购买者，其购买的生态系统服务种类和内容日益丰富，在生态产品价值实现过程中的地位十分重要，应充分发挥其在森林生态效益补偿中的主导地位。

七是培育森林资源交易流通市场。建立森林资源交易平台，参照森林碳汇交易的做法，将森林的生态效益逐步由碳汇效益，拓展到净化空气价值，提供负氧离子价值、涵养水源价值、保持土壤的价值等，通过森林资源交易平台，将森林的综合生态效益逐步走向市场化，充分体现森林对国土生态安全、人类健康生活的价值，培育形成人们向往、企业关注、具有较大利用和开发潜力的森林资源交易市场。

八是编制森林资源资产负债表。内蒙古已经探索了自然资源资产负债表的编制方法。

为客观反映森林资源资产变化，他们设立了3个账户，即一般资产账户、森林资源资产账户、森林生态服务功能账户，创新了财务管理系统管理森林，使资产、负债和林权所有者权益处于恒等关系，对森林资源的生态价值充分彰显，能够科学评价领导干部任期内的生态建设成效。

三、完善森林生态补偿制度

森林生态效益补偿是根据人类生活发展水平、森林生态服务功能和政府或受益者支付能力确定的给予林权所有者的合理的经济补偿。2021年，中共中央办公厅、国务院办公厅印发了《关于深化生态保护补偿制度改革的意见》（中办发[2021]50号），明确了森林生态补偿制度改革的方向。根据要求，河北省委办公厅、省政府办公厅制定印发了《关于深化生态保护补偿制度改革的实施意见》（冀办传[2021]80号），提出：坚持"统筹推进、协同发力，政府主导、各方参与、权责清晰、约束有力"的工作原则，优化生态保护补偿方式，加快健全有效市场和有为政府更好结合、分类补偿与综合补偿统筹兼顾、纵向补偿与横向补偿协调推进、强化激励与硬化约束协调发力的生态保护补偿制度。明确要求，到2025年，与经济社会发展状况相适应的生态保护补偿制度基本完备，以生态保护成本为依据的分类补偿制度日益健全，以提升公共服务保障能力为基本取向，纵向补偿和横向补偿协调推进的综合补偿制度不断完善；以受益者付费原则为基础，政府主导，各方参与的市场化、多元化补偿格局初步形成。

鉴于森林生态补偿政策性强、涉及面广，关系广大林农的切身利益，建议国家或省出台森林生态补偿条例，完善补偿方式，可以通过征收生态补偿费、生态税、碳税等方式，引导社会强化生态保护自觉意识。针对国家实行天然林全面保护后，天然商品林的主导经营目的转向生态防护功能的实际，以及国家《天然林保护修复方案》关于天然林与公益林并轨管理的要求，建议对所有天然林和公益林在生态补偿上实行并轨管理。

1. 天然林生态补偿的必要性

天然林产出的主要效益包括水土保持、水源涵养等生态防护效益，也包括林产品、木材等经济效益。实行天然林停伐后，林权所有者开展森林经营取得的收入减少了，需要给予一定的经济补偿以弥补损失。占用和损毁天然林资源者需要赔偿破坏森林后造成的资源和生态危害的损失。

2. 天然林资源的主要范围应包括所有天然林地

具体包括天然乔木林、天然灌木林、天然疏林地、封山育林地、人工促进天然更新的林地、以生态防护为主要目的退化为荒山的天然林地。

3. 天然林补偿标准的确定

建立天然林与公益林并轨的生态补偿标准动态调整机制。根据社会经济发展水平和居民消费水平的提高，适时调整生态补偿标准。根据GDP或人均平均收入增长变化趋势、林农有效需求的总支出水平、林区社会平均收入水平，建立一个需要纳入生态补偿森林（包括天然林）面积与生态公益补偿金相对应的生态补偿动态测算模型，利用该模型，提示国家到一定时期后，当林权所有者获得的收益低于天然林生态价值增长量一定比例时，及时提示国家适当调整生态补偿标准。

4. 天然林生态补偿的主体界定

应科学界定在森林生态补偿中各级政府、林权所有者、林地经营者、村组集体经济组织、国有林场等不同主体的权利、责任和义务。科学确定森林的受偿主体和受益出资补偿主体。一般来说，森林的所有者和经营者应为受偿主体，对于他们在森林保护、经营管理以及道路、管护等基础设施所需要投入的各类费用，应享有获得经济补偿的权利。林权所有者具有森林生态补偿、占地植被恢复补偿、毁林赔偿、资源租用租金、产业入股分红等收益权。长期投资森林保护、修复和管理的地方政府也应成为生态补偿的受益主体。

森林保护修复作为一项基础性公益事业，具有长期性、艰巨性和复杂性的特点。多年来，林区地方政府为了改善生态环境，恢复森林生态，投入了大量人力、物力、财力，特别是长期以来对不利于森林保护的产业限制，严重影响了当地的财政收入。而生态受益地区享受了生态环境改善带来的效益，却没有支付必要的补偿。因此，国家或上一级政府应根据补偿需要制定森林横向生态补偿机制，在生态受益地区与生态保护地区之间，通过资金补助、产业转移、人才培训、共建园区等方式实施横向补偿。如北京对河北张家口、承德等地区的生态补偿均属此类。

森林生态效益补偿的出资主体包括国家、地方政府和受益区域地方政府。它们都是森林生态效益的受益者，都有补偿林区的责任和义务。特别由于林区多位于经济落后的老少边穷地区，缺乏森林保护修复的资金投入能力。作为基础性公益事业，国家和地方政府有责任和义务持续推进森林生态建设，为人们创造良好的生产生活环境。

5. 科学确定天然林生态补偿方式，多渠道筹集天然林生态补偿资金

森林生态补偿方式包括公益林补偿、天然林保护补助、停伐补贴、横向补偿等。也可以采取购买碳汇指标或森林覆盖率指标的方式落实异地森林生态补偿。如重庆出台的《重庆市实施横向生态补偿提高森林覆盖率工作方案（试行）》，将2022年全市森林覆盖率达到55%作为约束性指标，对每个区（县）进行统一考核，针对各地资源禀赋、发展定位不同等实际，允许完成森林覆盖率有困难的地区购买森林面积指标，用于本地区森林覆盖率目标值计算。截至2021年11月30日，全市共签约8单横向生态补偿协议，总交易面积36.23万亩，总成交金额9亿元。天然林保护修复的资金保障，应合理区分国家、地方各级政府投入责任和义务，一般以国家和省级投入为主，市、县级投入为辅。有经济实力的地方政府可以加大补偿力度。通过下游与上游之间产业融合互补也是可以探索采用的生态补偿方式。

关于异地森林生态补偿标准的确定。应根据受益地区受益价值测算、林区天然林保护修复资金投入及产业调整或转移造成的损失等综合测算补偿标准。受益价值计量主要应以水源涵养价值、防风固沙价值、净化空气价值、防灾减灾价值等能够对受益区生态环境产生影响的价值综合测算。由于计量技术限制，目前，主要以流入的水量价值作为生态补偿的标准和依据。森林保护修复的资金投入主要根据护林人员的工资、护林设施投入、修复投入等林业生产需要进行测算；产业调整损失主要指依托林地经营作为收入来源的产业，包括禁牧、退耕还林、恢复生态林、林产品加工业等产业转移造成的损失。此外，还应考虑林区劳动力就业和基本生活保障等因素。广东将生态公益林补偿资金分为损失性补偿资金和公共管护经费。损失性补偿资金的补偿对象为林地经营者或林木所有者，损失性补偿资金占补偿资金总额的80%。对占补偿资金20%的公共管护经费进行了严格规范。

实行天然林、公益林差异化补偿政策。差异化区分标准主要依据生态区位重要性、林地森林质量优劣来区分。实行差异化补偿的条件是国家制定了差异化补偿政策，或地方经济实力较强，地方财政具备提高补偿标准的能力。较为宏观的差异补偿政策应根据地理区位的生态重要性，将天然林和生态公益林划分生态区位重要地区、生态区位特殊地区和一般生态区位地区三类，实现差别化补偿。如广东2018年印发的《广东省省级以上生态公益林分区域差异化补偿方案（2018-2020年）》规定，将省级以上公益林划分为特殊区域、一般区域和珠江三角洲发达区域三种区域进行补偿，2019年补偿标准分别按特殊区域39.1元/亩，一般区域33元/亩，珠江三角洲发达地区由地方财政补偿。广州实行按区位、分级别的补偿办法，将生态公益林分3个级别进行补偿，一级补偿150元/亩，二级补偿100元/亩，三级补偿80元/亩。就河北而言，森林生态补偿分别与京津密切相关的张家口—承德地区、经济较好的秦皇岛—唐山—廊坊地区和其他地区三类实现差别性补偿政策，林地级别划分可以区分乔木林、疏林地和未成林地、灌木林、迹地4个等级标准，制定差异化补偿标准。

6. 森林生态补偿资金的筹集和使用

按照谁受益、谁补偿，谁治理、谁受益的原则，在充分发挥国家森林生态补偿主导作用的同时，应制定上下游、不同地区间的森林生态补偿法律法规或政策，使受益地区依法履行补偿责任和义务，拓宽天然林、公益林保护修复的投资渠道，充分调动林区群众天然林保护修复的积极性。受补偿林区应履行天然林保护修复责任。造成森林资源破坏的，应减少和调整补偿资金分配份额。

第五节　深化集体天然林管理机制改革

科学有效的管理体制机制，可以充分调动广大群众保护修复天然林的积极性，破除发展障碍，激发发展活力，大幅提高天然林保护修复成效。当前，制约河北林业发展的体制机制障碍，就是对林业发展的公益性、长期性、稳定性认识不足。除占少数的国有林外，占河北森林资源主体的集体林长期缺乏稳定的经营管理机构，主要依靠待遇低、素质差、聘期短的护林员，使全省多数天然林、公益林长期处于破碎、松散、无序、低效状态，难以达到国有林场的管理效果。如何解决集体天然林经营管理存在的问题，必须转变传统林业的发展观念和管理方式，充分学习和吸收塞罕坝机械林场的建设经验，提高集体林的组织化程度，通过探索建立稳定可持续的集体林管理机构，提升集体林的经营管理水平，挖掘集体天然林增长潜力，大幅提高天然林、公益林保护修复的规模效益；通过完善集体林发展政策、优化管理体制、强化制约机制，促进集体林区整合生态脆弱区林地资源，改变集体林长期占而不治，甚至毁林开发的现状，加大破碎林地的整合治理力度，增加生态公益性森林经营规模，提升森林整体生态防护功能，倡导流域保护、整体修复、景观恢复，科学调整林区产业结构，尽快形成天然林区生态经济可持续发展格局，真正打造出"绿水青山就是金山银山"的生态景观。

一、集体天然林经营现状

河北地处生态脆弱的北方干旱地区，由于水热条件限制，林地立地条件差，土壤瘠薄，森林采伐后恢复时间较长，短则十几年，长则需要几十年，特别是河北天然林区多处于京津冀水源涵养区和生态环境支撑区，森林经营的方向应以生态公益为主，充分发挥生态效益，提高森林生态防护功能。如何通过改革创新，根除存在弊端，解决"国家要绿、林农要利"，找到一条符合河北实际的集体天然林、公益林等公益性森林经营管理的体制机制，已经成为当前林业改革发展的当务之急。一是在河北现有天然林、公益林中，集体林占主导。根据最新二类清查结果，全省现有天然林345万 hm^2，绝大多数林权为集体所有或个人所有的民营林，其中，集体天然林面积达302.6万 hm^2，占全省天然林总量的88%。如平山天然林面积达6.26万 hm^2，唯一的国有林场前大地林场的天然林面积仅为400多 hm^2，6.22万 hm^2 天然林属于集体林，处于无机构、缺技术、不规范的经营管理状态，很难保证其有效发挥生态功能和效益。二是河北绝大部分集体天然林处于无序和不规范经营管理状态，森林质量差，生态功能低。据2018年全省森林资源二类调查，在国家重点公益乔木林中，不同权属的林分质量差异较大，国有、集体、个人和合作权属的每公顷乔木林蓄积量分别为：$58.8m^3$、$33m^3$、$27.3m^3$、$51.5m^3$。其中，集体和个人经营的重点公益林单位蓄积量仅为国有公益林的一半；在天然乔木林中，国有、集体、个人和合作权属的每公顷乔木林蓄积量分别为：$49.4m^3$、$23.6m^3$、$19.5m^3$、$45.7m^3$，可见，集体和个人所有的天然林单位蓄积量明显低于国有林。在全省乔木林中，幼龄林面积所占比例，国有林为43.1%，集体占61.8%。集体林幼龄林占比明显高于国有林。在国有的国家级天然公益林中，幼龄林的比例为38%，而集体所有的国家级公益林中，幼龄林比例达58%，中小径级林占较大比例。特别是由于多年来的采伐和破坏，造成不少的林分处于退化状态，有的甚至退化为荒山或疏林地。全省集体林地中仍有宜林地19%，而国有林宜林地仅占国有林面积的11.4%。究其原因是集体林缺乏专业稳定的管理机构，无森林经营方案，未开展可持续的经营管理，造成林地生产力较低，林分质量较差，林地经营管理水平较差。三是以护林员为主体的集体林管理体制难以发挥有效的保护修复作用。目前，全省集体林主要依靠包括生态护林员在内的护林员队伍经营管理。由于集体林涉及范围大，情况复杂、人口密度较大，特别是集体林区长期以来经济落后、基础设施差，管护难度大，管护效果很不理想。据统计，全省天然林区仅聘用生态护林员就有5万多人，加上天然林护林员、公益林护林员以及乡村、林场聘用的临时护林员，全省护林员总量接近10万人。其中，生态护林员待遇最高工资为每年1万元，多数护林员仅为3000元左右，待遇低、差别大，年龄偏大，造成护林员队伍很不稳定，加上缺少林业专业知识，很难经营管理好占全省近90%的森林资源。从调查的情况看，因缺少稳定规范的管理机构，造成多数护林员缺乏归属感，职责履行不到位，人浮于事，造成大多数集体公益林和天然林资源得不到有效保护、森林质量和生态功能下降。四是对公益性森林分散化经营管理不利于森林生态功能的保护修复。长期以来，由于对生态脆弱区天然林、公益林分山到户，造成对森林经营管理不统一，不仅提高了管护成本，还造成不少林农为了经济利益毁林造田，有的将天然林改为板栗等经济林，造成森林资源的破坏，森林景观碎片化，严重影响林地生态效益的发挥。因此，对天然林、公益林等公益性森林应实行规模化经营管理，采取统一、规范的保护修复措施，更有利于森林整体生态功能的恢复。五是以生态效益为经营目的公益性森林不适合由集体和个人经营管理。当前林区农村刚刚脱贫，经济条件普遍较差，而现行天然林、公益林经营方向是保护修复林地的生态功能，需要长期投入大量人力物力，而无经济收益。按照政府承担公益服务的原则，应由政府承担这类公益森林的经营管理。尽管目前国家安排了森林生态补偿和天然林保护补助资金，由于补偿标准偏低，还难以弥补林农的经济补偿需求。林农和集体更无力投入更多资金用于森林的经营管理。充分利用多年来国有林场的建设和管理经验，积极探索建立以林场式管理为主导的集体林管理体制已成为各级林业部门的当务之急。

二、国有林场的发展现状和优势特点

1. 发展现状

对国有林而言，由于有稳定的机构队伍、较高的待遇、有保障的投资来源、规范专业的管理经验，森林经营管理水平明显高于集体林。据统计，截至2018年，全省有国有林场146个，现有林业职工8299人，经营面积81.67万hm^2，其中，林地面积74.54万hm^2，有林地61.09万hm^2，林木总蓄积量3444.36万m^3，每公顷蓄积量56m^3，森林覆盖率74.8%。

从表10-1可以看出，河北1950年以来国有林场经营面积、宜林地面积的变化趋势可以充分说明，对于在生态脆弱的北方地区，发展以森林保护修复为主要目的的国有林场，充分利用其稳定的管理机构队伍，职业化保护，专业化优势，能够保证林地用途稳定，科学有效地开展森林保护修复，使森林资源不断增加，宜林荒山不断减少和森林覆盖率稳步提高，对于做好天然林保护修复工作十分重要和必要。20世纪50年代以来，由于全省林场管理体制频繁变化，不少国有林场由部直管改为省直管，由省直管下放到市直管，最后由市直管下放为县管林场。由于县财力状况难以保障林场职工的正常生产生活，为了生存和增加收入，致使这些林场只能靠山吃山、靠林吃林，采伐了不少天然林，造成国有天然林面积由1980年的18.9万hm^2，减少到2018年的6.8万hm^2，减少了天然林的2/3。尽管如此，集体林的森林质量仍无法与国有林相比。据调查，全省国有林场森林覆盖率达74%，而集体林地的森林覆盖率仅为28.41%，可见，集体林经营水平远低于国有林。

表10-1　1950年以来河北国有林场资源、职工变化统计表　　单位：hm^2

年度(年)	林场数	经营面积	天然林	宜林地	职工(人)
1957	64	597081	111233	290352	1642
1958	95	851465	141015	423598	7418
1961	162	1208021	179287	597478	
1962	158	1171282	167418	519252	5586
1964	169	785234	121187	268347	6132
1967	145	911176	143762	348582	7462
1976	160	870122	222587	152037	
1980	153	675719	159205	104845	16880
1987	123	637726		121398	7034
2018	146	816700	68000	79882	8299

2. 林场管理模式的优势特点

森林的生产周期长，长期的林业生产实践证明，在现有森林中，质量和功能最好的森林绝大多数是国有林场经营管理的森林。林场管理模式仍是目前森林经营管理中更加科学有效的管理模式。其优势和特点主要有以下几个方面：一是林场有一支稳定专职的森林管护队伍。林场的职工队伍稳定，具有长期造林营林和护林经验，具备必要的林业专业知识和技能，能够保证内行人干内行事，是森林可持续经营的基石和保障。二是林场具备较为规范的森林经营管理技术规程。针对不同林地类型需要的造林、补植补造、森林抚育、退化林改造等不同森林经营需求，制定科学合理的森林经营方案，可以确保按照森林生长演替规律经营管理，能够对不同类型森林采取及时有效的经营措施，促进森林功能和效益不断提高。三是有利于森林的规模化经营，提高森林经营管理质量和效率。由于林地分布范围广，管理难度大，生产周期长，规模管护和经营有利于降低生产成本，有利于维护天然林保护修复的系统性、完整性和连续性，提高保护修复的效率。同时，实行规模化管理有利于提高林业职工的管护效率。四是林场的基础设施比较健全。经过多年的建设，多数国有林场已经建立了布局较为合理的林路、管护房、通信、电力等森林基础设施。五是有利于开展森林资源监测和生态监测评价活动。林场职工具备一定林业专业知识，能够承担部分森林资源和生态监测评价的相关工作。

国有林场的短板：由于当初国有林场建设时，划定的林场经营范围多为地处边远、交通不便、条件较差的林地，不少国有林与集体林交叉分布，造成林地分散，容易产生林权纠纷，经营难度大，管理成本高，不利于发挥国有林场的技术优势和管理优势。除林地相对集中、规模较大的林场外，规模小、地块分散的国有林场难以产生明显的森林生态效益。

三、集体林林场化改革机制探索

1. 集体林林场化改革的发展机遇

如何将集体林、天然林、公益林三位一体的集体公益性森林资源保护好、经营好、管理好一直是困扰各级政府和林业部门的难题。当前，河北林业管理机制改革正面临一个千载难逢的历史机遇期和最佳窗口期。一是国家实行全面保护天然林政策。全面停止天然林商业性采伐后，被划定为公益林和天然林的森林都实行了禁止采伐，集体林区的林农不能再依赖采伐求生存。二是国有林场在管林护林方面取得显著成效。人们进入林区都能看到，保护最严、经营最好、规模最大、风景最美、生态功能最好的森林资源基本都在国有林场，林场经营管理模式的优势地位越发凸显，已经成为社会共识。三是林区劳动力流失现象严重。由于林区多地处偏远、经济落后，劳动力大量外出打工，留下的多为老弱病残或妇女儿童，加之生态移民搬迁政策，导致有的林区村找不到一个壮劳力，形成不少空心村，对今后的森林管护经营造成不少困难，集体林将面临无人管的困境。四是护林员难以做到科学经营和管理。集体林分布范围广，地块分散，经营管理任务重、难度大，而护林员工资待遇低、工作不稳定，缺乏专业培训、缺乏林业归属感、缺乏管林护林的责任心，难以发挥应有的管护作用，致使集体林处于管理无序、经营不善、生态功能降低的状态。仅护林防火就使得各级政府疲于奔命，更谈不上对集体林科学经营修复。因此，如何提高集体林组织化程度，建立健全科学高效的集体天然林管理机制和管理体系，已经成为各级政府和林业部门的重要任务。五是随着国家《制度方案》的出台，日趋完善的天然林停伐保护政策和森林生态效益补偿政策的全面落实为创新集体天然林管理机制创造了条件。六是国家正在编制的天然林保护修复规划，内容涵盖生态补偿、基础设施、保护修复等多项建设内容。规划的实施为创新集体林管理机制、保护修复集体天然林提供了资金投入保障。七是天然林、公益林等有公益属性的森林不宜采取破碎化、分散化、零星化的商品林经营方式去经营管理，而应采取更适宜发挥生态功能和效益的规模化、系统化的长期稳定经营管理模式，由专业化的林业职工队伍经营管理，才能达到规模效益。

2. 建立"国有林场+集体林"协同发展机制

应充分发挥国有林场在长期林业生产实践中形成的专业化、规范化经营管理森林的经验优势，同时由于国有林场多与集体林毗邻，经过长期共同护林防火等林业工作的紧密配合，建立了密切的生产生活联系，为国有林场与集体林协同发展奠定了良好的基础。

通过规模化公益林场建设，可以找到国有林与集体林合作的利益结合点，实现优势互补。一方面解决集体林缺乏森林经营管理技术，管理粗放，保护修复措施难以落实的问题。另一方面，也解决了国有林场分布分散，管理难度大、管理成本高的问题，补足国有林场经营管理的短板，实现优势互补。同时，建成规模化公益林场后，可以有效化解国有林和集体林之间的林权纠纷。

创新"国有林场+集体林"协同发展机制，采用：国有林场+村集体、国有林场+林农、国有林场+林业经营主体等多种模式，采取合作造林、合作经营、委托管理等多种形式，整合森林管护力量，组建专业化森林抚育和修复队伍，让国有林场积极参与集体林经营管理，助力集体林规模化、集约化、科学化经营，促进集体天然林和公益林的保护修复，加快区域森林生态功能的恢复。要建立健全"国有林场+集体林"协同发展的政策体系，明确责权利关系，建立科学的利益分配机制，让国有林场和集体林权所有者在参与集体林经营管理和服务中获得实实在在的利益，实现互利共赢。2018年，沙县在福建率先推行县国有林场对高桥镇集体林场的林分资源开展合作经营试点工作，在总结试点经验的基础上大力推广"国有林场+村集体经济组织+农户"模式。该模式依托国有林场经营优势，不仅解决了集体林地普遍存在的林分质量不高和社会生态效益不显著问题，而且因村集体每年都能从合作经营中获得转让资金占用收益费和林地使用费两项固定收入，农户每年能从中按股分红，实现了村集体林农双增收。此外，由于山林交与国有林场经营管理，集体造林管护投入成本减少，保障并提高了收益，使农户的获得感得以增强。

3. 建立规模化林场是集体天然林管理的改革方向

河北集体天然林以生态公益林为主，国家实行天然林资源保护后，落实保护修复措施需要长期大量资金投入，而停伐后经济产出少，收益期望值低，集体和个人林权所有者受地块分散、经济实力和自然条件限制，普遍存在筹资难、经营难、管理成本高、实现生态价值难、流转难等问题，村组集体缺乏森林经营管护的资金投入能力，村民对集体林经营关注度差，造成林地质量差，森林植被差，林分结构差，林地生态功能差，森林退化现象突出，经营地块分散，森林经营措施难以落实。分包到户的天然林地，也缺乏森林经营管护的投入意愿，仅靠分散经营和单打独斗，难以应对面临的投资压力、自然灾害和市场变化造成的风险。调查表明，集体和个人天然林林权所有者对成立公益林场，实行规模化经营的意愿普遍较高，林农几乎都愿意参与国有林场或成立林业合作社等方式合作规模化经营管理，提高森林经营效率。

规模化公益林场主要是指针对分散经营、以发挥生态效益为主的集体所有天然林、公益林资源，通过政府政策扶持、资金支持，因地制宜引导社会资本和集体林权所有者采取股份合作、经营权赎买、承包、租赁等方式，流转整合集体林地资源，实行规模化经营、专业化管理、公益性保障、可持续修复，达到落实天然林、公益林保护修复措施，提升森林质量，加快森林生态功能修复的目的。

建立规模化公益性林场是积极适应新形势，优化整合林地、劳动力、资金、技术、市场等生产要素，创造新的经济增长点，促进天然林区社会经济可持续发展的必经之路。规模化公益林场可以将分散经营的集体天然林整合组织起来，多渠道争取森林经营资金，解决分散经营管理做不了、不愿做和做不好的公益性森林的可持续经营管理，通过科学统一的经营措施，提高集体天然林的专业化经营水平，提高集体天然林的质量和效益，整体改善天然林区生态环境。同时，推行规模化公益林场建设，大力实施天然林保护修复，发展森林生态产业，可以促使林区产业转型，全面提升林区农民素质，将林农转变为林业工人，转变农民生产生活方式，同时，促进集体经济积累和发展，加快天然林区乡村振兴。因此，发展规模化公益林场是集体天然林、公益林等公益性森林管理改革的方向。

四、规模化公益林场的构建

1. 规模化公益林场的目标任务

建设目标　采取多种互利合作方式，整合集体天然林资源管理，通过政府扶持、产业调整、就业转型、资源流转，建设规模化公益型林场，推动集体天然林规模化经营、专业化管理、系统性保护修复，逐步建成生态良好、职工富裕、集体壮大、社会和谐的集体天然林区新型专业化林业经营管理组织，促进林区社会经济可持续发展。

主要任务　依法严格保护天然林资源，全面落实森林巡护、森林防灭火、病虫害防治、制止违法毁林等管护责任，实行天然林资源有效保护。按照天然林有关技术规程，科学制定经营方案，落实修复措施，规范开展天然林修复，提升森林质量，恢复森林生态功能，构建健康、稳定、高效的天然林生态系统和森林景观。在保持森林生态系统完整性和稳定性的前提下，科学利用天然林资源发展生态产业，开发森林生态产品，促进林场生态经济良性循环。

2. 规模化公益林场的建设原则

坚持生态优先，多效兼顾　牢固树立打造绿水青山的建设目标。把集体天然林的保护修复作为林场的主责主业，优先修复森林的生态防护功能和群落自然景观，兼顾经济和社会效益，通过发展和创新森林生态产品，增加林场经济收入。

坚持政府主导、多方参与　充分发挥各级政府，特别是属地政府的主导作用，根据本地集体天然林、公益林规模，统一规划，示范带动，政策扶持，技术支撑，实行政府搭台，多方参与，营造良好营商环境，构建社会资本支持参与的良好社会氛围。

坚持依法流转，互利共赢　尊重集体和林农林权主体的合法权益，兼顾农民就业增收,调动他们参与林场建设的积极性,充分保障林场的依法经营自主权,建立公平稳定长效的多方利益联结机制,依法签订天然林经营流转合同和协议,确保林场长期稳定可持续发展,达到互利共赢。

3. 建立规模化公益林场必须解决的问题

林权所有者的利益分配问题　林权所有者对规模化林场的支持与否是确保规模化林场顺利建设的关键。实行林场规模化经营,必须从根本上消除林权所有者在利益分配上存在的疑虑,妥善处理包括生态补偿的兑现比例,林业项目建设,林地征占补偿,森林旅游开发所得收益分配等问题。确保在实行林地合作经营后,林场管理者具有森林经营自主权。同时,对于林业建设项目,在具备施工能力、保障施工质量的情况下,优先安排林权所有者参与施工建设。对于参与合作的国有林场,应允许其获得一定比例的管理费,负责统筹安排、组织开展林地经营管理。

集体天然林保护修复责任和义务的履行问题　目前,由于国家和地方政府对于天然林保护和修复没有严格的要求和法律规范,导致天然林保护修复不利,不少集体林处于破坏和退化状态。建立规模化林场的目的就是通过国有林场的龙头带动作用,引导集体天然林尽快走向规模化、规范化管理轨道,加快河北天然林保护修复步伐,改善京津冀生态环境。因此,政府有必要出台强制性的政策、法规,在保障集体林权所有者依法享受国家生态效益补偿的前提下,督促其履行对天然林保护修复的责任和义务,对于责任和义务履行不到位的,减少其生态补偿或林业项目投资,促使集体天然林有效保护加快修复。

森林生态效益监测评价问题　定期监测和评价森林的生态价值,并通过建立碳汇和生态价值交易平台,开辟和畅通森林商品化交易市场,引导社会关注森林资源的生态功能价值,推动林区林农自觉培育打造高质量的森林生态环境。

资金投入不足的问题　规模化林场建成后,由于天然林、公益林涉及规模大、分布范围广,加之森林的保护修复工作是一个长周期、高强度的劳动,需要长期、大量、可持续的资金投入。根据2020年新修订的《森林法》第二十九条规定,"中央和地方财政分别安排资金,用于公益林的营造、抚育、保护、管理和非国有公益林权利人的经济补偿等。"明确了公益林保护修复的资金来源渠道主要是中央和地方财政。各级政府对于天然林、公益林以生态公益类森林的经营管理应作为社会公益事业,建立可持续资金投入保障机制,保障林场职工待遇,满足包括管护房、林路、通信等基础设施建设,封山育林、森林抚育等林业生产和经营管理的需要。同时,要通过争取其他部门项目资金,政策性贷款、积极吸引企业等社会资本,拓展资金来源,保障林场的可持续运行。

合作林场的职工构成问题　由于集体天然林规模大,范围广,人口密度大、人为干扰多,如何构建高效率、专业化、可持续的林场管理机构和人员队伍,成为制约规模化集体林场成败的重要瓶颈。为此,要本着因地制宜、因需设岗、权责统一、多方参与、互利共赢、调动各方积极性的原则,设立林场管理机构和林场职工工作岗位。林场领导班子必须由懂专业、会管理、善协调的人担任,林场职工要具备年轻、专业、健康、责任心强等方面的必备条件,由林场面向社会统一招聘,优先招聘林场范围内的村组集体符合条件的人员。必要时可成立林场监事会,由入股林地的乡政府、村委会抽调有关人员参加,定期审查掌控林场经营管理状况。

4. 规模化公益林场的实现方式

集体林国有化赎买机制 由专业机构对集体林进行价格评估，经过政府和集体林权所有者协商，确定交易价格后，由县级政府财政出资购买，将集体林流转为国有林，交由县级政府新组建的森林管理机构（林场）或现有的国有林场经营管理，扩大国有林场规模，根据需要，适当增加林场管理人员，增设森林管护站点。

国有和集体股份合作制林场 国有林场和集体林权所有者以现有林地入股，国有林场负责出技术，争取项目和政策，集体林权所有者出劳力，在协商一致的基础上，合理确定对国家生态补偿等项目投资、收益等利益分配比例，组建股份制林场，共同参与森林保护修复工作。为了充分调动乡政府和村委会的积极性，股份合作林场的管理机构可由国有林场、乡政府和村委会共同参加，各方派人组成林场领导班子，共同决定林场经营管理的重要事项。

家庭林场 对个人承包或购买的天然林地，达到一定规模后，可建立家庭林场，由个人负责森林的保护修复，承担森林经营管理的责任和义务，并享受国家森林生态补偿、天然林保护补助及相关国家扶持政策。一般家庭林场的规模以1万~5万亩为宜。怀安第三堡村民梁宝忠2005年承包第三堡中学农场、辛窑村2万多亩荒山，通过十几年封造结合治理，已经形成郁郁葱葱的针阔混交林地，沟中常年溪水潺潺，生态成效显著。治理成林后有4382亩林地纳入国家公益林森林补偿范围，而同一沟中未治理的荒山仍是荒山秃岭，一片荒凉，形成鲜明对比。

由县级以上政府组建事业型林场 可参照"再建三个塞罕坝林场"项目的建设和管理方式，在县域范围内，以集体和个人经营的林地为基础，按照政府主导、社会参与、互利惠的方式组建多种所有制股份合作林场。林场场长由政府主管副县长兼任，也可选聘具有一定领导经验和专业知识的林业管理人员担任。林场管理人员为政府面向社会招聘的具有一定林业专业知识和林场管理经验的事业编制人员，负责林场范围内森林的保护修复、经营管理，监督指导集体林管护和修复工作。林场管护人员可由村委会推荐，经过林场根据任职条件考核聘任。林场职工可以根据林场保护和管理的需要在全县范围内招聘，工资待遇为本地平均工资水平。根据全县森林分布情况，科学划定管护责任区，指导村组集体或个人科学经营管理森林，不断增加森林资源，提高森林质量。林场领导层可以包括县乡政府的有关领导，也可以与林长制结合，由林长兼任林场名誉场长。如果林场规模大，涉及乡村多，为维护林权所有者的合法权益，可成立监事会，负责监管林场经营管理状况。监事会由当地市县政府、主管部门、林权所有的村组推举的人员组成。林场有经营管理自主权，可根据森林分布区域，科学划定管护责任区，指导村组集体或个人科学经营管理森林，不断增加森林资源，提升森林质量。

5. 规模化公益性林场的建设内容

人员配备 林场职工数量根据林场规模大小和林场职工的管护经营能力确定。参照以往森林管理的经验，一般可按1000~2000亩安排一个护林员确定，也可根据林区的人口密度、管理难度、人员素质、基础设施、工资报酬等条件的不同，适当扩大管护人员的管护监控面积，管理人员、护林人员、技术人员、作业人员等各类人员配备根据林场建设的需要统筹考虑确定。林场职工应符合年龄限制，具备必要的林业专业知识，培训合格后方可上岗，具备承担森林管护、森林抚育、林业项目实施等工作能力。签订长期劳动合同的职工，工资待遇不低于当地事业单位最低工资水平，全面保障五险一金。同时，应建立健全考核奖惩制度，充分调动林场职工的积极性。

林场设施建设 公益林林场的基础设施建设，要立足林场的长期管护和科学经营，科学安排包括林路、场部、管护房、水电、通信网络设施、营林区、防火设施、围栏、界桩、碑牌等基础设施建设，确保各类配套基础设施布局合理，因需而建，林路、通信基站全覆盖，能将辖区森林得到全面监管，林业生产设施配套齐全，使林场职工的生产生活条件不断改善，逐步接近城镇条件，同时，配备必要的汽车、摩托车等交通工具，提高林场交通的通达性和便利性，以确保林场职工能够长期安心从事林业生产。

制度建设 充分吸收国有林场的经营管理经验，科学制定林场的护林防火制度、护林员管理制度、森林资源监测评价制度、森林经营方案制度、森林抚育经营作业设计、审批和验收制度、森林档案管理制度、项目资金管理制度、效益分配制度、工作考核奖惩制度等，规范林业项目作业程序。

建设规模 一般应根据公益林、天然林的分布情况，林场职工的配备情况，行政区划的辖区情况，政府的扶持力度等因素，本着政府搭台、多方参与、相对集中、规模经营、便于管理、市场运作、权责相适、精简高效、可持续发展的原则，科学确定林场建设规模。林场范围可突破行政界限，扩展到一个流域，几个乡，甚至全县。家庭林场或集体林场规模一般以1万~5万亩为宜，范围主要划定在集体或个人的森林权属区内，由集体或个人负责森林保护、经营及管理。为了积累集体林场建设经验，各地应先行试点，结合本地实际，随着管理机制和管理模式的成熟、管理队伍的扩大、管理水平的提高以及管理成效的显现，林场经营面积可以逐步达到10万~20万亩，解决因林地分散造成的生态效益低、管护成本高、管护效率降低等问题。政府主导或国有林场参与股份经营的林场，可以将林场规模扩大到30万~100万亩。

五、规模化公益林林场应注意的几个问题

一是充分发挥政府在规模化公益型林场建设中的主导作用。林区政府要充分认识集体天然林管理机制改革的必要性和紧迫性，加强组织领导，成立工作领导小组，党政主要领导亲自抓，制订周密工作方案，落实工作责任，形成推动和监督工作合力。相关部门要强化规范和指导，抓住关键环节，特别是关注林地的规范与合理流转，加强对流转的森林资源的评估结果进行抽查、复核和评审，对合作协议要共同见证把关并张榜公示，减少合作纠纷，避免损害农户利益的事件发生，提升农户的合作信心。建立健全政策支持和激励机制，促进森林资源变资产、资产变资本、资本变产业、产业变效益，打通天然林、公益林资源转变为产业和收益的制度政策障碍，实现天然林可持续发展。

要立足公益性事业开展集体天然林、公益林管理机制改革，根据公益林和天然林生产周期长、以生态效益为主导等特点，各级政府应通过高位推动、政府搭台、政策扶持，充分调动林权所有者、企业、社会团体和国有林场等社会各界参与集体林经营管理的积极性，加快集体公益林的整合流转，提升集体林经营管理水平。同时，应制定建立健全集体林经营管理的配套法规制度，包括林木采伐制度，生态效益补偿制度，全面停止天然林商

业性采伐制度，天然林和公益林的损害赔偿制度，产业准入制度，占地赔偿制度等，规范森林的经营管理行为。加大破坏天然林和公益林行为的处罚力度，提高处罚标准，增加违法成本，发挥林业法规的震慑作用。建立林业职工收入保障体系，比照地质行业收入水平，把林业行业打造成高收入行业。制度建立后，必须有强有力的管理机构或执法机构确保政策制度落地落实。最大限度发挥林长制的制度优势，压实各级党委、政府主要领导保护发展集体天然林、公益林的主体责任。

二是充分发挥国有林场在规模化公益型林场建设中的技术优势、示范引领和辐射带动作用。精准确定国有林场和集体林经营管护的利益结合点，确保合作各方互利双赢。经过国有林场改革，多数国有林场已成为财政基本保证的一类事业单位，职工待遇和生产生活条件得到极大改善，国有林场职工彻底摆脱了靠创收、靠采伐、靠多种经营挣工资的窘境。新形势下如何应充分调动国有林场干事创业积极性，应制定激励政策，鼓励国有林场与集体林合作，发挥国有林场森林经营管理优势，扩大国有林场经营规模和管理范围，增加职工收入，增加国有林场经济实力，培育壮大集体林专业化、职业化林业职工队伍，充分发挥国有林场示范带动作用，建立健全集体林经营管理制度，指导集体林落实各项森林保护修复措施，优化林分结构，提升森林质量和生态经济价值。

三是注意充分调动集体林权所有者的积极性。要因地制宜开展多种合作经营模式，促进集体天然林适度规模化经营。由于不同集体林的资源禀赋不同、合作的利益诉求不同，经营模式也应多元化。在充分尊重农户意愿的前提下，当地政府和国有林场要结合农村实际，采取林权赎买、家庭林场、股份合作、委托管理等多种经营模式和利益联结方式，让林权所有者根据自身需求、林地现状选择合适的经营管理模式和利益联结方式，提高集体和林农参与合作的积极性，达到规模经营的目标。县、乡两级政府应充分发挥动员、组织、协调和政策激励的作用，充分宣传国家天然林和公益林保护管理政策，立足长远可持续发展，高起点谋划，充分调动集体林权所有者参与规模化公益林场建设的积极性，夯实公益林场机构队伍、组织保障、制度规范等发展基础。科学指导森林生态补偿资金及其他林业项目资金的使用管理，指导集体落实森林经营措施，积极争取和科学安排集体林的林业建设项目。公益林场优先聘用集体林范围内符合条件的村民作为林场工人。涉及林场招商引资、合作开发等相关建设项目时，要充分征求林权所有者意见，科学处理林场和集体林权所有者之间的利益分配关系。林场要与林权所有者（集体或个人）签订林场经营协议，明确双方权利、责任和义务，避免今后发生矛盾和争议。

四是多方筹集天然林保护修复资金。在充分利用国家和地方天然林保护修复政策、森林生态补偿政策及其他林业支持政策的同时，积极争取包括水土保持、乡村振兴、环境保护、交通、自然资源等各类项目资金，加快规模化公益型林场的建设进程。鼓励大中型国有企业、社会团体通过购买森林碳汇、流转森林资源等方式，积极投资参与天然林保护修复等生态建设，持续推进国家储备林基地建设，积极争取国家开展银行、中国农业发展银行发展林业贷款项目资金用天然林保护修复。对于矿山开发企业可以征收必要的资源补偿费，用于生态恢复和生态补偿。

五是加快森林生态产品开发和评价计量。在建立健全天然林资源和生态功能监测体系的基础上，对天然林开展精细化生态经济价值评估和计量，建立社会公认的森林价值评价体系，加快培育森林碳汇、森林生态补偿、森林生态旅游等森林生态产品及消费需求市场和森林资源资本化流转交易平台，培育森林生态产业新的经济增长点，构建森林生态建设可持续资金流，吸引社会资本投资天然林保护修复等生态产业，促进天然林、公益林的保护修复工作的持续健康运行。

六是试点先行，示范带动。强化政府政策引导和试点村的示范作用，营造合作氛围。首先，在政策扶持上，在发展初期，当地政府要结合乡村振兴战略、生态文明建设和林业生态产业化等国家重大方略，统筹好国家各类补助资金、试点资金和发展基金等专项资金，支持推进农户与国有林场开展林业合作经营。在减免国有林场营业税和所得税、生产经营性补贴提供、安排抚育采伐指标和提供各种低息贷款等方面给予大力支持，优先安排。然后，发挥好试点村示范作用。选择领导班子好、积极性高、条件成熟的村集体优先开展规模化公益性林场建设试点，充分尊重集体和林农意愿，规范民主决策程序，本着责任共担、利益共享的原则，开展公益林场试点，充分发挥合作双方的积极性，让广大林农感到实实在在的合作成效。最后，合作方要明晰资源底数，做好森林经营成本、产值和利益分配测算等基础工作，有条件的国有林场可以采取收益兜底保障，让集体林权所有者放心合作。

相关典型案例如下。

1. 丰宁千松坝林场

河北承德丰宁千松坝林场，始建于1999年，由县政府主导组建，是"再建三个塞罕坝林场"项目中的一个股份制林场。林场现有林地80多万亩，主要包括孤石牧场部分林地、大滩林场部分林地，大滩附近有关乡镇村组集体部分造林地。有关收益各方按照一定比例实行利益分成。林场为正处级全额事业单位，场长原本由一名副县长兼任，目前为单设的林场领导班子。现有全额事业编近50人，因管护需要，招聘部分护林员。经过20年的建设，已初步建成近百万亩包括国有、集体和个人多种所有制共存的股份制林场。资金主要来源于"再建三个塞罕坝林场"项目，此外有20万亩林地纳入国家级重点公益林，享受国家生态补偿资金。

2. 围场滦河林场

围场满族蒙古族自治县国有滦河林场（简称滦河林场），始建于2015年。2000年以来，围场县林业局利用世行贷款购买了1286hm^2集体、个人的林地林木资源；从2012年开始，县林业局又和后沟牧场及部分乡镇合作造林，发展林苗一体林业经济模式，在此基础上2015年正式成立了滦河林场。2016年开始运行，2017年12月承德市委编办批复滦河林场为全额拨款的副科级公益一类事业单位，下设4个科室，林场现有职工102人，在职职工97人，其中，30个全额事业编制。林场经营总面积10.83万亩，场外合作造林2.44万亩；现有成林5.72万亩，森林覆盖率52.8%。

2017—2019年，滦河林场依托"再造三个塞罕坝林场"项目，完成建设任务9.2万亩，其中，人工造林3.3万亩，封山育林5.9万亩；利用县级资金在宝元栈竹子上村、姜家店庙子沟村流转荒山，实施人工造林自主经营面积8600亩。与西龙头、老窝铺、南山咀、御道口、姜家店等地的村组集体和农户签订协议，以股份制合作造林2.44万亩，村组集体或农户以土地入股，林场负责造林的各项费用开支（苗木费、整地费、栽植费、架设人工机械围栏等）和技术指导，并在约定期限内完成造林项目施工，所得收益按照3∶7、2∶

8、5∶5不同比例分成。造林结束后，由甲乙双方共同申请办理林权所有证，并注明各方所占比例。

到 2020 年年底，滦河林场有中龄林 3887hm²，幼龄林 1133hm²，新造林林地 2200hm²，经营面积达到 7220hm²，森林植被显著增加，对改善全县生态环境发挥了重要作用。

3. 涿鹿县生态管护林场

涿鹿自 2016 年为冬奥会启动建设国家储备林以来，经过 3 年多的建设，完成新造国家储备林近 15 万亩，随着施工单位逐步完成造林竣工验收，工程面临交付后的林地保护、抚育管理。县林草局从 2019 年开始筹划林场建设工作，2020 年 8 月涿鹿县生态管护林场经县编委批准成立，加挂涿鹿国营苗圃的牌子。人员由涿鹿国营苗圃整体划入，为差额拨款事业单位，编制 41 人。县政府通过购买流转集体造林地 15 万亩，成为生态林场经营基础。

涿鹿县委、县政府高度重视生态管护林场建设工作，多次召开会议进行研究部署，确立了以下林场建设原则。

坚持生态优先、保护优先的原则。把提高生态资源质量放在第一位，通过规模化、专业化、精细化管理，逐步提升生态系统质量和稳定性。建立长效管护机制，像保护眼睛一样保护生态资源，实现人与自然的和谐共生。

坚持政府监管、林场实施的原则。县政府和县林草局对生态管护林场的生态资源经营管理、管护资金使用、养护人员安排进行全面监管。生态管护林场作为管护实施单位，按照政府要求，全面达到应有的管护成效。

坚持合理布局、统筹推进的原则。根据造林绿化不同区域特点，发展优势，按照山水林田湖草沙系统治理理念，协调处理好森林培育与经济发展的关系，实现管护与经营的有效结合。

坚持绿色发展、惠民富民的原则。牢固树立"绿水青山就是金山银山"的理念，生态管护林场把更多的农民组织起来，参与森林资源管护，把农民培养成为新型林业工人，增加农民就业、提高农民收入。

坚持生态导向、保护优先的原则。以"因养林而养人"为方向，以维护和提高森林资源生态功能作为出发点和落脚点，实行最严格的林地和林木资源管理制度，确保森林资源不破坏、不流失，为坚守生态红线发挥示范引领和主力军作用。

坚持职责明确、协调联动的原则。生态管护林场与各乡(镇)之间要做到边界准确、面积精确、职责明确，各负其责。生态管护林场主要负责区域内的资源管理、资源监测和资源保护等工作。森林和草原防火工作，按照相关法律法规和上级文件精神，坚持属地管理、联防联治的原则，生态管护林场与各乡(镇)在县政府统一领导下协调联动，一起安排，共同管理，共防共灭。

到目前，林场设立了桑南、矾山、辉耀和河北等 4 个管护区，结合全县重点造林绿化工程和重点林区分布情况，共设立了 18 个管护站，实现了管护区域全覆盖。建立了县、乡、村三级管护体系，初步建成了场、区、站三级管护网络，形成了乡(镇)、林场、行政村协调联动的管护机制，建起了专业性(林场干部职工)、季节性(防火期)和临时性(春节、清明、五一等关键期)护林员相互补充的管护体系，真正实现了网格化管护，保证了管护效果。

管护区办公用房通过租用解决，每个管护区配备干部职工 4 名，防火宣传车 1 辆，现有办公用房 2 间，宿舍 2 间，防火物资库 1 间，电脑、网络、生活设施齐全，交通便利。

林场建设及运行费用由林场从生产经营利润中支出，不足部分由县财政给予支持。

涿鹿生态林场成立后，管护成效明显提高。一是管护区周边老百姓对林草资源管护意识增强，对野外禁止放牧、用火的知晓率达到 100%，有力地防止了人为因素破坏森林资源行为的发生。二是管护区内没有发生放牧情况。由于常年有专人巡山管护，并进村入户进行禁牧宣传，养殖户不再去野外放牧，牲畜啃食林木现象消失。三是加强野外用火管理。特别是到了春节、清明节、五一春耕时节以及国庆，管护人员全天候巡山，严把主要路口，禁止野外人员带火上山，实行文明祭奠，更不准野外烧地坪燎地埂，保证了 15 万亩新造林的安全。同时，也锻炼了干部队伍，积累了工作经验，提高了工作能力。经过近一年的工作，管护区内 15 万亩重点工程林，没有发生火情火险，没有发生破坏林业资源的行为，保护了林业建设成果，取得了很好的成绩，达到了林场建设目标。

"三分造、七分管"，后期管护工作任务艰巨、意义重大，实现"造一片、活一片、成一片"，是每一个林业人的梦想，只有通过建立规模化林场的长效管理模式，才能确保森林的长期保护修复落地落实，才能真正实现专业管护，才能彻底改变过去"造林不见林"的现象。

随着林场实力的不断增强，涿鹿县生态管护林场将逐步扩大林场经营规模，在今后 5~10 年林场经营管理面积争取到达 50 万亩以上。

附：《北京市人民政府办公厅关于本市发展新型集体林场的指导意见》（京政办发〔2021〕15 号）

各区人民政府，市政府各委、办、局，各市属机构：

本市新型集体林场是在集体林权"三权分置"的基础上，由属地政府主导，当地集体企业或农村集体经济组织出资成立，开展集体生态林建设、管理、保护和可持续利用的集体所有制新型林业经营主体。为巩固和深化本市集体林权制度改革成果，科学、规范、有序推进新型集体林场建设，助力乡村振兴，经市政府同意，现就本市发展新型集体林场相关工作提出如下指导意见。

一、总体要求

（一）指导思想

以习近平生态文明思想为指导，深入贯彻落实习近平总书记对北京重要讲话和指示批示精神，牢固树立"绿水青山就是金山银山"理念，以新型集体林场为载体，以集体生态林保护、经营、利用和生态承载力提升为核心，优化政策机制，创新经营管理模式，不断提升集体生态林的多重效益和生态产品供给能力，持续推动集体生态林资源转化为农民增收致富的绿色资本，实现"生态美"和"百姓富"目标的有机统一。

（二）基本原则

坚持生态优先，多重效益并举。科学开展林木经营管护工作，把保护好、经营好集体生态林作为第一要务，确保林地面积不减少，森林生态系统质量稳步提升，生态承载力持续提升，生态、经济和社会等综合效益不断增值。

坚持政府主导，多元主体参与。发挥属地政府主导作用，坚持规划引领，多规合一；强化行业指导和监管，确保新型集体林场集体所有制属性；营造良好营商环境，调动社会资本参与的积极性。

坚持农民主体，多方利益共赢。聚焦农民就业增收，让更多本地农民就近养山养林就业；通过建立公平稳定长效的多方利益联结机制，统筹兼顾各方需求，实现多方共赢。

(三) 工作目标

到2025年，全市60%以上符合条件的集体生态林纳入新型集体林场经营管理；新型集体林场建设的配套政策、机制体制趋于成熟，以生态效益为主导的多重效益稳步提升。到2035年，全市符合条件的集体生态林全部纳入新型集体林场经营管理；建成新型集体林场高质量运行管理体系，高水平实现集体生态林的多重效益。

二、新型集体林场的组建方式

(一) 组建条件

集体生态林无权属纠纷，相对集中连片、边界清晰；平原区集体林场经营管理面积不小于3000亩，山区集体林场经营管理面积不小于10000亩，并应保持沟域、小流域单元相对完整；配备懂技术、善经营、熟悉当地情况的专业化团队，其中，中级及以上职称或经过专业技术培训的技术人员不少于3人。

(二) 组建类型

可通过区统筹跨乡镇的方式组建区级林场，或通过乡镇统筹跨村的方式组建乡镇级林场，以组建乡镇级林场为主。林地面积较大且可形成相对完整的森林生态系统的山区村，可组建分场。

(三) 组建程序

属地政府监督指导成立组建新型集体林场筹备委员会。筹备委员会主要负责确定组建方式、明确经营范围、落实资金来源、准备相关申报资料等。市、区园林绿化部门负责技术指导，区市场监督管理部门依法登记注册。

三、新型集体林场的主要任务

(一) 严格保护森林资源

落实日常巡护、林火监测、林木有害生物防控、自然灾害及突发事件应急响应等保护措施，发现盗伐林木、林地排污等毁林毁地事件及时上报处理；协助园林绿化部门监管各类建设工程占用林地施工现场；加强湿地、野生动物迁徙通道、重要物种栖息地等生物多样性保育。

(二) 科学经营森林资源

在园林绿化部门指导下，以构建健康、稳定、高效的森林生态系统为目标，编制中长期森林经营方案和年度经营计划；开展森林近自然经营、生物多样性保护和重要物种栖息地恢复等工作。

(三)适度利用绿色资源

在保持森林生态系统完整性和稳定性的前提下,依托绿色空间和绿色资源,科学发展符合行业规范和区域特色的林下经济,主要包括林下种植、养蜂、林产品采集加工、森林旅游、森林康(疗)养、森林体验教育、林木抚育剩余物开发利用等模式。

(四)组织农民绿色就业

林场用工以农村集体经济组织成员为主,原则上不低于工人总数的80%,平原区每人经营管护面积不超过50亩。在专业技术人员配备方面,同等条件下优先聘用有专业工作经历或经过专业技术培训且熟悉当地情况的技术人员。

四、支持政策

(一)加大以工代赈工作力度

属地政府做好辖区内涉林工程项目的统筹管理工作,引导组织机构健全、专业技术达标、本地农民就业充分的新型集体林场,通过以工代赈方式直接参与涉林工程项目建设。

(二)加大财政资金支持力度

2023年年底前建成的新型集体林场,经市园林绿化局组织相关部门开展绩效考核评估后,根据规模大小和绩效考评结果,给予一定额度的一次性财政奖补。新型集体林场同时享受农业机械、有机肥、绿色防控产品购买以及病虫害统防统治等支农惠农补贴政策。

(三)畅通拓展职业发展通道

林场职工可按程序申报工程技术、农业技术等系列职称评审;有突出贡献的专业技术人员,可通过绿色通道破格申报高级职称。对长期下沉集体林场开展科学研究、科技推广、技术指导的专业技术人员,在职称评审时,重点评价其在技术指导和成果转化方面的实绩。

(四)依法享受社会保障权益

新型集体林场按规定享受失业保险返还、农村劳动力就业岗位补贴、在职职工技能提升培训课时补贴等优惠政策。林场职工达到法定退休年龄,但基本养老保险累计缴费不足最低缴费年限的,可选择延期缴费至期满。

(五)依法享受税费优惠政策

新型集体林场依法享受国家对支持脱贫攻坚、实施乡村振兴战略的中小企业、农林企业的税费优惠政策。从事农、林、牧、渔项目所得依法免征、减征企业所得税,自产自销初级农产品免征增值税;满足小微企业条件的新型集体林场,依法减免征收企业所得税、增值税、行政事业性收费等。

五、监督管理

(一)森林资源保护监管

属地政府要与新型集体林场签订森林资源保护目标责任书,明确责任人,压实保护责任。新型集体林场要严格按照当地林地保护利用规划,依法合规开展森林资源保护和生产经营活动,不得擅自流转林地的经营权。要建立健全工作台账,严格实施精细化管理,切实做好森林资源保护监管工作。

（二）财政资金使用监管

新型集体林场使用的财政资金要专款专用、独立核算。主要用于林木养护、抚育经营、科技示范推广、生物多样性保育、自然灾害应急处置、林木有害生物防控等工作的劳务支出，种苗、农药、肥料、小型机(器)具、林下经济发展设施等生产资料的购置以及涉及森林经营的其它用途。

（三）劳动用工监管

建立集体林场职工实名制信息数据库，依法与职工签订劳动合同，按时足额发放工资报酬，按规定为职工缴纳社会保险，鼓励为职工购买人身意外保险。建立健全职工招聘、培训、考核、晋升和解聘的用人机制，相关信息建档管理。

（四）林业生产经营服务设施监管

新型集体林场管理的林地内不得新建办公用房，办公用房可通过当地政府配置闲置公房、租赁闲置农宅、统筹利用基层林业管理机构用房等方式灵活解决。修建直接为林业生产经营服务的工程设施，需由区园林绿化部门会同规划自然资源等部门依法审批。

六、组织保障

（一）加强组织领导

充分发挥市、区集体林权制度改革领导小组职能，统筹协调各成员单位联动形成工作合力。属地政府是新型集体林场建设和管理的责任主体、实施主体，要加大政策、资金整合力度，制定切实可行的实施方案、工作预案并抓好落实。其中，区政府要引导新型集体林场借鉴现代企业制度及相应的会计准则，实现科学管理；乡镇政府要指定专门机构、选派专人，加强技术指导和关键环节监管，确保实效。市、区园林绿化部门要充分发挥行业监管、技术指导职能，组织制定、修订相关政策及技术标准，统筹推进新型集体林场建设工作。

（二）明确责任分工

发展改革部门要对新型集体林场建设中符合固定资产投资政策的必要基础设施建设给予支持；财政部门会同园林绿化部门修订完善集体生态林经营管护办法，加强资金支持和预算绩效管理；规划自然资源部门会同园林绿化部门研究制定新型集体林场用地政策，协调办理用地审批手续；科技部门会同园林绿化部门组织在京各种类型科研单位，研究解决新型集体林场发展中面临的技术难点问题；人力资源社会保障、农业农村、市场监管、税务等部门根据工作职责，加强对新型集体林场建设工作的支持。

（三）严格绩效考评

各级集体林权制度改革领导小组办公室每年组织相关部门，对新型集体林场建设和管理工作开展绩效考评，评估结果经领导小组审议后予以通报，作为兑现奖补资金、调节管护资金、启动退出机制等奖惩措施的依据。新型集体林场场长通过属地政府委任或公开招聘方式产生，5年内集体林场年度考核两次不合格的，应及时作出人员调整。

第十一章 天然林保护修复考核评价体系

建立科学合理的天然林保护修复考核评价体系是生态文明建设的制度刚需，是践行"绿水青山就是金山银山"理念的重要举措。天然林资源管理考核评价是天然林资源管理的关键环节，充分发挥"林长制"制度成果，通过建立天然林资源保护、修复和经营管理考核评价体系，可以科学确定各级天然林资源管理部门和林权所有者的主体责任是否落实，措施是否得当，政策是否兑现，保护是否有效，管理是否到位，违法是否查处；建立考核评价体系，有助于促进各级政府和林业主管部门进一步完善林业管理体制机制，加强林业管理机构与服务能力建设，建立健全林业管护队伍，提升森林资源保护能力和经营管理水平，督促各级责任主体主动作为，落实森林资源保护修复和经营管理的责任和义务，进一步强化管理措施，科学合理使用资金，确保国家和省政府各项林业政策全面及时落实到位，保障天然林资源得到有效保护，促进天然林资源可持续增长，保障天然林生态功能得到充分发挥。

一、考核评价的基本原则

坚持有利于天然林保护修复，最大限度地发挥天然林生态防护功能为导向的原则。建立天然林保护修复考核评价体系的目的在于加快资源增长和生态功能恢复。在天然林考核评价中，应通过考核天然林保护修复成效，督促各级党委政府和林业主管部门，落实天然林保护修复措施，最大限度地减少放牧、采伐和破坏造成的损失，科学抚育经营森林，促进天然林资源可持续发展。

坚持定量评价和定性考核相结合的原则。考核评价的主要量化指标应包括天然林面积增长率、蓄积量增长率、保护修复任务完成率、资源减少或损失率等。同时，对于管护机构、队伍、制度建设及各项相关措施的实施和落实情况也应纳入考核评价的内容，予以定性评价。

坚持总体评价和重点考核相结合原则。对于一个地区天然林经营管理现状的考核，必须立足其资源禀赋，整体上考察该地区的资源增减变化情况；其次对于造成资源增减的主要原因，如资源督查发现的问题图斑、火灾情况以及在天然林保护管理上的政策兑现、措施实施、案件查处等情况可以作为重点考核的内容。对各级党委政府、主管部门、林权所有者及护林员的履职尽责情况也要作为考核评价的重点，加以考察评定。

坚持年度考核和定期评估相结合的原则。针对天然林保护修复工作任务目标完成情况，一般按年度考核为宜。为掌握一定时期内天然林资源变化情况，考察天然林保护修复取得的成效，可以5年为周期，通过监测数据对比，考核有关主体责任的履行情况，也有利于评定天然林保护修复有关政策和措施的成效，以便及时发现问题，有的放矢地加以整改和解决。

坚持按职责分工、分级考核的原则。党委政府对天然林保护修复负有总责，职能部门根据职责分工不同对天然林保护修复各负其责，天然林经营主体对落实保护修复措施负有直接责任。在考核中要按照上一级考核下一级的原则，逐级落实考核主体工作责任，督促有关责任主体履职尽责，调动各方面天然林保护修复的积极性。

二、主要依据

天然林资源考核评价体系的建立依据，主要包括现行林业法律法规，森林资源管理政策、制度、技术规程和规范、管理办法。主要依据包括如下。

1.《中华人民共和国森林法》

《中华人民共和国森林法》是考核评价天然林保护修复工作的首要依据。

新修订的《森林法》第四条规定：国家实行森林资源保护发展目标责任制和考核评价制度。上级人民政府对下级人民政府完成森林资源保护发展目标和森林防火、重大林业有害生物防治工作的情况进行考核，并公开考核结果。

第三十二条规定：国家实行天然林全面保护制度，严格限制天然林采伐，加强天然林管护能力建设，保护和修复天然林资源，逐步提高天然林生态功能。具体办法由国务院规定。

2. 有关天然林、公益林的法规、政策和管理办法

主要包括：《关于全面推行林长制的意见》《天然林资源保护工程管理办法》《河北省停止商业性采伐天然林落界核定办法（试行）》《天然林资源保护工程核查验收办法》《国家公益林管理办法》《国家公益林区划界定办法》《河北省重点生态公益林管理办法（试行）》《国家重点公益林管护核查办法（试行）》。

3. 其他法规、管理办法等

（1）林地征占用、林木采伐等管理办法。

（2）有关天然林、公益林生态补偿和资金使用相关规定和管理办法等。

（3）天然林资源档案、森林经营档案、林木采伐和征占用林地审批档案，林地资源一张图。

（4）天然林、公益林区划落界有关档案，包括林权所有者划入申请、与林权所有者签订的协议、公示、管护协议等资料。

（5）林地保护利用规划、天然林保护修复规划、林区基础设施建设规划等。

（6）护林员有关档案资料（包括管护协议、巡护记录、工资发放记录、护林员管理制度或办法等）。

（7）天然林资源监测和生态监测成果。

（8）有关天然林、公益林建设的督查、检查、审计成果。

三、考核评价的主要内容

（一）资源变化情况

包括森林覆盖率、有林地面积、天然林面积、蓄积量、树种结构、地类结构、密度、平均胸径、平均树高、资源监测情况（包括生态功能监测）；天然林资源增减变化数据（应由省林业主管部门委托林业专业调查监测队伍完成）。

天然林区划落界情况，公益林落界情况。

（二）天然林保护情况

包括放牧、火灾、病虫害、占用、灾害、采伐、乱砍滥伐、林权纠纷、毁林案件查处等。

（三）天然林修复任务目标完成情况

包括退化天然林修复、补植补造、封山育林、抚育经营等。

（四）政策措施执行兑现情况

包括停止天然林商业性采伐、森林生态效益补偿、森林质量提升、林区基础设施建设等。

（五）机构队伍建设情况

包括资源管理机构、林业行政执法机构、国有林场、基层林业站建设中的机构设置、人员配置、队伍素质等情况。

（六）护林员队伍建设和管理情况

包括护林员聘用管理制度、业务培训情况、履职尽责情况、考核奖惩情况等。

（七）资金投入、使用和政策兑现情况

包括中央和地方林业资金投入、资金使用情况，中央和地方下达的天然林保护、修复、基础设施建设等主要任务目标完成情况。

（八）档案管理情况

包括天然林资源档案、林权档案、森林经营档案、天然林、公益林区划落界档案、相关协议公示档案、护林员（包括生态护林员）档案、资金使用档案等。

四、考核主体与考核对象

1. 省级考核

考核主体为省级党委、政府，主体代表为省级总林长。牵头单位为省级林业主管部门，牵头人为省级林业主管部门主要负责人。

考核对象为市级党委、政府，代表为市级总林长，牵头单位为市级林业主管部门，牵头人为市级主管部门主要负责人。

2. 市级考核

考核主体为市委、市政府，主体代表为市级林长；牵头单位为市级林业主管部门，牵头人为市级林业主管部门主要负责人。

考核对象为县委、县政府，主体代表为县级林长；牵头单位为县级林业主管部门，牵头人为县级林业主管部门主要负责人。

3. 县级考核

考核主体为县委、县政府，代表为县级林长。牵头单位为县级林业主管部门，牵头人为县林业主管部门主要负责人。

考核对象为乡党委、政府，代表为乡级林长；牵头人为主管副乡镇长或林业站、林业执法大队负责人。

为了保证各级天然林管理主体的责任落实到位，乡级林长可以对有关村、林场、林权所有者进行考核评价，重点考核对天然林资源的管护效果，责任落实情况等。

五、考核评价指标与评分标准

(一) 考核指标

1. "一票否决"指标

因违法征占用林地、森林火灾、乱砍滥伐、毁林开垦等原因，导致天然林资源大量损毁（1000亩以上）的，造成社会恶劣影响的，实行"一票否决"。

2. 约束性指标

包括天然林面积，天然林蓄积量，森林覆盖率。

天然林保护任务目标完成指标：天然林管护面积（指落实管护责任、签订管护协议的面积），落实管护责任面积占比。出现放牧、乱砍滥伐、违法征占用林地等毁林现象的，视为管护责任落实不到位。

天然林修复目标任务完成指标：天然林修复面积、蓄积、抚育、改造、提升等修复任务完成指标。

3. 结构功能指标

天然林资源质量指标：地类结构、林龄结构、平均树高、平均胸径、树种结构（珍稀树种比重）。

天然林生态功能指标：保育土壤、林木养分固持、涵养水源、固碳释氧、净化大气环境、森林防护、生物多样性。（建议参照中华人民共和国国家标准《森林生态系统服务功能评估规范》(GB/T 38582—2020)。）

4. 管护目标指标

保护任务完成情况：天然林落实管护责任面积占比。未签订管护协议或出现放牧、乱砍滥伐、违法征占用林地等毁林现象的，视为管护责任不到位。

修复任务完成情况：天然林蓄积量、抚育、改造、提升等修复任务完成率。

管护政策落实情况：资金投入到位率、兑现率（包括公益林生态补偿、天然林停伐管护补贴以及生态护林员补助、森林质量精准提升资金等）。

机构队伍建设情况：县、乡两级林业资源管理机构设置、人员编制是否合理，指导、检查、督办、培训、考核等职责是否落实；护林员培训率、尽责率、考核合格率，网格化管护责任落实面积、占比。

基础设施建设情况：林路、场部、管护房、水电、通信网络设施、防火设施、围栏、界桩、碑牌等基础设施覆盖率。

档案管理情况：县级林业主管部门公益性森林资源档案是否齐全完整、标准规范。主要包括公益林档案（公益林划定、落界、协议、公示、兑现等）、天然林保护档案（天然林划定、落界、协议、公示、兑现等）、护林员档案、森林经营档案（作业设计、审批、施工、监理、验收等）、林地征占审批档案、森林防火档案、毁林案件查处档案、森林资源调查与监测档案、林地保护利用规划和森林资源"一张图"档案、林业基础设施建设与管理档案、资金使用及收支档案。必要时，可考核乡镇的护林员管理、生态补偿兑现等档案。

监测工作情况：包括是否开展天然林资源监测和生态功能监测，是否有专业监测队伍

(含聘请第三方监测队伍)，资源和生态功能监测数据的采集、利用情况。

(二)考核标准

1. 一票否决项

因人为原因造成天然林资源遭受 1000 亩以上重大损失，造成严重社会影响的，实行一票否决。

2. 扣分项

出现其他情形(被中央领导批示、被国家局有关部门通报批评；媒体曝光，经核属实；处置不力，发生群体聚集或上访事件，社会反映强烈)扣 1~10 分。

3. 加分项

重大天然林保护修复政策、措施在更大区域和系统范围内产生积极影响(创新天然林保护修复政策、地方立法或出台保障制度、实施重大专项行动、生态工程取得明显成效)，强化执法监督，夯实基层基础，受到表彰奖励等(表 11-1)。

表 11-1 天然林资源保护修复考核评价的评分标准

指标类型	考核指标	考核内容	分值
"一票否决"指标	违法征占用林地	毁林 1000 亩(含)以上的，实行"一票否决"	
	森林火灾		
	乱砍滥伐		
	放牧		
	毁林开垦		
	其他行为		
约束性指标	天然林面积	天然林面积增长、天然林蓄积增加，每项 3 分；森林覆盖率提高，4 分	10
	天然林蓄积量		
	森林覆盖率		
结构功能指标	资源质量指标	根据地类结构、林龄结构、树种结构、单位蓄积量等资源质量综合评价，划分为 5 级，1~5 级分别得 10、8、6、4、2 分。无监测数据不得分	10
	生态功能指标	根据天然林森林碳汇、水源涵养、水土保持、防风固沙、净化空气等生态监测结果测算天然林生态效益，综合评价划分为 5 个等级，1~5 级分别得 10、8、6、4、2 分。无监测数据不得分	10
管护目标指标	保护任务完成情况	管护协议低于 80%签订率的，扣 2 分，出现放牧、乱砍滥伐、森林火灾等毁林现象(毁林面积低于 1000 亩的)，毁林 20 亩及以下扣 1 分；超过 20 亩的每增加 20 亩扣 1 分	50
	修复任务完成情况	修复任务低于一定完成率的，不得分	8
	管护政策落实情况	资金低于一定到位率，扣 2 分；低于一定兑现率，扣 2 分	4

(续)

指标类型	考核指标	考核内容	分值
管护目标指标	机构队伍建设情况	机构队伍建设不达标，机构设置、人员编制不合理，每级每项扣0.5分，扣完1分为止；管理机构、护林员职责等未落实的，每项扣0.2分，扣完1分为止	2
	基础设施建设情况	基础设置建设不达标，林路、场部、管护房、水电、通信网络设施、防火设施、围栏、界桩、碑牌等每项扣0.2分，扣完2分为止	2
	档案管理情况	档案不齐全完整、标准不规范，天然林、公益林档案每项扣0.5分，其他档案每项扣0.2分，扣完2分为止	2
	监测工作情况	未开展监测，扣2分；监测工作未达到要求，每项扣0.2分，扣完1分为止	2
扣分项		出现扣分情形的每起扣2~5分，最多扣10分	10
加分项		重大天然林保护修复政策、措施在更大区域和系统范围内产生积极影响，强化执法监督，夯实基层基础，受到表彰奖励的每项加2~5分，最高10分	10

注：100分制，扣分上限10分，加分最高10分。管护协议签订率、修复任务完成率、资金到位率、政策兑现率等评价指标根据考核结果确定定级评分标准。

六、考核方式

由于天然林保护修复、公益林管理涉及面广，政策性强，干扰因素多，为了确保考核评价工作的科学、公正、准确，上级考核主体在制定考核方案时应尽量考虑考核工作的可行性和时效性，选择科学有效的考核方式。对天然林资源管理的考核评价依托专业队伍的调查监测数据，以卫片判读、固定样地监测、现场抽样调查、生态监测点观测数据、查阅档案、座谈调查等方式进行。

1. 卫片判读

这是目前常用的天然林、公益林资源的调查方法。也是效率较高、准确性较好的考核办法。考核评价的方法主要采取卫片确定毁林疑似图斑，经现场核实确认后的损失情况作为评价天然林资源增减的主要依据。

2. 监测样地调查

主要利用我国现行的森林资源一类调查布设的监测固定样地和森林资源二类调查的监测样地，采集天然林资源数据，推算特定地区的天然林资源消长变化。

3. 现场调查

主要对有森林采伐经营措施或存在占地、火灾、盗伐等毁林现象的天然林、公益林区，通过现地调查，理清天然林资源的损失变化情况。现场核验天然林、公益林区划落界情况，确保资源落界上图的准确性，避免因落界不准造成资源管理不善或政策兑现出现偏差等问题。

4. 效益监测点调查

主要利用在天然林区布设的包括径流场、监测样地、测水堰、气象站、土壤监测站等监测设施，采集天然林生态效益监测数据，考核评价特定地区天然林生态功能的发挥情况。

5. 座谈调查

通过组织不同权属林权所有者、护林员、村干部、县乡两级林长和森林资源管理人员等召开座谈会，调查了解天然林管护、修复、生态补偿政策兑现等有关情况，以便对县级天然林管理指标给予全面、科学、客观的评价。

6. 查阅档案

组织专业人员对森林经营管理档案资料包括公益林、天然林、护林员、森林经营、占地、采伐、防火、案件、监测、资金等档案进行全面查验、核对，总结经验、推广典型、解决问题。

7. 资金稽核调查

组织审计人员对考核对象涉及天然林、公益林的生态补偿、停伐补贴、森林抚育、质量提升、防火、生态护林员、林业工程项目等涉及林业投入的资金使用、支出和管理建设成效进行审计，根据审计力量和时间，确定审计范围（包括全面审计或抽查审计），确保按要求提交审计结果。通过资金稽核，督促各地及时全面落实中央和省天然林停伐和公益林补偿政策，取得预期成效。

七、考核队伍及资质

组织实施考核的牵头单位应为各级政府林业主管部门（具体执行机构应为其森林资源管理机构或天然林管理机构），代表同级党委政府或林长对下级党委政府或林长实施考核评价。

考核队伍的专业素质直接关系到考核评价结果是否客观、公正、准确，因此，对考核队伍的资质要求必须具备一定的林业调查监测的能力和水平，一般应到达乙级调查设计资质，参与调查的人员应具备工程师以上的技术职称。对于林业主管部门技术力量较强，有林业调查规划设计队伍的地区，可由林业部门委托本单位的林业调查专业队伍开展考核评价。森林资源管理机构负责具体组织。

由于机构改革后不少地区林业主管部门撤销、合并，造成林业主管部门人员减少，有的地区森林资源管理人员只有少数人或兼职分管森林资源，为了确保天然林考核评价工作的顺利开展，可以面向社会聘请具有林业调查监测评价资质的第三方林业专业调查队伍参与调查考核评价。

参加考核评价的人员必须经过专业培训，熟练掌握天然林、公益林相关政策、技术规程、办法和流程后方可上岗参与工作。

八、考核评价程序

为规范考核评价工作，应严格规范考核程序，正确把握考核关键环节，科学确定考核内容和方法步骤，确保考核结果准确真实可靠。

1. 制订考核评价方案

明确考核对象、考核内容、时间安排、考核方法、步骤、经费来源、考核人员的组织、考核成果及运用、考核纪律、考核工作的组织保障等。

2. 加强考核队伍培训

确定考核队伍后，应对考核队员进行全面培训，培训内容包括考核对象情况、资源情况、考核评价方案、有关林业法规、政策、规定、办法，必要的调查考核方法如卫片判读，样地调查，有关数据的采集、分析和计算处理方法等。

3. 开展考核调查

根据考核内容和人员分工，可以针对林业调查、座谈调查、档案调查、资金审计、效益监测等不同内容分组开展。既要提高调查效率又要保证工作质量，确保调查成果全面、真实、可靠。

4. 形成考核评价报告

报告内容要详实，引用资料要有效，佐证材料要全面规范，考核结果要科学、准确，经得起推敲、质疑。问题证据要充分，建议要立足现实，有较强的针对性和可行性。

参考文献

白顺江，谷建才，毛富玲，等. 雾灵山森林生物多样性及生态服务功能价值仿真研究[M]. 北京：中国农业出版社，2006.

陈尖，莫建辉，陈日强. 广东公益林生态效益总值20年增4倍[N]. 中国绿色时报，2020-01-09.

陈洁. 林业碳汇即将进入碳交易主流市场[N]. 中国绿色时报，2021-04-14.

崔亚琴，樊兰英，刘随存. 山西省森林生态系统服务功能评估[J]. 生态学报，2019，39(13)：4738.

党普兴，侯晓巍，惠刚盈，等. 区域森林资源质量综合评价指标体系和评价方法[J]. 林业科学研，2008，21(1)：89.

高宝嘉. 雾灵山森林植物与节肢动物群落结构及多样性研究[D]. 北京：北京林业大学，2005.

管惠文，董希斌，张甜，等. 抚育间伐后落叶松天然次生林生境恢复效果的评价[J]. 东北林业大学学报，2019，47(7)：6-13，24.

管美艳，王裕祺. 2021年中国自然教育热点事件盘点[N]. 中国绿色时报，2022-02-10.

国际热带木材组织(ITTO). 恢复森林景观——森林景观恢复艺术与科学导论[M]. 黄清麟，张晓红，译. 北京：中国林业出版社，2007.

国际热带木材组织(ITTO). LTTO热带森林可持续经营标准与指标及报告格式[M]. 黄清麟，张晓红，译. 北京：中国林业出版社，2009.

国际热带木材组织(ITTO). ITTO热带退化与次生森林恢复、经营和重建指南[M]. 黄清麟，张晓红，译. 北京：中国林业出版社，2009.

国家林业局经济发展研究中心，国家林业局发展规划与资金管理司. 2009年国家林业重点工程社会经济效益监测报告[M]. 北京：中国林业出版社，2009.

何彬元. 广西国有林场改革与发展的基础设施建设对策研究[J]. 沿海企业与科技，2016(5)：42-45.

河北省地方志编纂委员会. 河北省志：第17卷 林业志[M]. 石家庄：河北人民出版社，1998.

胡东，张维来，李友刚. 河北雾灵山植物区系分析[C]. 中国科学院生物多样性委员会. 生物多样性与人类未来——第二届全国生物多样性保护与持续利用研讨会论文集. 北京：中国林业出版社，1998.

黄清麟，张晓红. 森林景观恢复研究[M]. 中国林业出版社，2011.

李清河，杨立文，崔丽娟. 北京九龙山封育植被群落变化的研究[J]. 林业科学研究，2002，15(3)：323-331.

李想，等. 欧美生态产品价值实现机制及启示［N］. 中国绿色时报，2021-03-03.

廖望. 2021. 如何应对影响森林的五大全球趋势［N］. 中国绿色时报，2021-02-26.

刘俊昌，陈文汇. 天然林资源保护与社会经济协调发展研究［M］. 北京：中国林业出版社，2007.

刘俊昌，等. 世界国有林管理研究［M］. 北京：中国林业出版社，2010.

刘俊昌，等. 现代林业生态工程管理模式研究［M］. 中国林业出版社，2008.

刘倩玮. 我国森林文化价值这样计量评估［N］. 中国绿色时报，2021-04-30.

刘世荣，等. 中国天然林资源保护工程综合评价指标体系与评估方法［J］. 生态学报，2021，41（13）.

茅荆坝林场志编委会. 茅荆坝林场志［M］. 北京：中国林业出版社，2019.

彭林，常春平，魏立涛. 河北省主要生态灾害特点与防灾减灾对策［J］. 水土保持研究，2003，4（10）：304-307.

彭林，等. 河北省主要生态灾害特点与防灾减灾对策［J］. 水土保持研究，2003.12.

塞罕坝林场. 创造"荒原变林海"的人间奇迹［N］. 中国绿色时报，2021-4-12.

唐国华，董希斌，张甜，等. 大兴安岭低质林补植改造对土壤肥力的影响［J］. 东北林业大学学报，2017，45（4）：70-74.

唐国华，董希斌，张甜，等. 大兴安岭低质林补植改造效果的综合评价［J］. 东北林业大学学报，2017，45（4）：20-24，48.

王金锡，等. 长江中上游防护林体系生态效益监测与评价［M］. 成都：四川科学技术出版社，2006.

王子纯，李耀翔，孟永斌，等. 抚育间伐对小兴安岭天然次生林中杉木的碳密度分配与竞争的影响［J］. 西北林学院学报，2022，37（1）：10-16.

吴兆喆. 生态系统服务价值的实现路径［N］. 中国绿色时报，2020-11-11.

吴兆喆. 生态环境损害鉴定较叉学科前景值得期待［N］. 中国绿色时报，2021-11-08.

肖文发，朱建华. 森林"四库"系列解读：森林是碳库［N］. 中国绿色时报，2022-04-22.

徐化成，郑均宝. 封山育林研究［M］. 北京：中国林业出版社，1994.

杨昌腾. 浅谈国有林场森林生态建设经验与发展对策［J］. 农业与科技，2013（2）：30-31.

袁士云，赵中华，惠刚盈，等. 甘肃小陇山灌木林不同改造模式天然更新研究［J］. 林业科学研究，2010，23（6）：828-832.

张璐，蒲莹，陈新云，等. 河北省森林资源现状评价分析［J］. 林业资源管理，2018（5）：25-28.

张期奇，董希斌. 抚育间伐强度对落叶松次生林水文生态功能的影响［J］. 东北林业大学学报，2020，48（6）：142-145.

张秀媚，张毅，茅水旺，等. 农户参与国有林场合作经营影响因素分析［J］. 林业经济问题，2022（02）：323.

张旭东，康丽滢，司红十. 山区地带增加农民收入对策探析［J］. 农业经济，

2014: 14.

张志涛,戴广翠,郭晔,等.森林资源资产负债表编制基本框架研究[J].资源科学,2018,40(5):929-935.

赵建成,郭书彬,李盼成,等.小五台山植物志[M].北京:科学出版社,2011.

赵中华,袁士云,惠刚盈,等.甘肃小陇山5种不同灌木林改造模式对比分析[J].林业科学研究,2008,21(2):262-267.

《河北森林》编辑委员会.河北森林[M].北京:中国林业出版社,1988.

中国林学会.中国北方栎类经营技术指南[M].北京:中国林业出版社,2019.

周彩贤,等.近自然森林经营—北京的探索与实践[M].北京:中国林业出版社,2016.

BURLEY J, PLENDERLEITH K, HOWE R, et al. Forest education and research in the United Kingdom[J]. Forest Science and Technology, 2005: 67-76.

河北天然林资源

塞罕坝林场北曼甸分场高台阶天然林云杉林

塞罕坝林场北曼甸分场高台阶营林区天然云杉林

塞罕坝林场北曼甸分场四道沟营林区三道沟天然云杉古树林

塞罕坝千层板天然落叶松

塞罕坝林场北曼甸分场四道沟营林区天然针阔混交林

塞罕坝林场千层板分场天然桦树林

塞罕坝林场秋季天然林景观

塞罕坝林场夏季天然林景观

木兰林场秋后的金花忍冬

木兰林场山丁子林

木兰林场大径级落叶松

木兰林场大径级落叶松林

木兰林场天然花楸

木兰林场天然油松可持续经营示范林

木兰林场五道沟分场秋季天然林景观

木兰林场五道沟分场天然针阔混交林

木兰林场五道沟分场天然林景观

木兰林场五道沟分场抚育间伐后的桦树天然林

木兰林场五道沟分场锦带花

彩 图

木兰林场五道沟分场天然林

木兰林场燕格柏分场秋后天然林景观

木兰林场新丰分场天然山杨林

木兰林场新丰分场西沟营林区天然林景观

木兰林场新丰分场天然林

御道口山荆子片林景观

御道口牧场天然林景观

御道口天然白桦林

御道口天然山荆子林内状况

围场黄土坎乡头道川天然榆树根系发达，水土保持作用突出

围场滦河上游自然保护区天然榆树林

| 彩 图 |

围场头道川村八分沟民营天然油松林

围场头道川阳坡天然油松林

围场御道口封育的柠条林

丰宁草原林场永太兴营林区榆树稀树草原

丰宁草原林场榆树稀树草原

丰宁大滩辽河源天然林资源丰富

丰宁大滩滦河源金莲花

丰宁大滩滦河源马蔺

丰宁大滩滦河源民营天然林

丰宁邓栅子林场天然林景观

丰宁邓栅子林场天然山杨林

| 彩 图 |

丰宁邓栅子林场天然榆树古树林

丰宁邓栅子林场天然榆树林

丰宁邓栅子天然山桃

丰宁滦河源黄花

丰宁平顶山林场冰臼与天然林

丰宁平顶山林场石冰川与天然林

丰宁平顶山林场天然林景观

丰宁千松坝林场天然云杉

丰宁千松坝林场天然云杉古树林

丰宁千松坝林场天然云杉林

丰宁千松坝林场天然云杉林景观

丰宁千松坝林场天然云杉林中的林蛙

丰宁草原林场永泰兴林区稀树草原景观为森林与草原交界过度地带特有群落类型

丰宁选将营乡郎栅子村集体天然林

丰宁云雾山林场天然核桃楸古树林（一）

丰宁云雾山林场天然核桃楸古树林（二）

隆化补植补造修复的天然林

隆化非国有天然林

隆化碱房林场碑梁营林区天然落叶松林

隆化碱房林场天然落叶松古树林

隆化碱房林场天然落叶松林

隆化茅荆坝林场 1953 年引种的红松林长势良好

隆化茅荆坝林场 1953 年引种的红松林

隆化茅荆坝林场 1953 年引种的红松林长势良好，但未见松果

隆化茅荆坝林场黑熊谷天然香杨林

隆化茅荆坝林场黑熊谷天然香杨林

隆化茅荆坝林场天然香杨林

隆化非国有天然林

隆化张三营林场人工林天然更新情况

平泉辽河源管理森林公园天然林景观

平泉辽河源天然林

平泉大石湖万亩天然侧柏林

平泉大石湖林场天然侧柏林

平泉天然侧柏林

平泉大石湖林场天然侧柏林

平泉大窝铺林场落叶松林

平泉大窝铺林场天然林

平泉辽河源国家森林公园天然白桦林

平泉辽河源国家森林公园天然林景观

平泉辽河源国家森林公园天然金露梅

兴隆兴隆山天然林景观（一）

兴隆兴隆山天然林景观（二）

| 彩　图 |

兴隆兴隆山野生猕猴桃

兴隆春季天然林景观

兴隆六里坪林场天然迎红杜鹃林

兴隆兴隆山景区天然林

滦平白草洼森林公园落叶松林根系

滦平白草洼森林公园天然白桦林

滦平白草洼森林公园天然棘皮桦

滦平白草洼森林公园天然五角枫古树

滦平白草洼国家森林公园天然林

滦平靳家沟林场天然棘皮桦

滦平靳家沟林场天然林

宽城潘家口水库天然林（一）

宽城潘家口水库天然林（二）

青龙都山林场天然五角枫

青龙都山林场天然林景观

青龙都山林场迎红杜鹃

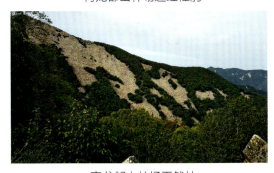
青龙都山林场天然林

青龙都山林场天然云杉

小五台自然保护区红桦云杉落叶松天然针阔混交林

小五台自然保护区天然林（海拔 1500m）

小五台自然保护区天然林

小五台自然保护区国家一级保护野生动物——褐马鸡

小五台自然保护区海拔2500m亚高山草甸

小五台自然保护区天然林景观（一）

小五台自然保护区天然林景观（二）

小五台天然云杉林

赤城大海陀国家级自然保护区天然林景观

赤城大海陀自然保护区天然榆树林　　　赤城黑龙山林场天然林景观（一）

赤城黑龙山林场天然林

赤城黑龙山林场天然林景观（二）

赤城黑龙山林场天然林景观（三）

赤城黑龙山林场天然榆树林

赤城黑龙山森林公园天然花楸

赤城剪子岭林场汤泉景区天然林

赤城金阁山林场丘仙居景区古油松林

赤城金阁山林场天然古油松林

赤城金阁山林场天然林

赤城大海陀自然保护区天然林

赤城大海陀自然保护区天然白桦林

涿鹿下貂蝉村天然杜松林秋冬季景观

涿鹿大堡乡下貂蝉村天然杜松林

涿鹿辉耀乡要家沟村天然杜松林

涿鹿大堡乡下貂蝉村天然杜松林

尚义大青山虎榛特殊灌木林

尚义南壕堑林场大青山二道背天然紫椴林

尚义南壕堑林场天然椴树林

尚义小蒜沟下乌拉哈达天然杜松林
（面积 20 亩左右）

尚义小蒜沟下乌兰哈达天然杜松古树（两棵胸径分别为 45cm、39cm，树高 7m）

尚义小蒜沟下乌兰哈达天然杜松古树林（有杜松483棵）

沽源天然林景观

沽源老掌沟林场天然林景观

沽源老掌沟林场天然杨树古树

沽源老掌沟林场天然榆树林

沽源老掌沟林场天然林

阜平吴王口乡周家河村千年五角枫古树

阜平吴王口乡周家河村 3000 年天然古柏

阜平吴王口乡周家河村天然古板栗树

阜平吴王口乡周家河村古树群

| 彩 图 |

涞源白石山国家森林公园天然林

涞源白石山国家森林公园天然林景观

涞源白石山红桦林

涞源白石山林场天然林景观

正在封育形成的涞源非国有天然林

涞水桑园涧林场天然林

涞水桑园涧林场天然山丁子林

涞水百草畔国家森林公园天然林

涞水百草畔景区天然丁香林景观

易县河西林场天然林景观分布

平山驼梁白桦林

平山驼梁天然林景观

| 彩 图 |

平山驼梁天然林林况

平山驼梁景区天然林景观

平山驼梁森林公园天然林分布

平山猪圈沟天然林景观

平山营里黑山关黑山大峡谷天然林

井陉南寺掌林场天然蒙古栎古树

井陉南寺掌林场天然蒙古栎古树

井陉仙台山国家森林公园天然黄栌林景观

井陉仙台山黄栌

井陉仙台山天然林景观

内丘扁鹊庙侧柏古树

茅荆坝林场引种的红松林面积5亩左右

茅荆坝林场锦带花

典型对比

怀安第三堡乡梁宝忠家庭林场的同一条沟未承包治理的荒山仍是一片荒凉

怀安县第三堡乡村民梁宝忠经营的万亩民营林场治理成效明显

怀安县第三堡乡梁宝忠治理的林地已经变成绿水青山

修复经营

国家林业局 WWF 森林可持续经营现场会在木兰召开

洪崖山林场人工繁育栎类苗木

赤城大海坨自然保护区 1973 年引种的华山松长势良好

洪崖山林场人工引进繁育多个品种栎类苗木

隆化茅荆坝林场 1953 年引林的红松林

隆化油松林下形成的天然更新层油松幼苗

木兰林场森林质量精准提升示范区

木兰林场天然油松林可持续经营示范区

木兰林场退化矮林改造后萌生的蒙古栎和五角枫天然实生苗

木兰林场五道沟分场引针入阔补植的红松

木兰林场五道沟抚育间伐后的桦树天然林

木兰林场新丰分场抚育形成的天然山杨林长势良好

木兰林场新丰分场引进珍贵树种水曲柳、黄檗示范点

木兰林场引种的珍贵树种黄檗

木兰天然油松林下更新情况

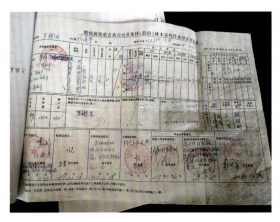

围场集体林采伐审批流程

围场兰旗卡伦乡锦善堂村集体天然林抚育示范点

管护设备

赤城黑龙山林场利用无人机开展天然林监测管护

怀来智扬天宝公司森林防火带弹无人机

集监控、宣传于一体的电子围栏

围场天然林保护智能巡护设备

管护设施

赤城黑龙山林场森林管护监控平台

赤城黑龙山林场天然林界桩

丰宁草原林场永太兴林区管护房

丰宁选将营乡天然林资源管护站

沽源老掌沟林场新建护林房

木兰林场新丰分场挂牌树营林区

塞罕坝防火视频监控平台

塞罕坝林场望火楼

兴隆森林管护监控平台

管护制度

丰宁邓栅子林场天然林公益林管理制度

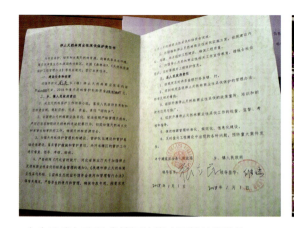
丰宁政府与南关乡签订的停止天然林商业性采伐协议

隆化对护林员责任区实行网格化管理

塞罕坝林场望火楼

森林旅游

塞罕坝森林旅游步道

尚义南壕堑林场大青山景区自然教育设施

尚义南壕堑林场大青山林区自然教育图版

尚义南壕堑林场大青山林区自然形成的蚂蚁城堡

生态监测

洪崖山林场布设的生态监测设施——测流堰

塞罕坝林场马蹄坑空气质量监测

天保宣传

丰宁天然林保护宣传牌

承德御道口林场公益林、天然林管护宣传牌

丰宁天然林保护宣传牌

滦平林场管理处宣传碑

小五台自然保护区天然林保护宣传牌

兴隆青松岭镇天然林管护责任牌

宣化区庞家堡林场宣传碑

张家口老掌沟林场宣传碑

天然林保护任重道远

张家口灵官庙林场天然林保护宣传碑

被改种经济林的林地生态防护效果严重降低

矿山开采造成的林地破坏

生态脆弱区需要修复的天然林地

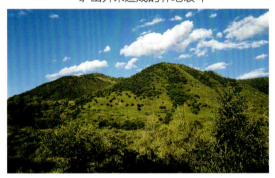
需要保护修复的天然疏林地

需要禁牧封育的荒山

需要修复治理的荒山

雨后洪涝灾害